수학의 기본은 계산력, 정확성과 계산 속도를 높히는

《계산의 신》 시리즈

중도에 포기하는 학생은 있어도
끝까지 풀었을 때 신의 경지에 오르지 않는 학생은 없습니다!

꼭 있어야 할 교재, 최고의 교재를 만드는 '꿈을담는틀'에서
신개념 초등 계산력 교재 《**계산의 신**》을 한층 업그레이드 했습니다.

초등 수학은 마구잡이 공부보다 체계적 학습이 중요합니다.
KAIST 출신 수학 선생님들이 집필한 특별한 교재로
하루 10분씩 꾸준히 공부해 보세요.
어느 순간 계산의 신(神)의 경지에 올라 있을 것입니다.

부모님이 자녀에게, 선생님이 제자에게
이 교재를 선물해 주세요.

________가 ________에게

왜? 계산력 교재는 <계산의 신>이 가장 좋은가?

1 요즘엔 초등 계산법 책이 너무 많아서 어떤 책을 골라야 할지 모르겠어요!

기존의 계산력 문제집은 대부분 저자가 '연구회 공동 집필'로 표기되어 있습니다. 반면 꿈을담는틀의 《계산의 신》은 KAIST 출신의 수학 선생님이 공동 저자로, 아이들을 직접 가르쳤던 경험을 담아 만든 '엄마, 아빠표 문제집'입니다. 수학 교육 분야의 뛰어난 전문성과 교육 경험을 두루 갖추고 있어 믿을 수 있습니다.

2 영어는 해외 연수를 가면 된다지만, 수학 공부는 대체 어떻게 해야 하죠?

영어 실력을 키우려고 해외 연수 다니는 것을 본 게 어제오늘 일이 아니죠? 반면 수학은 어떨까요? 수학에는 왕도가 없어요. 가장 중요한 건 매일 조금씩 꾸준히 연마하는 것뿐입니다. 《계산의 신》에 나오는 A와 B, 두 가지 유형의 문제를 풀면서 자연스럽게 수학의 기초를 닦아 보세요. 초등 계산법 완성을 향한 즐거운 도전을 시작할 수 있습니다.

3 아이들이 스스로 공부할 수 있는 교재인가요?

《계산의 신》은 아이들이 스스로 생각하고 계산할 수 있도록 구성되어 있습니다. 핵심 포인트를 보며 유형을 파악하고, 문제를 푼 후에 스스로 자신의 풀이를 평가할 수 있습니다. 부담 없는 분량, 친절한 설명과 예시, 두 가지 유형 반복 학습과 실력 진단 평가는 아이들이 교사나 부모님에게 기대지 않고, 스스로 학습하는 힘을 길러 줄 것입니다.

4 정확하게 푸는 게 중요한가요, 빠르게 푸는 게 중요한가요?

물론 속도를 무시할 순 없습니다. 그러나 그에 앞서 선행되어야 하는 것이 바로 '정확성'입니다. 《계산의 신》은 예시와 함께 해당 연산의 핵심 포인트를 짚어 주며 문제를 정확하게 이해할 수 있도록 도와줍니다. '스스로 학습 관리표'는 문제 풀이 속도를 높이는 데에 동기부여가 될 것입니다. 《계산의 신》과 함께 정확성과 속도, 두 마리 토끼를 모두 잡아 보세요.

학교 성적에 도움이 될까요?
수학 교과서와 친해질 수 있나요?

재미와 속도, 정확성 모두 중요하지만 무엇보다 '학교 성적'에 얼마나 도움이 되느냐가 가장 중요하겠지요? 《계산의 신》은 최신 교육 과정을 100% 반영한 단계별 학습으로 구성되어 있습니다. 따라서 《계산의 신》을 꾸준히 학습하면 자연스럽게 '수학 교과서'와 친해져 학교 성적이 올라갈 것입니다.

문제를 다 풀어 놓고도
아이가 자꾸 기억이 안 난다고 해요.

《계산의 신》에는 두 가지 유형 반복 학습 외에도 세 단계마다 자신이 푼 문제를 복습하는 '세 단계 묶어 풀기'가 있고, 마지막에는 교재 전체 내용을 한 번 더 복습할 수 있는 '전체 묶어 풀기'가 있습니다. 풀었던 문제들을 다시 묶어서 풀며, 예전에 학습했던 계산 문제들을 완전히 자신의 것으로 만들 수 있습니다.

KAIST 출신 수학 선생님들이 집필한
계산의 신
神

송명진·박종하 지음

9

초등

5학년 1학기

자연수의 혼합 계산 / 분수의 덧셈과 뺄셈

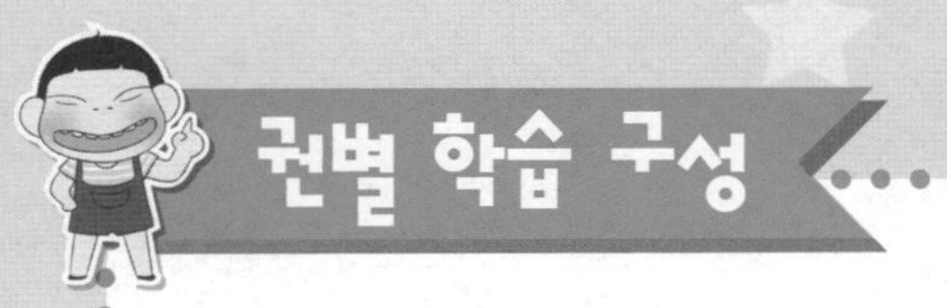

초등1	1권 | 자연수의 덧셈과 뺄셈 기본 (1)
001단계	수를 가르고 모으기
002단계	합이 9까지인 덧셈
003단계	차가 9까지인 뺄셈
	세 단계 묶어 풀기
	재미있는 수학이야기
004단계	덧셈과 뺄셈
005단계	10을 가르고 모으기
006단계	10의 덧셈과 뺄셈
	세 단계 묶어 풀기
	창의력 쑥쑥! 수학퀴즈
007단계	연이은 덧셈, 뺄셈
008단계	19까지의 수 모으고 가르기
009단계	(몇십)+(몇), (몇)+(몇십)
	세 단계 묶어 풀기
	창의력 쑥쑥! 수학퀴즈
010단계	(몇십 몇)±(몇)
	전체 묶어 풀기
	창의력 쑥쑥! 수학퀴즈

초등1	2권 | 자연수의 덧셈과 뺄셈 기본 (2)
011단계	(몇십)±(몇십)
012단계	(몇십 몇)+(몇십 몇)
013단계	(몇십 몇)−(몇십 몇)
	세 단계 묶어 풀기
	창의력 쑥쑥! 수학퀴즈
014단계	받아올림/받아내림이 없는 덧셈과 뺄셈 종합
015단계	세 수의 덧셈과 뺄셈
016단계	연이은 덧셈, 뺄셈
	세 단계 묶어 풀기
	창의력 쑥쑥! 수학퀴즈
017단계	받아올림이 있는 (몇)+(몇)
018단계	받아내림이 있는 (십몇)−(몇)
019단계	받아올림/받아내림이 있는 덧셈과 뺄셈 종합
	세 단계 묶어 풀기
	창의력 쑥쑥! 수학퀴즈
020단계	계산의 활용–규칙찾기
	전체 묶어 풀기
	재미있는 수학이야기

초등2	3권 | 자연수의 덧셈과 뺄셈 발전
021단계	(두 자리 수)+(한 자리 수)
022단계	(두 자리 수)+(두 자리 수) (1)
023단계	(두 자리 수)+(두 자리 수) (2)
	세 단계 묶어 풀기
	창의력 쑥쑥! 수학퀴즈
024단계	(두 자리 수)−(한 자리 수)
025단계	(몇십)−(두 자리 수)
026단계	(두 자리 수)−(두 자리 수)
	세 단계 묶어 풀기
	창의력 쑥쑥! 수학퀴즈
027단계	두 자리 수의 덧셈과 뺄셈 종합
028단계	덧셈, 뺄셈의 여러 가지 방법
029단계	덧셈과 뺄셈의 관계
	세 단계 묶어 풀기
	창의력 쑥쑥! 수학퀴즈
030단계	세 수의 혼합 계산
	전체 묶어 풀기
	창의력 쑥쑥! 수학퀴즈

초등2	4권 | 네 자리 수/ 곱셈구구
031단계	네 자리 수
032단계	각 자리의 숫자가 나타내는 값
033단계	뛰어 세기
	세 단계 묶어 풀기
	창의력 쑥쑥! 수학퀴즈
034단계	같은 수 여러 번 더하기
035단계	2, 5, 3, 4의 단 곱셈구구
036단계	6, 7, 8, 9의 단 곱셈구구 (1)
	세 단계 묶어 풀기
	창의력 쑥쑥! 수학퀴즈
037단계	6, 7, 8, 9의 단 곱셈구구 (2)
038단계	곱셈구구 종합 (1)
039단계	곱셈구구 종합 (2)
	세 단계 묶어 풀기
	창의력 쑥쑥! 수학퀴즈
040단계	계산의 활용–길이의 합과 차
	전체 묶어 풀기
	재미있는 수학이야기

초등3	5권 | 자연수의 덧셈과 뺄셈 / 곱셈과 나눗셈
041단계	(세 자리 수)+(세 자리 수) (1)
042단계	(세 자리 수)+(세 자리 수) (2)
043단계	(세 자리 수)−(세 자리 수) (1)
	세 단계 묶어 풀기
	재미있는 수학이야기
044단계	(세 자리 수)−(세 자리 수) (2)
045단계	나눗셈 기초
046단계	곱셈구구 범위에서의 나눗셈
	세 단계 묶어 풀기
	재미있는 수학이야기
047단계	(두 자리 수)×(한 자리 수) (1)
048단계	(두 자리 수)×(한 자리 수) (2)
049단계	길이의 덧셈과 뺄셈
	세 단계 묶어 풀기
	재미있는 수학이야기
050단계	시간의 합과 차
	전체 묶어 풀기
	창의력 쑥쑥! 수학퀴즈

초등3	6권 | 자연수의 곱셈과 나눗셈 발전
051단계	(세 자리 수)×(한 자리 수) (1)
052단계	(세 자리 수)×(한 자리 수) (2)
053단계	(두 자리 수)×(두 자리 수) (1)
	세 단계 묶어 풀기
	창의력 쑥쑥! 수학퀴즈
054단계	(두 자리 수)×(두 자리 수) (2)
055단계	(몇십)÷(몇), (몇백 몇십)÷(몇)
056단계	(두 자리 수)÷(한 자리 수) (1)
	세 단계 묶어 풀기
	재미있는 수학이야기
057단계	(두 자리 수)÷(한 자리 수) (2)
058단계	(두 자리 수)÷(한 자리 수) (3)
059단계	(세 자리 수)÷(한 자리 수)
	세 단계 묶어 풀기
	재미있는 수학이야기
060단계	들이와 무게의 덧셈과 뺄셈
	전체 묶어 풀기
	창의력 쑥쑥! 수학퀴즈

계산의 신 활용 가이드

매일 자신의 학습을 체크해 보세요.

매일 문제를 풀면서 맞힌 개수를 적고, 걸린 시간 만큼 '스스로 학습 관리표'에 색칠해 보세요. 하루하루 지날수록 실력이 자라고, 계산 속도가 빨라지는 것을 눈으로 확인할 수 있습니다.

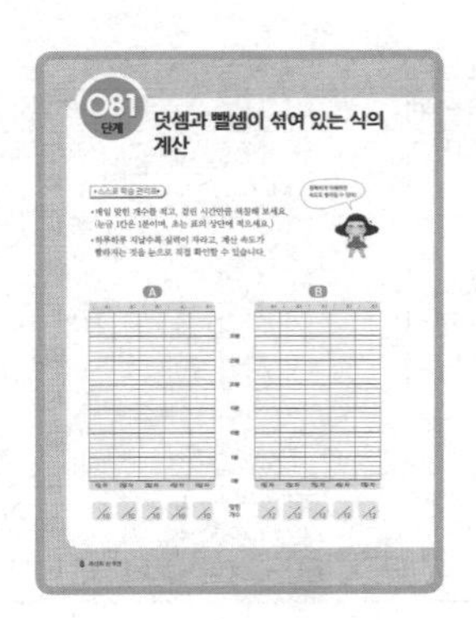

개념과 연산 과정을 이해하세요.

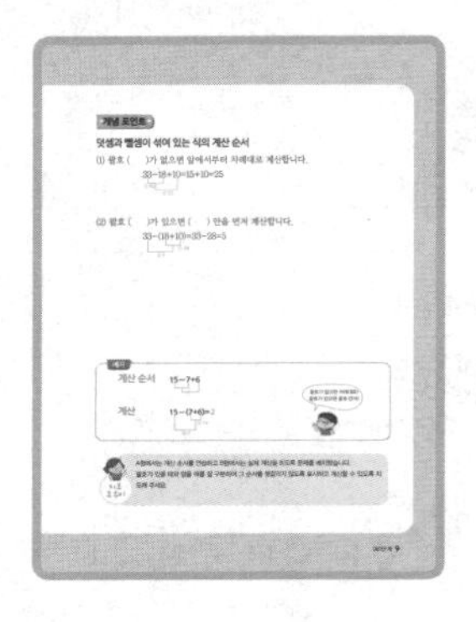

개념 포인트
덧셈과 뺄셈이 섞여 있는 식의 계산 순서
(1) 괄호 ( )가 없으면 앞에서부터 차례대로 계산합니다.
33−18+10=15+10=25
(2) 괄호 ( )가 있으면 ( ) 안을 먼저 계산합니다.
33−(18+10)=33−28=5
계산 순서 15−7+6
계산 15−(7+6)=2

개념을 이해하고 예시를 통해 연산 과정을 확인하면 계산 과정에서 실수를 줄일 수 있어요. 또 아이의 학습을 도와주시는 선생님 또는 부모님을 위해 '지도 도우미'를 제시하였습니다.

매일 2쪽씩 꾸준히 반복 학습해 보세요.

매일 2쪽씩 5일 동안 차근차근 반복 학습하다 보면 어려운 문제도 두려움 없이 도전할 수 있습니다. 문제를 풀다가 계산 방법을 모를 때는 '개념 포인트'를 다시 한 번 학습한 후 풀어 보세요.

1일차 A형 덧셈과 뺄셈이 섞여 있는 식의 계산

계산 순서를 나타내세요.

16+9−7

74−23+36　36−9+5

29−16−7　44−17+8

36+14−23　24+(11−8)

42−(6+18)　37+(16−9)

37−(19+5)　(11−8)+24

10

1일차 B형 덧셈과 뺄셈이 섞여 있는 식의 계산

다음을 계산하세요.

14−5+16=　15−9+4=

18+24−33=　36+28−22=

42−19+23=　21−(9+6)=

50−(11+35)=　40−(85−63)=

13+(67−48)=　48−(11+35)=

67−(14+48)=　85−(73−48)=

11

세 단계마다 또는 전체를 묶어 복습해 보세요.

시간이 지나면 아이들은 학습했던 내용을 곧잘 잊어버리는 경향이 있어요. 그래서 세 단계마다 '묶어 풀기', 마지막에는 '전체 묶어 풀기'를 통해 학습했던 내용을 다시 복습할 수 있습니다.

즐거운 수학이야기와 수학퀴즈 함께 해요!

묶어 풀기가 끝나면 '재미있는 수학이야기'와 '수학퀴즈'가 기다리고 있어요. 흥미로운 수학이야기와 수학퀴즈는 좌뇌와 우뇌를 고루 발달시켜 주고, 창의성을 키워 준답니다.

아이의 학습 성취도를 점검해 보세요.

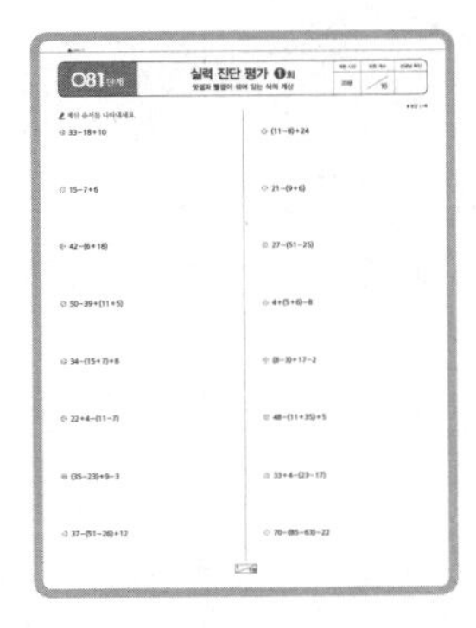

권두부록으로 제시된 '실력 진단 평가'로 아이의 학습 성취도를 점검할 수 있어요. 각 단계별로 2회씩 총 20회가 제공됩니다.

차례

9권

매일 2쪽씩 풀며
계산의 신이 되자!

《계산의 신》은 초등학교 1학년부터 6학년 과정까지 총 120단계로 구성되어 있습니다.
매일 2쪽씩 꾸준히 반복 학습을 하면 탄탄한 계산력을 기를 수 있습니다.
더불어 복습할 수 있는 '묶어 풀기'가 있고, 지친 마음을 헤아려 주는
'재미있는 수학이야기'와 '수학퀴즈'가 있습니다.
꿈을담는틀의 《계산의 신》이 준비한 길로 들어오실 준비가 되셨나요?
그 길을 따라 걸으며 문제를 풀고 이야기를 듣다 보면
어느새 계산의 신이 되어 있을 거예요!

★★★★
구성과 일러스트가 인상적!

★★★★★
초등 수학은 이 책이면 끝!

덧셈과 뺄셈이 섞여 있는 식의 계산

◆스스로 학습 관리표◆

- 매일 맞힌 개수를 적고, 걸린 시간만큼 색칠해 보세요. (눈금 1칸은 1분이며, 초는 표의 상단에 적으세요.)
- 하루하루 지날수록 실력이 자라고, 계산 속도가 빨라지는 것을 눈으로 직접 확인할 수 있습니다.

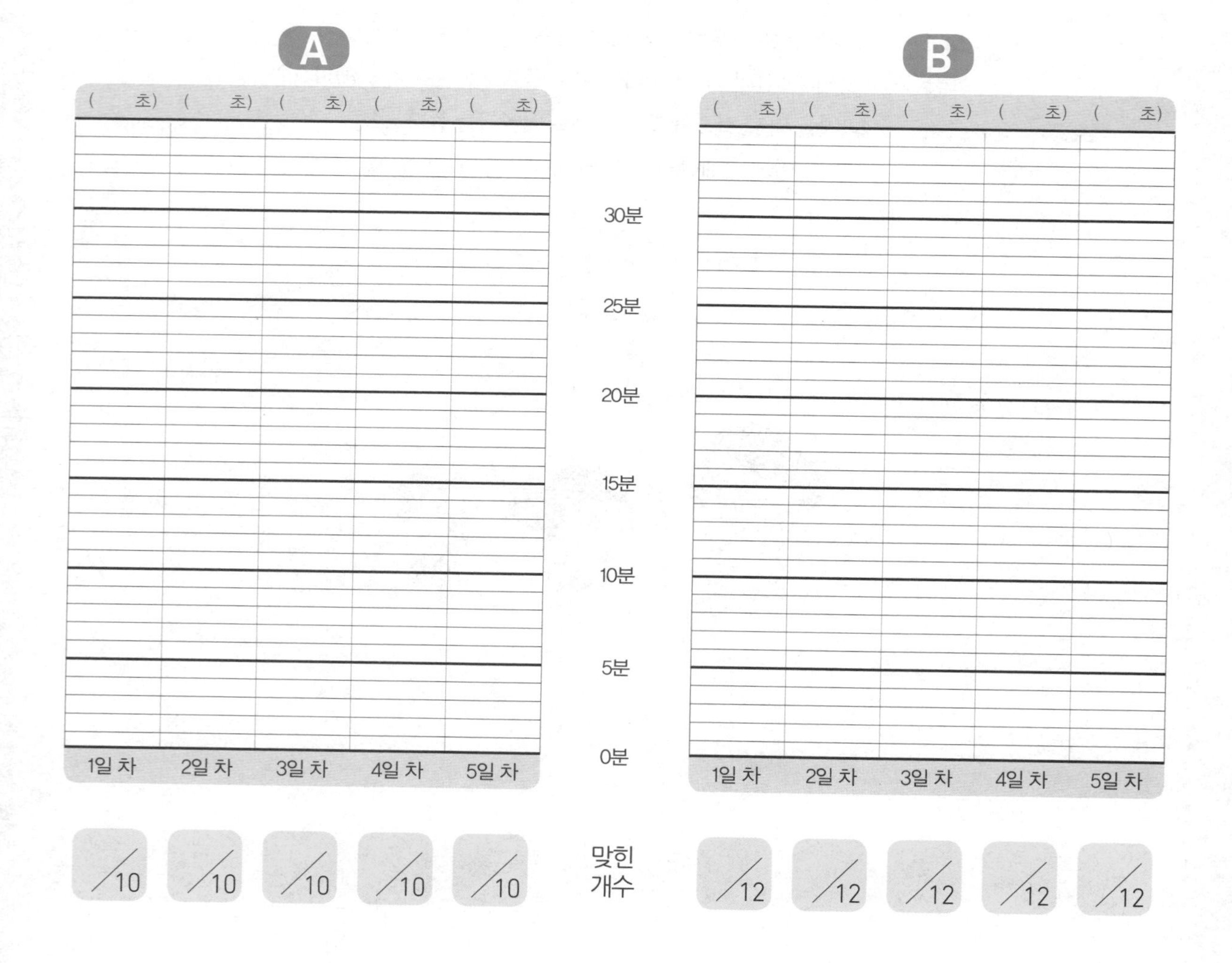

개념 포인트

덧셈과 뺄셈이 섞여 있는 식의 계산 순서

(1) 괄호 (　　)가 없으면 앞에서부터 차례대로 계산합니다.

33−18+10=15+10=25

① 15

② 25

(2) 괄호 (　　)가 있으면 (　　) 안을 먼저 계산합니다.

33−(18+10)=33−28=5

① 28

② 5

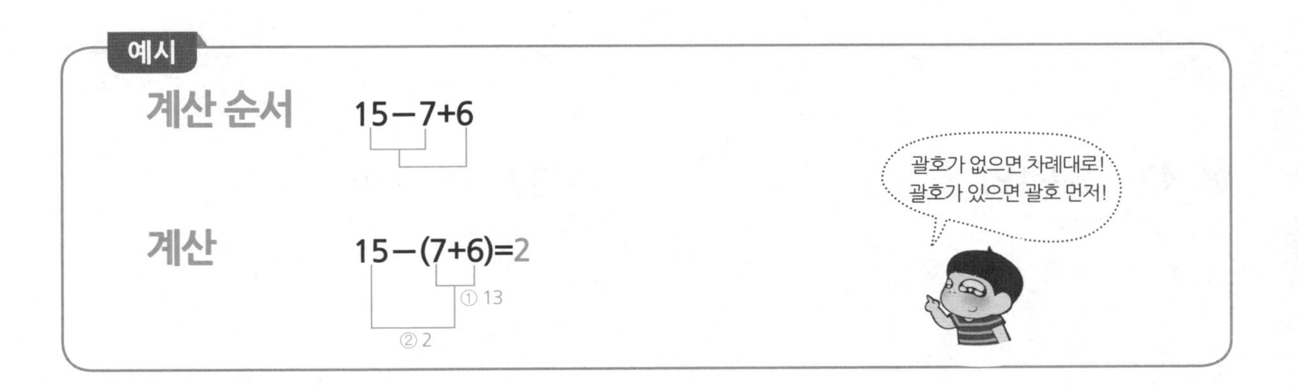

예시
계산 순서
15−7+6
계산
15−(7+6)=2
① 13
② 2
괄호가 없으면 차례대로!
괄호가 있으면 괄호 먼저!

A형에서는 계산 순서를 연습하고 B형에서는 실제 계산을 하도록 문제를 배치했습니다.
괄호가 있을 때와 없을 때를 잘 구분하여 그 순서를 헷갈리지 않도록 표시하고 계산할 수 있도록 지도해 주세요.

덧셈과 뺄셈이 섞여 있는 식의 계산

월	일
분	초
	/10

괄호 먼저,
왼쪽부터 차례대로!

✎ 계산 순서를 나타내세요.

16+9−7

❶ 74−23+36

❷ 36−9+5

❸ 29−16−7

❹ 44−17+8

❺ 36+14−23

❻ 24+(11−8)

❼ 42−(6+18)

❽ 37+(16−9)

❾ 37−(19+5)

❿ (11−8)+24

자기 점수에 ○표 하세요

맞힌 개수	5개 이하	6~7개	8~9개	10개
학습 방법	개념을 다시 공부하세요.	조금 더 노력하세요.	실수하면 안 돼요.	참 잘했어요.

덧셈과 뺄셈이 섞여 있는 식의 계산

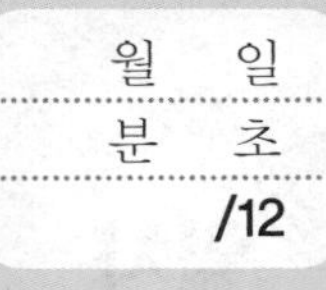

월	일
분	초
	/12

서두르지 말고 차근차근 계산해!

정답 2쪽

✎ 다음을 계산하세요.

① $14-5+16=$

② $15-9+4=$

③ $18+24-33=$

④ $36+28-22=$

⑤ $42-19+23=$

⑥ $21-(9+6)=$

⑦ $50-(11+35)=$

⑧ $40-(85-63)=$

⑨ $13+(67-48)=$

⑩ $48-(11+35)=$

⑪ $67-(14+48)=$

⑫ $85-(73-48)=$

자기 점수에 ○표 하세요

맞힌 개수	6개 이하	7~8개	9~10개	11~12개
학습 방법	개념을 다시 공부하세요.	조금 더 노력하세요.	실수하면 안 돼요.	참 잘했어요.

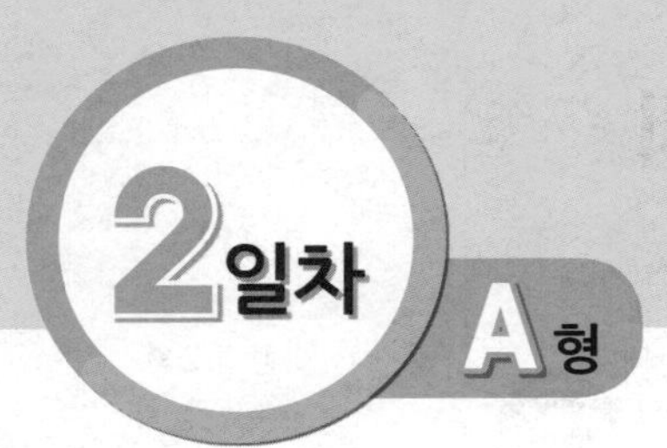

덧셈과 뺄셈이 섞여 있는 식의 계산

월 일
분 초
/10

✎ 계산 순서를 나타내세요.

$16+9-7$

❶ $38+19-14$

❷ $34-12+9$

❸ $26+7-13$

❹ $17-8+5$

❺ $22+4-11$

❻ $18-(7+5)$

❼ $(6+9)-12$

❽ $21+(12-7)$

❾ $(23+5)-16$

❿ $(42-13)+7$

자기 점수에 ○표 하세요

맞힌 개수	5개 이하	6~7개	8~9개	10개
학습 방법	개념을 다시 공부하세요.	조금 더 노력 하세요.	실수하면 안 돼요.	참 잘했어요.

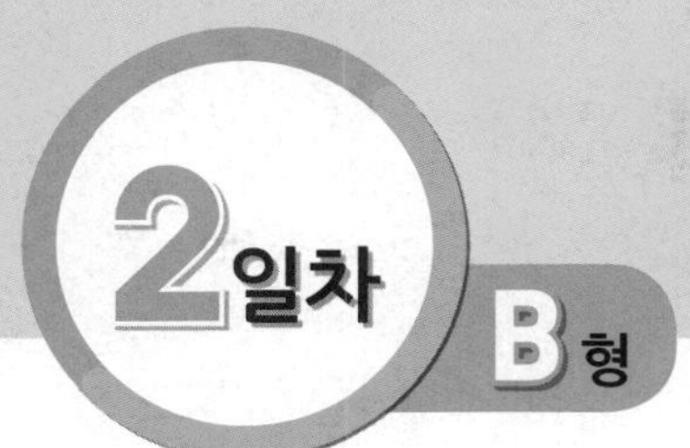

덧셈과 뺄셈이 섞여 있는 식의 계산

월	일
분	초
	/12

정답 3쪽

다음을 계산하세요.

❶ $19-3+12=$

❷ $36+8-15=$

❸ $52-27+21=$

❹ $38+20-25=$

❺ $58+10-50=$

❻ $5+(36-21)=$

❼ $26-(9+11)=$

❽ $(20+5)-8=$

❾ $(35-23)+9=$

❿ $37-(51-26)=$

⓫ $45-(14+23)=$

⓬ $17+(59-25)=$

자기 점수에 ○표 하세요

맞힌 개수	6개 이하	7~8개	9~10개	11~12개
학습 방법	개념을 다시 공부하세요.	조금 더 노력하세요.	실수하면 안 돼요.	참 잘했어요.

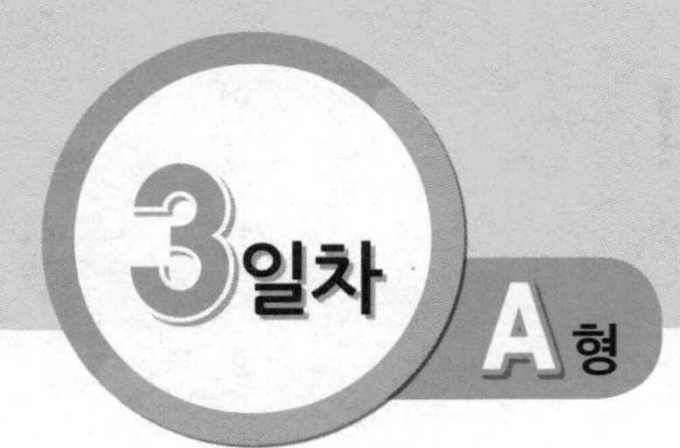

덧셈과 뺄셈이 섞여 있는 식의 계산

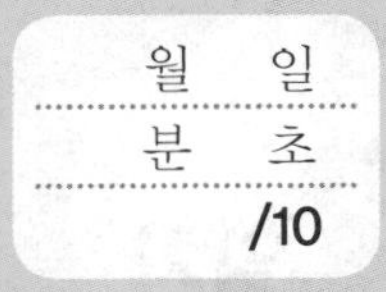

✎ 계산 순서를 나타내세요.

$16+9-7$

❶ $37+27-23$

❷ $63-17+28$

❸ $24-7+15$

❹ $51-32+9$

❺ $14+60-29$

❻ $63-(28+16)$

❼ $43-(7+16)$

❽ $50-(15+27)$

❾ $73-(10+56)$

❿ $(56+72)-49$

자기 점수에 ○표 하세요

맞힌 개수	5개 이하	6~7개	8~9개	10개
학습 방법	개념을 다시 공부하세요.	조금 더 노력하세요.	실수하면 안 돼요.	참 잘했어요.

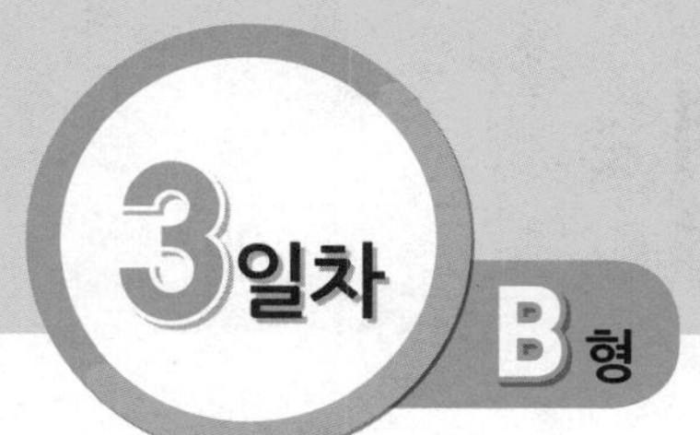

덧셈과 뺄셈이 섞여 있는 식의 계산

월 일
분 초
/12

정답 4쪽

다음을 계산하세요.

❶ $12+7-8=$

❷ $15-9+4=$

❸ $41-17+29=$

❹ $14+48-25=$

❺ $50-14+35=$

❻ $70-(85-63)=$

❼ $92-(25+44)=$

❽ $(42-19)+16=$

❾ $100-(53+17)=$

❿ $54-(17+12)=$

⓫ $73-(25+19)=$

⓬ $90-(44+39)=$

자기 점수에 ○표 하세요

맞힌 개수	6개 이하	7~8개	9~10개	11~12개
학습 방법	개념을 다시 공부하세요.	조금 더 노력하세요.	실수하면 안 돼요.	참 잘했어요.

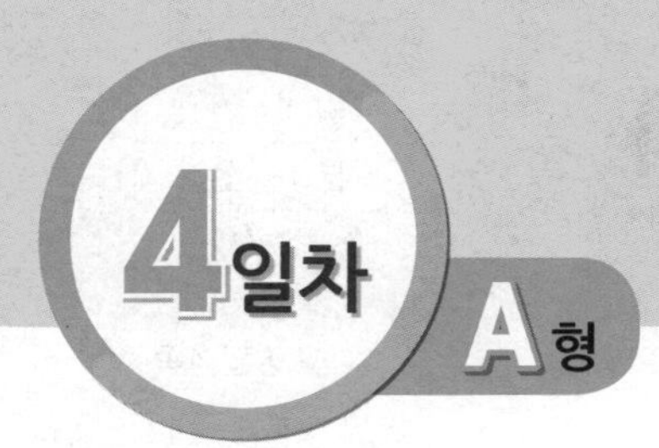

덧셈과 뺄셈이 섞여 있는 식의 계산

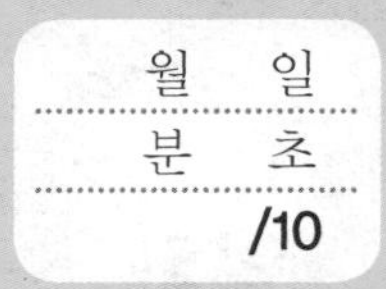

월 일
분 초
/10

계산 순서를 나타내세요.

$16+9-7$

❶ $13-7+5$

❷ $36+80-52$

❸ $48-12+6$

❹ $33+37-50$

❺ $50-15+30$

❻ $27-(12+6)$

❼ $72+(87-44)-7$

❽ $67-(13+52)+12$

❾ $(40-16)+25$

❿ $(13+37)-49$

자기 점수에 ○표 하세요

맞힌 개수	5개 이하	6~7개	8~9개	10개
학습 방법	개념을 다시 공부하세요.	조금 더 노력하세요.	실수하면 안 돼요.	참 잘했어요.

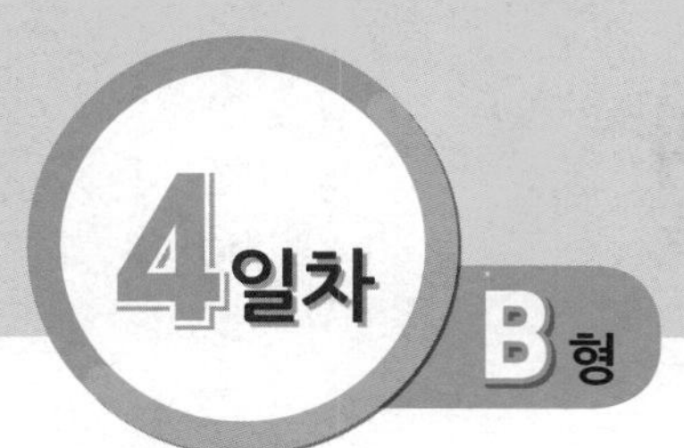

덧셈과 뺄셈이 섞여 있는 식의 계산

월 일
분 초
/12

정답 5쪽

다음을 계산하세요.

❶ $26-14+5=$

❷ $95-67+16=$

❸ $94-88+13=$

❹ $75-13+14=$

❺ $58+47-89=$

❻ $34+(91-88)=$

❼ $(32-17)+15=$

❽ $23+(28-17)=$

❾ $34-(19+12)=$

❿ $69-(16+23)=$

⓫ $(81-54)+36=$

⓬ $84-(47+13)=$

자기 점수에 ○표 하세요

맞힌 개수	6개 이하	7~8개	9~10개	11~12개
학습 방법	개념을 다시 공부하세요.	조금 더 노력 하세요.	실수하면 안 돼요.	참 잘했어요.

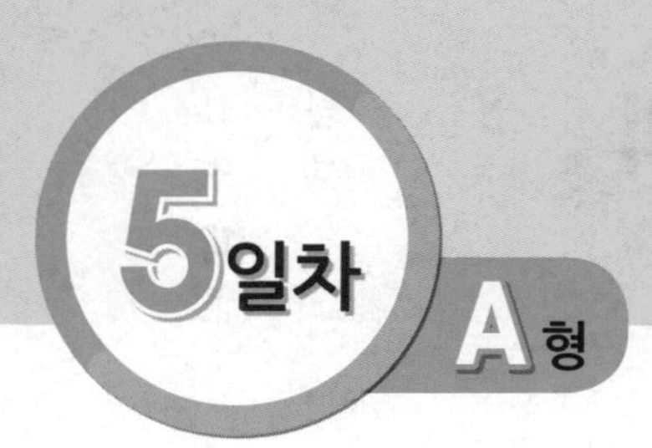

덧셈과 뺄셈이 섞여 있는 식의 계산

월 일
분 초
/10

계산 순서를 나타내세요.

16+9−7

❶ 27−8+1

❷ 36−13+5

❸ 49−18+9

❹ 59−18+12

❺ 73−59+3

❻ 92−(12+27)+6

❼ 36+(56−17)

❽ 25+(46−12)

❾ (22+45)−15

❿ 84−(46+19)−8

자기 점수에 ○표 하세요

맞힌 개수	5개 이하	6~7개	8~9개	10개
학습 방법	개념을 다시 공부하세요.	조금 더 노력하세요.	실수하면 안 돼요.	참 잘했어요.

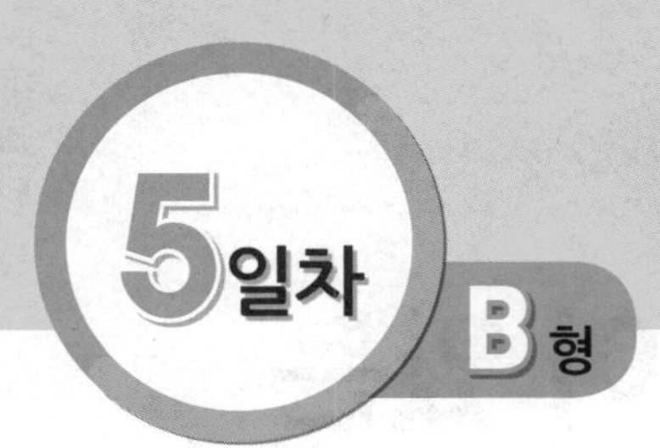

덧셈과 뺄셈이 섞여 있는 식의 계산

월	일
분	초
	/12

정답 6쪽

다음을 계산하세요.

❶ $58+36-27=$

❷ $69-16+23=$

❸ $84-58+7=$

❹ $58-36+12=$

❺ $45+15-56=$

❻ $69-39+18=$

❼ $39-(27+7)=$

❽ $41-(8+26)=$

❾ $17+(33-14)=$

❿ $26+(68-23)=$

⓫ $76-(52-37)=$

⓬ $52-(23+14)=$

자기 점수에 ○표 하세요

맞힌 개수	6개 이하	7~8개	9~10개	11~12개
학습 방법	개념을 다시 공부하세요.	조금 더 노력하세요.	실수하면 안 돼요.	참 잘했어요.

곱셈과 나눗셈이 섞여 있는 식의 계산

◆스스로 학습 관리표◆

- 매일 맞힌 개수를 적고, 걸린 시간만큼 색칠해 보세요. (눈금 1칸은 1분이며, 초는 표의 상단에 적으세요.)
- 하루하루 지날수록 실력이 자라고, 계산 속도가 빨라지는 것을 눈으로 직접 확인할 수 있습니다.

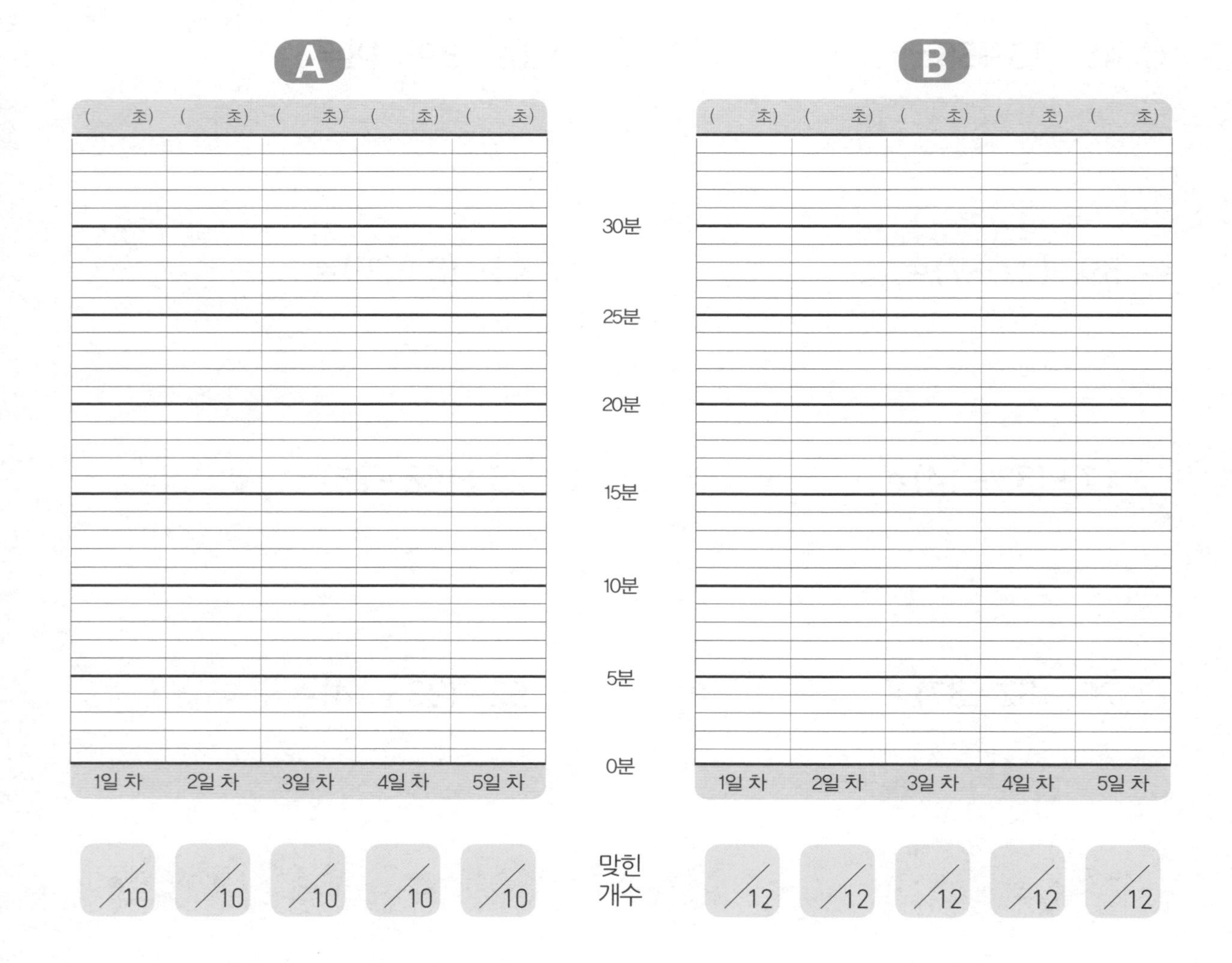

◆개념 포인트◆

곱셈과 나눗셈이 섞여 있는 식의 계산 순서

(1) 괄호 ( )가 없으면 앞에서부터 차례대로 계산합니다.

$48 \div 6 \times 4 = 8 \times 4 = 32$

① 8
② 32

(2) 괄호 ( )가 있으면 ( ) 안을 먼저 계산합니다.

$48 \div (6 \times 4) = 48 \div 24 = 2$

① 24
② 2

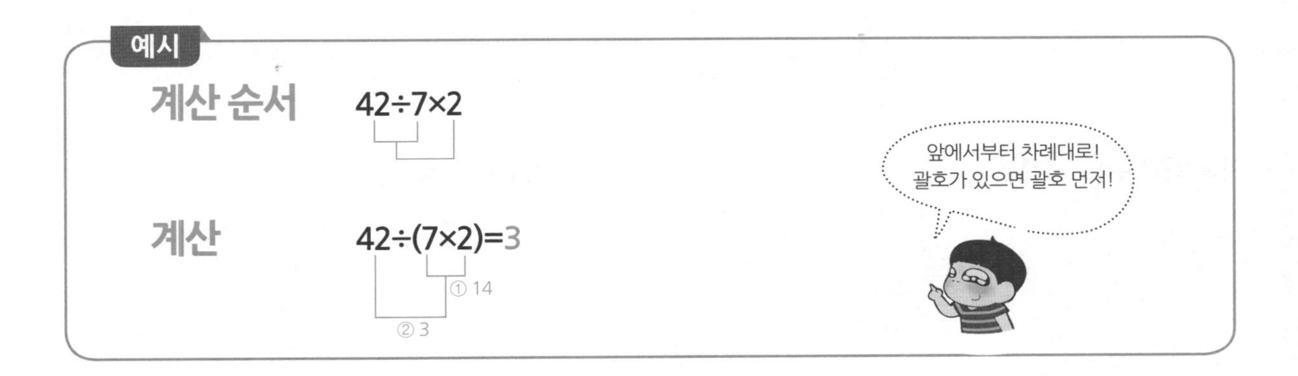

예시
계산 순서
42÷7×2
계산
42÷(7×2)=3
① 14
② 3
앞에서부터 차례대로!
괄호가 있으면 괄호 먼저!

A형에서는 계산 순서를 연습하고 B형에서는 실제 계산을 하도록 문제를 배치했습니다.
괄호가 있을 때와 없을 때를 잘 구분하여 그 순서를 헷갈리지 않도록 표시하고 계산할 수 있도록 지도해 주세요.

곱셈과 나눗셈이 섞여 있는 식의 계산

월	일
분	초
	/10

✎ 계산 순서를 나타내세요.

$12\times4\div6$

❶ $12\times6\div9$

❷ $21\times4\div7$

❸ $15\times8\div12$

❹ $5\times22\div10$

❺ $48\div8\times9$

❻ $40\div4\times21$

❼ $64\div(2\times4)$

❽ $96\div(2\times6)$

❾ $144\div(3\times4)$

❿ $120\div(4\times5)$

자기 점수에 ○표 하세요

맞힌 개수	5개 이하	6~7개	8~9개	10개
학습 방법	개념을 다시 공부하세요.	조금 더 노력 하세요.	실수하면 안 돼요.	참 잘했어요.

곱셈과 나눗셈이 섞여 있는 식의 계산

월	일
분	초
	/12

아무리 복잡한 계산도 순서만 지키면 오케이!

정답 7쪽

다음을 계산하세요.

❶ $24\times5\div6=$

❷ $5\times6\div10=$

❸ $50\div5\times3=$

❹ $96\div12\times6=$

❺ $54\div18\times8=$

❻ $16\times5\div8=$

❼ $30\times(6\div2)=$

❽ $6\times(18\div3)=$

❾ $6\times(56\div8)=$

❿ $96\div(2\times4)=$

⓫ $56\div(7\times4)=$

⓬ $384\div(8\times6)=$

자기 점수에 ○표 하세요

맞힌 개수	6개 이하	7~8개	9~10개	11~12개
학습 방법	개념을 다시 공부하세요.	조금 더 노력하세요.	실수하면 안 돼요.	참 잘했어요.

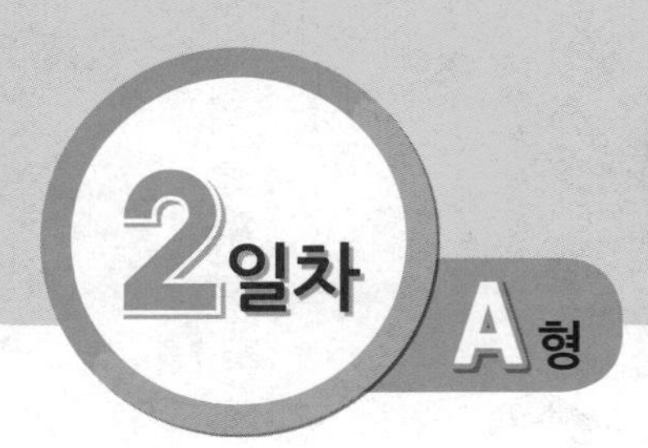

곱셈과 나눗셈이 섞여 있는 식의 계산

월	일
분	초
	/10

✎ 계산 순서를 나타내세요.

$12 \times 4 \div 6$

❶ $2 \times 21 \div 7$

❷ $6 \times 16 \div 8$

❸ $8 \times 15 \div 6$

❹ $121 \div 11 \times 7$

❺ $126 \div 6 \times 5$

❻ $144 \div 8 \times 2$

❼ $32 \div (2 \times 4)$

❽ $8 \times (56 \div 14)$

❾ $45 \div (5 \times 3)$

❿ $72 \div (6 \times 3)$

자기 점수에 ○표 하세요

맞힌 개수	5개 이하	6~7개	8~9개	10개
학습 방법	개념을 다시 공부하세요.	조금 더 노력하세요.	실수하면 안 돼요.	참 잘했어요.

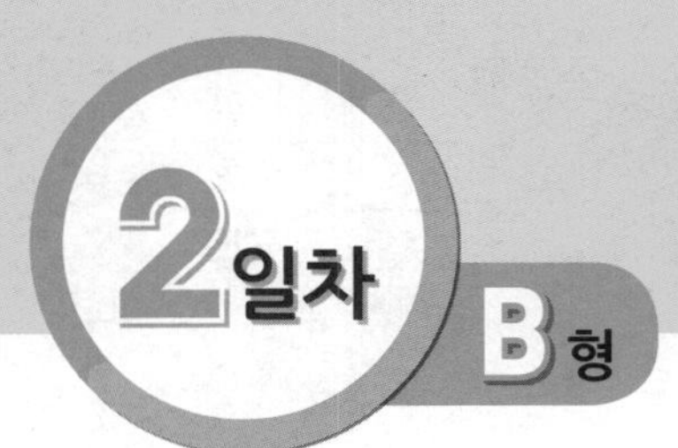

곱셈과 나눗셈이 섞여 있는 식의 계산

월	일
분	초
	/12

정답 8쪽

다음을 계산하세요.

❶ $18\times2\div4=$

❷ $12\times12\div16=$

❸ $36\times5\div6=$

❹ $54\div6\times5=$

❺ $75\div15\times3=$

❻ $51\div17\times10=$

❼ $112\div(14\times2)=$

❽ $200\div(5\times4)=$

❾ $150\div(5\times5)=$

❿ $108\div(9\times2)=$

⓫ $7\times(93\div3)=$

⓬ $12\times(60\div12)=$

자기 점수에 ○표 하세요

맞힌 개수	6개 이하	7~8개	9~10개	11~12개
학습 방법	개념을 다시 공부하세요.	조금 더 노력 하세요.	실수하면 안 돼요.	참 잘했어요.

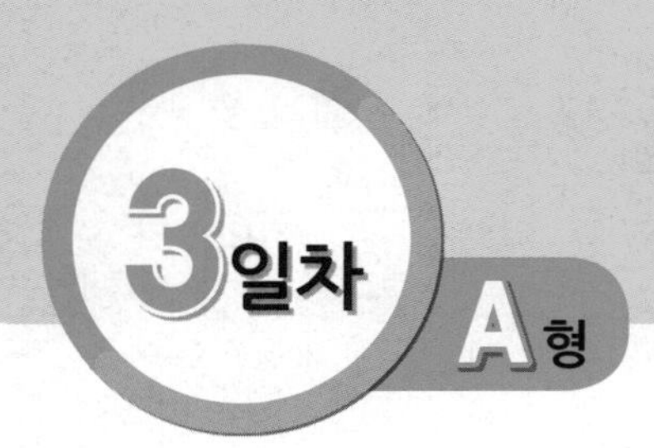

곱셈과 나눗셈이 섞여 있는 식의 계산

월	일
분	초
	/10

✎ 계산 순서를 나타내세요.

$12\times4\div6$

❶ $12\times4\div8$

❷ $45\div5\times3$

❸ $5\times9\div3$

❹ $20\div4\times6$

❺ $40\times12\div24$

❻ $80\div4\times5$

❼ $4\times(80\div5)$

❽ $6\times(44\div11)$

❾ $200\div(10\times5)$

❿ $240\div(4\times4)$

자기 점수에 ○표 하세요

맞힌 개수	5개 이하	6~7개	8~9개	10개
학습 방법	개념을 다시 공부하세요.	조금 더 노력하세요.	실수하면 안 돼요.	참 잘했어요.

곱셈과 나눗셈이 섞여 있는 식의 계산

월 일
분 초
/12

정답 9쪽

다음을 계산하세요.

❶ $6\times7\div2=$

❷ $15\times10\div25=$

❸ $3\times24\div4=$

❹ $120\div6\times3=$

❺ $93\div3\times8=$

❻ $150\div(25\div5)=$

❼ $3\times(78\div6)=$

❽ $6\times(20\div4)=$

❾ $120\div(30\div6)=$

❿ $150\div(3\times10)=$

⓫ $96\div(8\times2)=$

⓬ $117\div(13\times3)=$

자기 점수에 ○표 하세요

맞힌 개수	6개 이하	7~8개	9~10개	11~12개
학습 방법	개념을 다시 공부하세요.	조금 더 노력하세요.	실수하면 안 돼요.	참 잘했어요.

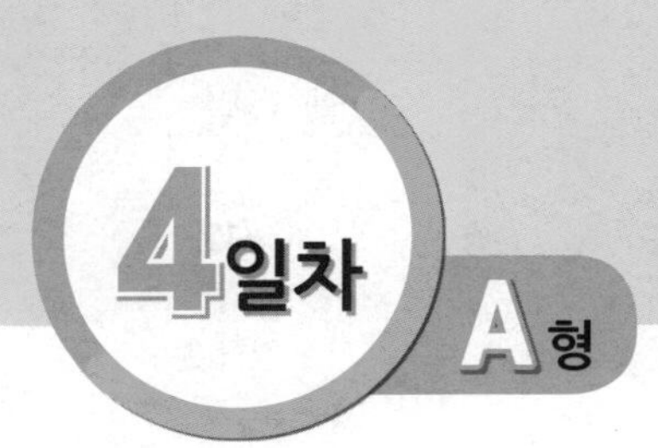

곱셈과 나눗셈이 섞여 있는 식의 계산

월	일
분	초
	/10

✎ 계산 순서를 나타내세요.

$12 \times 4 \div 6$

❶ $14 \times 3 \div 6$

❷ $42 \times 7 \div 21$

❸ $10 \times 9 \div 5$

❹ $64 \div 4 \times 7$

❺ $35 \div 5 \times 9$

❻ $56 \div 14 \times 8$

❼ $2 \times (98 \div 7)$

❽ $12 \times (27 \div 9)$

❾ $135 \div (3 \times 9)$

❿ $84 \div (48 \div 4)$

자기 점수에 ○표 하세요

맞힌 개수	5개 이하	6~7개	8~9개	10개
학습 방법	개념을 다시 공부하세요.	조금 더 노력하세요.	실수하면 안 돼요.	참 잘했어요.

곱셈과 나눗셈이 섞여 있는 식의 계산

월	일
분	초
	/12

정답 10쪽

다음을 계산하세요.

❶ $24\times5\div12=$

❷ $12\times7\div6=$

❸ $12\times9\div3=$

❹ $28\div7\times14=$

❺ $136\div34\times4=$

❻ $88\div8\times5=$

❼ $5\times(72\div3)=$

❽ $4\times(125\div5)=$

❾ $96\div(4\times6)=$

❿ $126\div(9\times2)=$

⓫ $81\div(27\div9)=$

⓬ $138\div(46\div2)=$

자기 점수에 ○표 하세요

맞힌 개수	6개 이하	7~8개	9~10개	11~12개
학습 방법	개념을 다시 공부하세요.	조금 더 노력하세요.	실수하면 안 돼요.	참 잘했어요.

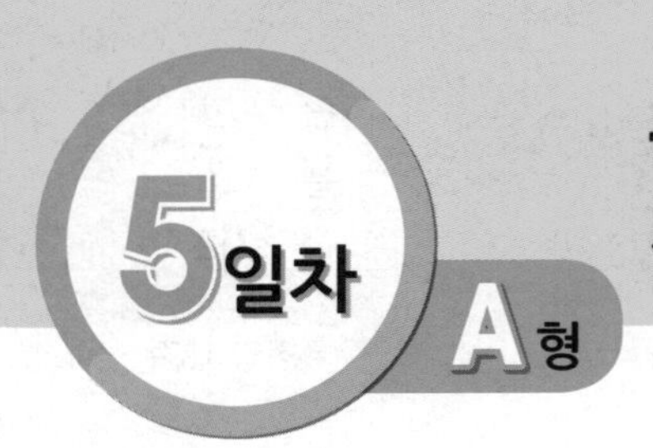

곱셈과 나눗셈이 섞여 있는 식의 계산

월	일
분	초
	/10

✎ 계산 순서를 나타내세요.

$12 \times 4 \div 6$

❶ $9 \times 15 \div 5$

❷ $24 \div 4 \times 6$

❸ $42 \div 7 \times 13$

❹ $70 \div 5 \times 2$

❺ $84 \div 12 \times 9$

❻ $4 \times (98 \div 7)$

❼ $16 \times (60 \div 12)$

❽ $98 \div (7 \times 2)$

❾ $135 \div (9 \times 3)$

❿ $175 \div (35 \div 5)$

자기 점수에 ○표 하세요

맞힌 개수	5개 이하	6~7개	8~9개	10개
학습 방법	개념을 다시 공부하세요.	조금 더 노력하세요.	실수하면 안 돼요.	참 잘했어요.

곱셈과 나눗셈이 섞여 있는 식의 계산

월	일
분	초
	/12

정답 11쪽

다음을 계산하세요.

❶ $6\times12\div9=$

❷ $16\div4\times8=$

❸ $36\div4\times16=$

❹ $12\times8\div6=$

❺ $8\div(30\div15)=$

❻ $96\div(24\div4)=$

❼ $16\times(32\div8)=$

❽ $14\times(75\div25)=$

❾ $84\div(3\times7)=$

❿ $128\div(4\times8)=$

⓫ $120\div5\div(2\times4)=$

⓬ $72\times2\div(54\div18)=$

자기 점수에 ○표 하세요

맞힌 개수	6개 이하	7~8개	9~10개	11~12개
학습 방법	개념을 다시 공부하세요.	조금 더 노력하세요.	실수하면 안 돼요.	참 잘했어요.

덧셈, 뺄셈, 곱셈(나눗셈)의 혼합 계산

◆스스로 학습 관리표◆

- 매일 맞힌 개수를 적고, 걸린 시간만큼 색칠해 보세요. (눈금 1칸은 1분이며, 초는 표의 상단에 적으세요.)
- 하루하루 지날수록 실력이 자라고, 계산 속도가 빨라지는 것을 눈으로 직접 확인할 수 있습니다.

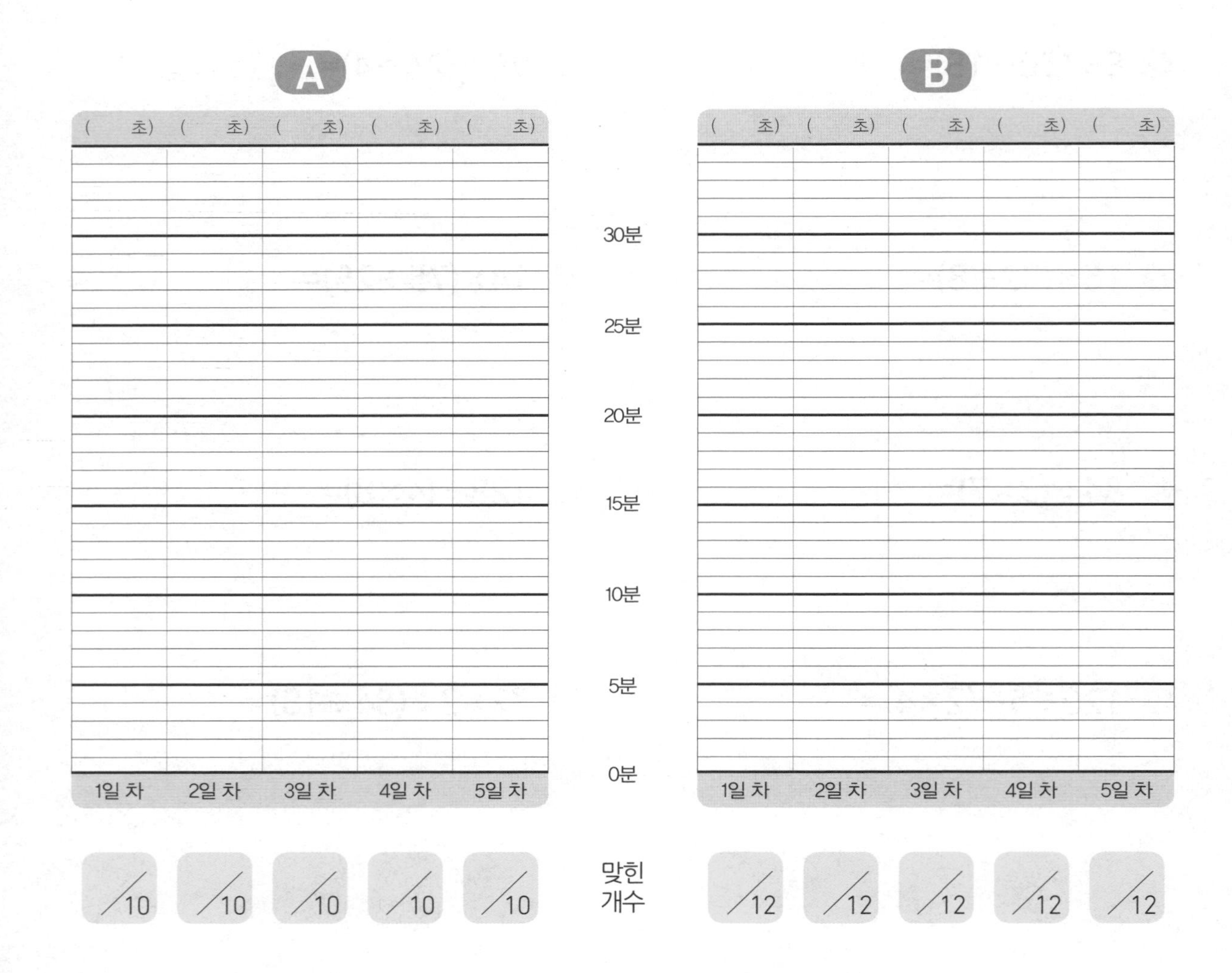

개념 포인트

혼합 계산의 계산 순서

(1) 덧셈, 뺄셈, 곱셈이 섞여 있는 식은 곱셈부터 계산합니다.

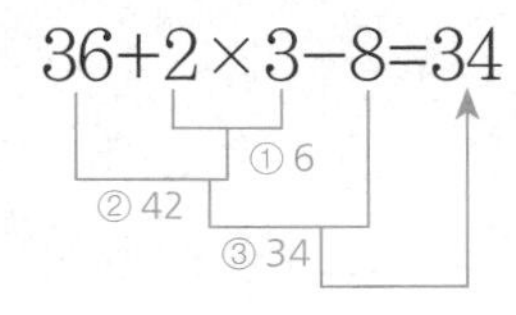

(2) 덧셈, 뺄셈, 나눗셈이 섞여 있는 식은 나눗셈부터 계산합니다.

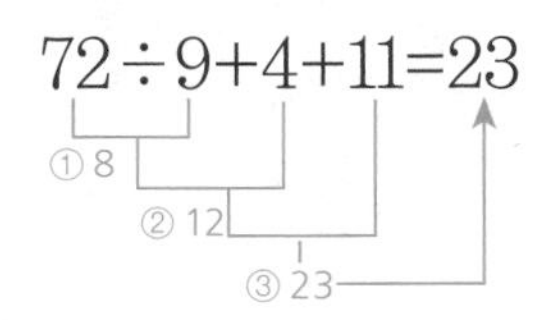

(3) 괄호 ( )가 있는 식은 ( ) 안을 먼저 계산합니다.

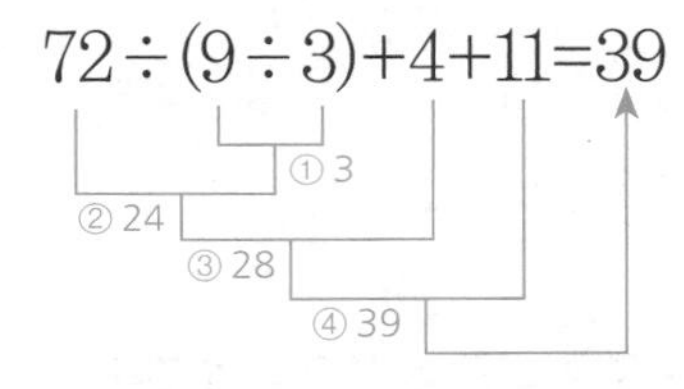

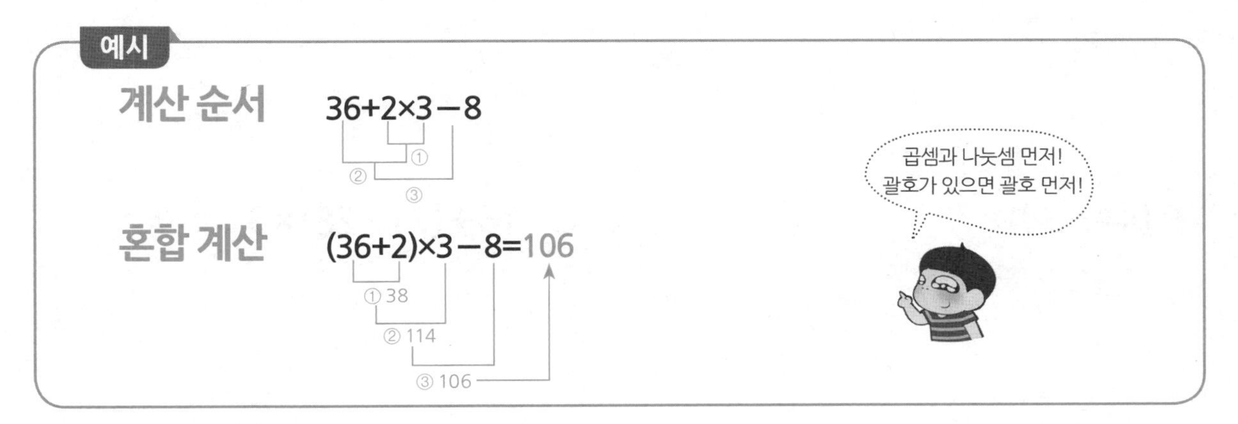

예시
계산 순서
36+2×3−8
①
②
③
혼합 계산
(36+2)×3−8=106
① 38
② 114
③ 106
곱셈과 나눗셈 먼저!
괄호가 있으면 괄호 먼저!

혼합 계산은 아이들이 많이 헷갈려하고 계산이 많아서 힘들어하는 단원입니다. 먼저 A형에서는 계산 순서를 연습하고 B형에서는 실제 계산을 하도록 문제를 배치했습니다. 혼합 계산 문제는 계산 순서를 표시하고 계산하면 생각보다 어렵지 않습니다. 서둘지 말고 차분하게 계산할 수 있도록 지도해 주세요.

덧셈, 뺄셈, 곱셈(나눗셈)의 혼합 계산

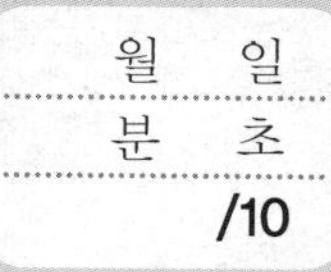

광호 먼저,
곱셈과 나눗셈 먼저,
왼쪽부터 먼저!

계산 순서를 나타내세요.

$14\times8-7+5$

① ② ③

❶ $34-4\times7+8$

❷ $6\times12+7-29$

❸ $15\times4-25+31$

❹ $200-5\times9\times3$

❺ $57-39+24\div6$

❻ $72\div8+32-17$

❼ $(44-38)\times7$

❽ $16+(71-28)\times9$

❾ $8\times(21-13)-22$

❿ $(53+68\div17)\div3$

자기 점수에 ○표 하세요

맞힌 개수	5개 이하	6~7개	8~9개	10개
학습 방법	개념을 다시 공부하세요.	조금 더 노력 하세요.	실수하면 안 돼요.	참 잘했어요.

덧셈, 뺄셈, 곱셈(나눗셈)의 혼합 계산

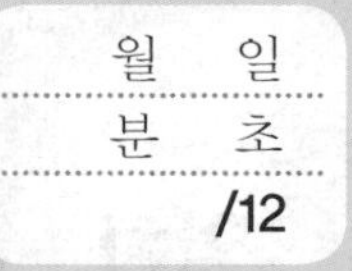

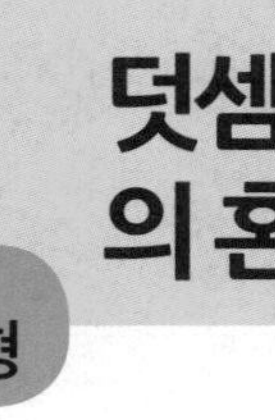

정답 12쪽

다음을 계산하세요.

❶ $54-8\times5+6=$

❷ $4+3\times22-14=$

❸ $10\times8-50+67=$

❹ $160-4\times2\times4=$

❺ $73-17+18\div3=$

❻ $54\div9+64-35=$

❼ $(19-15)\times3=$

❽ $8\times(32-22)-35=$

❾ $4\times(14-6)-12=$

❿ $(31+68\div2)\div5=$

⓫ $32+16\div(24\div3)=$

⓬ $(24-14)\div2+22=$

자기 점수에 ○표 하세요

맞힌 개수	6개 이하	7~8개	9~10개	11~12개
학습 방법	개념을 다시 공부하세요.	조금 더 노력하세요.	실수하면 안 돼요.	참 잘했어요.

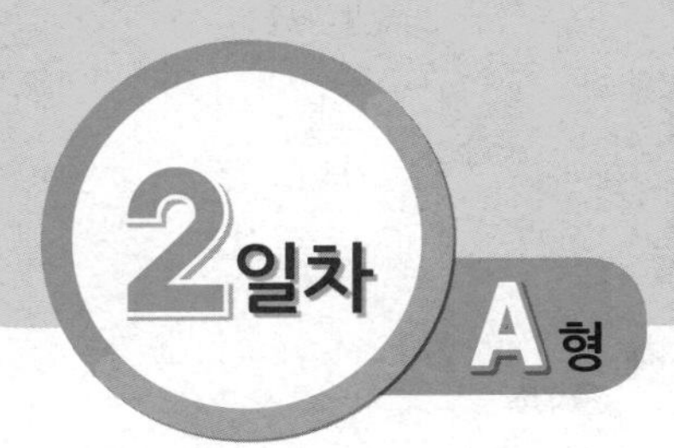

덧셈, 뺄셈, 곱셈(나눗셈)의 혼합 계산

월 일
분 초
/10

계산 순서를 나타내세요.

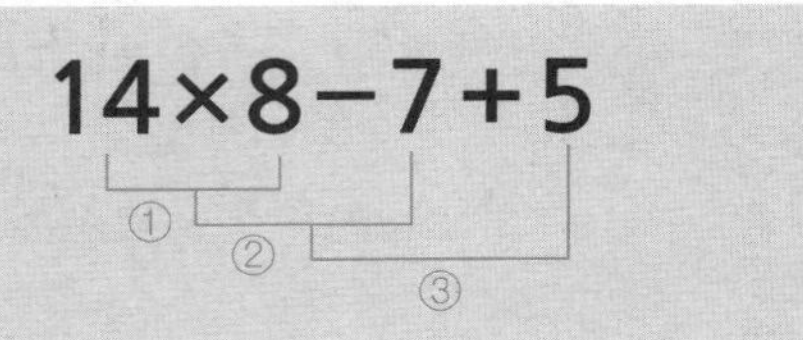

❶ $33-36\div9+21$

❷ $79-17+6\times5$

❸ $7+3\times5\times2$

❹ $44-19-12\div6$

❺ $(61-20+83)\times4$

❻ $80-11\times6+19$

❼ $(41-25)\div(16\div4)$

❽ $(41-17+32)\div7$

❾ $17\times14-(28+12)$

❿ $44+2\times9-31$

자기 점수에 ○표 하세요

맞힌 개수	5개 이하	6~7개	8~9개	10개
학습 방법	개념을 다시 공부하세요.	조금 더 노력 하세요.	실수하면 안 돼요.	참 잘했어요.

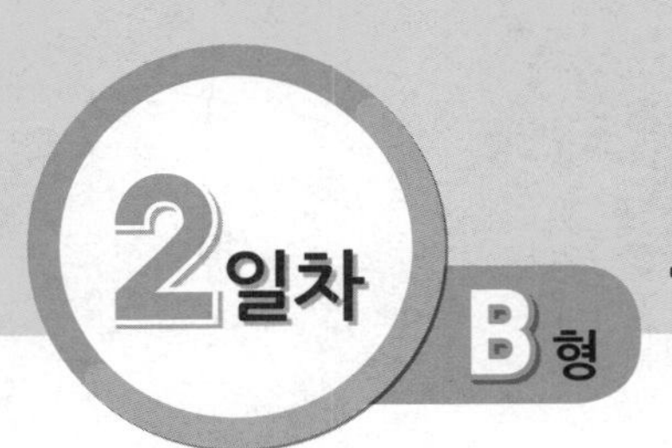

덧셈, 뺄셈, 곱셈(나눗셈)의 혼합 계산

월	일
분	초
	/12

정답 13쪽

다음을 계산하세요.

❶ $56+3\times8-14=$

❷ $89-9\times5+13=$

❸ $6\times6+13-13\times2=$

❹ $45\div5-3+53=$

❺ $27-36\div4+64=$

❻ $97-30\div6+49=$

❼ $56+3\times(18-14)=$

❽ $(61-20+83)\times4=$

❾ $10\times13-(16+12)=$

❿ $(41-23)\div(16\div8)=$

⓫ $260\div(9+4)\div4=$

⓬ $27\div(43+21-55)=$

자기 점수에 ○표 하세요

맞힌 개수	6개 이하	7~8개	9~10개	11~12개
학습 방법	개념을 다시 공부하세요.	조금 더 노력하세요.	실수하면 안 돼요.	참 잘했어요.

덧셈, 뺄셈, 곱셈(나눗셈)의 혼합 계산

월 일
분 초
/10

계산 순서를 나타내세요.

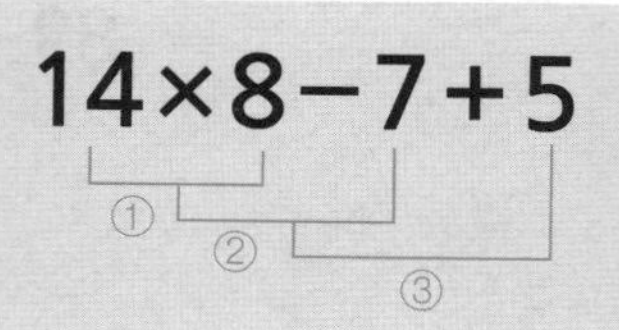

❶ $41-24\div8$

❷ $81-6\times8+32$

❸ $6\times9+4\times5-50$

❹ $48\div8-2+14$

❺ $31-44\div4+27$

❻ $63-30\div3+14$

❼ $26+4\times(29-18)$

❽ $(52-29+31)\times6$

❾ $20\times11-(31+13)$

❿ $(57-24)\div(51\div17)$

자기 점수에 ○표 하세요

맞힌 개수	5개 이하	6~7개	8~9개	10개
학습 방법	개념을 다시 공부하세요.	조금 더 노력하세요.	실수하면 안 돼요.	참 잘했어요.

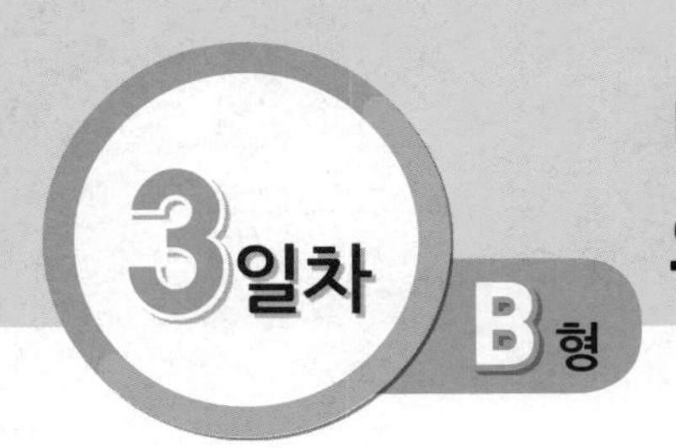

덧셈, 뺄셈, 곱셈(나눗셈)의 혼합 계산

월	일
분	초
	/12

정답 14쪽

✎ 다음을 계산하세요.

❶ $27-6\times4+64=$

❷ $5\times3-14+84=$

❸ $6\times2+5\times8=$

❹ $52+24\div8-13=$

❺ $81+21\div3-13=$

❻ $34-49\div7-14=$

❼ $81+(98-6\times8)=$

❽ $(81-8\times9)\times5=$

❾ $(13+14)\times3\times3=$

❿ $7+3\times(8+5)=$

⓫ $(24-14)\div2+25=$

⓬ $32+16\div(24\div3)=$

자기 점수에 ○표 하세요

맞힌 개수	6개 이하	7~8개	9~10개	11~12개
학습 방법	개념을 다시 공부하세요.	조금 더 노력 하세요.	실수하면 안 돼요.	참 잘했어요.

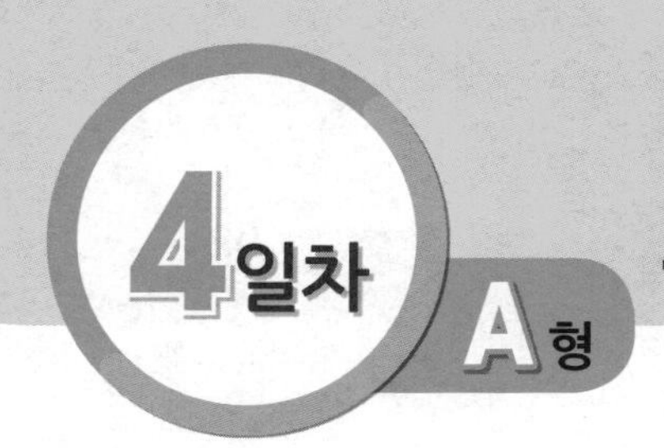

덧셈, 뺄셈, 곱셈(나눗셈)의 혼합 계산

월 일
분 초
/10

계산 순서를 나타내세요.

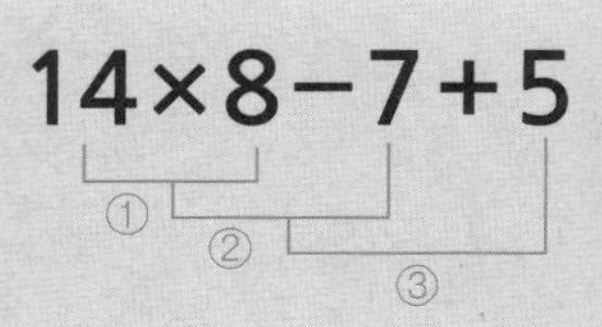

❶ $33+4\times9-8$

❷ $6\times7+10-15\times3$

❸ $55-32+4\times6$

❹ $67-90\div5\div6$

❺ $36+72\div8-21$

❻ $54-27+35\div7$

❼ $73+(26-3\times6)$

❽ $3\times(51-37)-9$

❾ $11+(2+6)\times9$

❿ $(13-4)-(17-2)\div5$

자기 점수에 ○표 하세요

맞힌 개수	5개 이하	6~7개	8~9개	10개
학습 방법	개념을 다시 공부하세요.	조금 더 노력 하세요.	실수하면 안 돼요.	참 잘했어요.

덧셈, 뺄셈, 곱셈(나눗셈)의 혼합 계산

월	일
분	초
	/12

정답 15쪽

다음을 계산하세요.

❶ $42+7\times2-4=$

❷ $79-17+6\times3=$

❸ $4\times8+20-20\times2=$

❹ $81-19+12\div2=$

❺ $50+24\div3-23=$

❻ $34-31+10\div5=$

❼ $53-(42-9\times4)=$

❽ $2\times(35-25)-5=$

❾ $47+(5\times3-12)=$

❿ $36\div(2+4)\div3=$

⓫ $91\div(42\div6)+19=$

⓬ $(247+4-53)\div6=$

자기 점수에 ○표 하세요

맞힌 개수	6개 이하	7~8개	9~10개	11~12개
학습 방법	개념을 다시 공부하세요.	조금 더 노력하세요.	실수하면 안 돼요.	참 잘했어요.

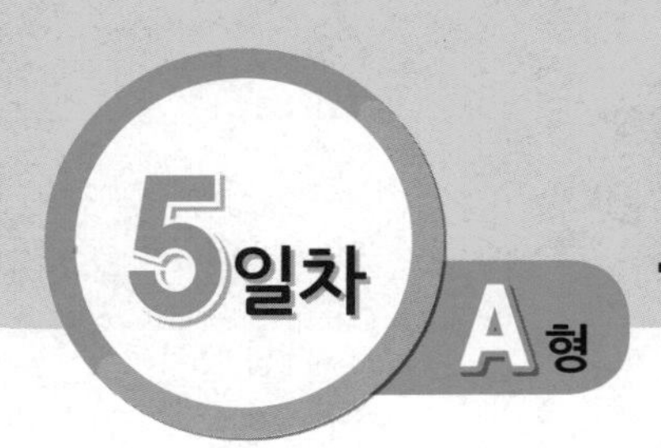

덧셈, 뺄셈, 곱셈(나눗셈)의 혼합 계산

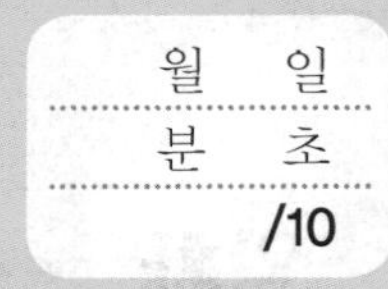

계산 순서를 나타내세요.

$14 \times 8 - 7 + 5$ (① 14×8 → ② -7 → ③ $+5$)

❶ $2 \times 13 - 7 + 3$

❷ $60 - 45 + 8 \times 9$

❸ $8 \times 4 + 12 - 6 \times 7$

❹ $22 - 18 + 45 \div 9$

❺ $24 + 27 \div 3 - 16$

❻ $(5 + 8) - 4 \times 3 + 6$

❼ $73 + (34 - 4 \times 6)$

❽ $5 \times (22 - 13) - 19$

❾ $(29 - 5 \times 5) + 14$

❿ $72 \div (3 + 6) \div 4$

자기 점수에 ○표 하세요

맞힌 개수	5개 이하	6~7개	8~9개	10개
학습 방법	개념을 다시 공부하세요.	조금 더 노력하세요.	실수하면 안 돼요.	참 잘했어요.

덧셈, 뺄셈, 곱셈(나눗셈)의 혼합 계산

월 일
분 초
/12

정답 16쪽

다음을 계산하세요.

① $45+3\times6-12=$

② $80-15+6\times3=$

③ $5\times5+20-12\times2=$

④ $33-17+12\div2=$

⑤ $75+40\div8-24=$

⑥ $35-21+51\div17=$

⑦ $24+(53-6\times8)=$

⑧ $3\times(45-15)-15=$

⑨ $42+(8\times2-12)=$

⑩ $96\div(5+3)\div3=$

⑪ $45\div(105\div7)+12=$

⑫ $(210+9-84)\div9=$

자기 점수에 ○표 하세요

맞힌 개수	6개 이하	7~8개	9~10개	11~12개
학습 방법	개념을 다시 공부하세요.	조금 더 노력하세요.	실수하면 안 돼요.	참 잘했어요.

세 단계 묶어 풀기 O81~O83단계
자연수의 혼합 계산

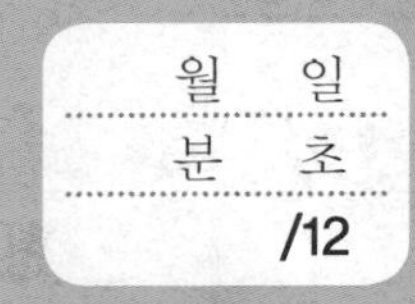

정답 17쪽

계산 순서를 나타내세요.

❶ $56-42+11$

❷ $40-(15+7)$

❸ $84\div7\times4$

❹ $13+3\times7-23$

❺ $5\times(7+3)-10$

❻ $48-72\div(6+3)$

다음을 계산하세요.

❼ $30-24+18=$

❽ $36-(15+17)=$

❾ $42\div(4+3)+15=$

❿ $43-60\div5+13=$

⓫ $(15-8)+17\times5=$

⓬ $506\div(4+7)-12\div4=$

재미있는 수학 이야기

수들 사이에도 친구가 있다?

고대 그리스의 수학자들은 약수 구하는 일에 재미를 느끼고 여러 가지 이름을 지어냈어요. 6의 약수를 구해 보면 1, 2, 3, 6이에요. 자기 자신인 6을 빼놓고 나머지 약수를 모두 더하면 원래의 수인 자기 자신과 똑같아지지요(1+2+3=6). 이처럼 어떤 수의 약수를 구해서 자기 자신이 아닌 다른 약수들을 모두 더한 값이 자기 자신과 같을 때, 그 수를 '완전수'라고 불러요.

이런 식으로 여러 수들의 약수를 구하고 약수들의 합을 구하면서 수학자들은 220과 284 사이에 재미있는 관계가 있다는 것을 발견했답니다. 220과 284의 약수를 구한 다음 자기 자신을 빼놓고 나머지 약수들을 더해 보세요.

220의 약수들 가운데 220이 아닌 나머지 약수의 합:

$$1+2+4+5+10+11+20+22+44+55+110=284$$

284의 약수들 가운데 284가 아닌 나머지 약수의 합:

$$1+2+4+71+142=220$$

두 수와 같은 관계에 있는 수들을 서로 우정을 나누는 친구와 같다고 해서 '우애수' 또는 '친화수'라고 불러요.

덧셈, 뺄셈, 곱셈, 나눗셈의 혼합 계산

◆스스로 학습 관리표◆

- 매일 맞힌 개수를 적고, 걸린 시간만큼 색칠해 보세요.
(눈금 1칸은 1분이며, 초는 표의 상단에 적으세요.)
- 하루하루 지날수록 실력이 자라고, 계산 속도가 빨라지는 것을 눈으로 직접 확인할 수 있습니다.

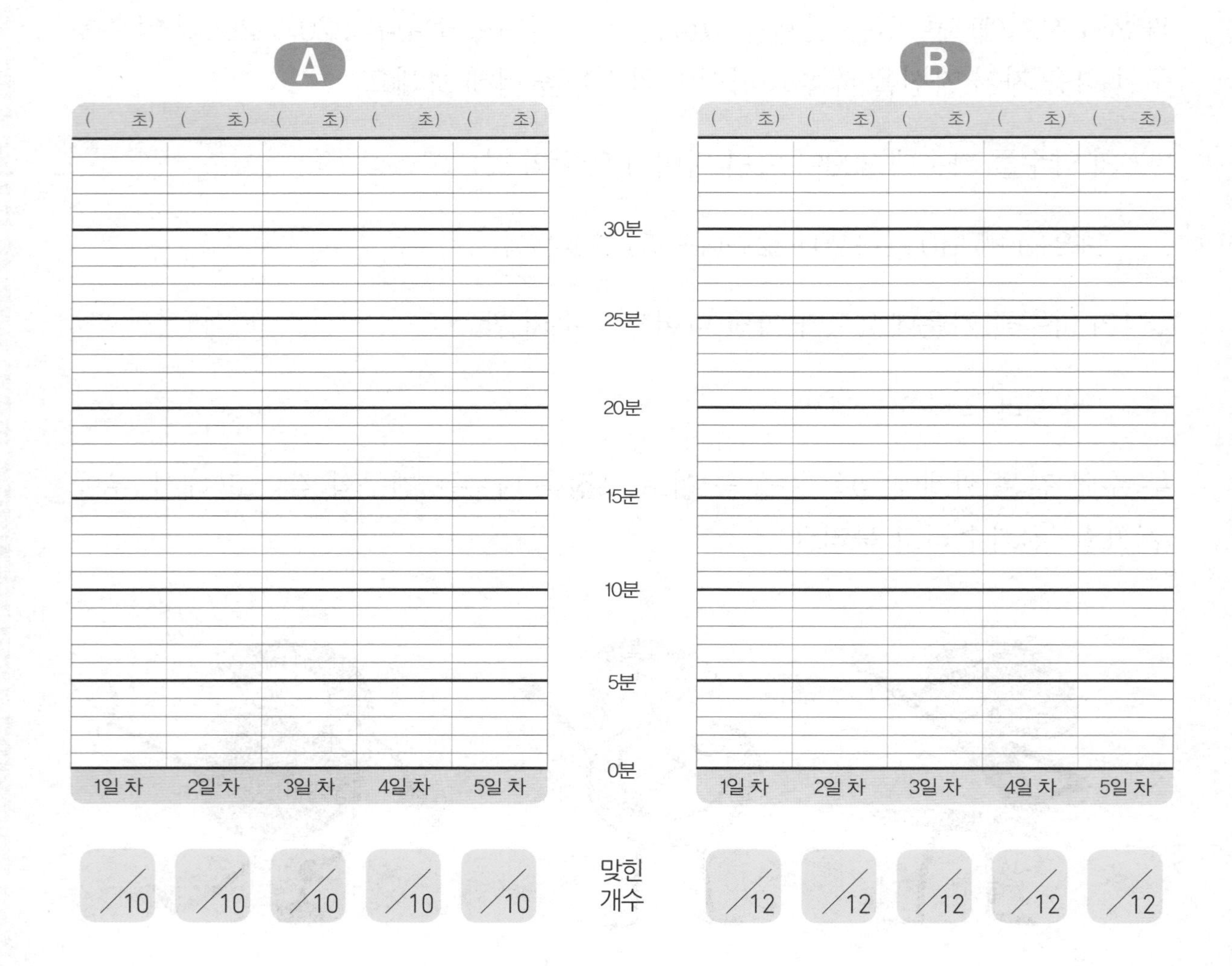

A						B				
/10	/10	/10	/10	/10	맞힌 개수	/12	/12	/12	/12	/12

개념 포인트

덧셈, 뺄셈, 곱셈, 나눗셈이 섞여 있는 식의 계산 순서

(1) 괄호 ( )가 있으면 ( ) 안을 먼저 계산합니다.

(2) 덧셈, 뺄셈, 곱셈, 나눗셈이 섞여 있는 식은 곱셈과 나눗셈을 먼저 계산합니다.

(3) 덧셈과 뺄셈을 앞에서부터 차례로 계산합니다.

$70-60\div(5+5)\times2=58$

① 10 ② 6 ③ 12 ④ 58

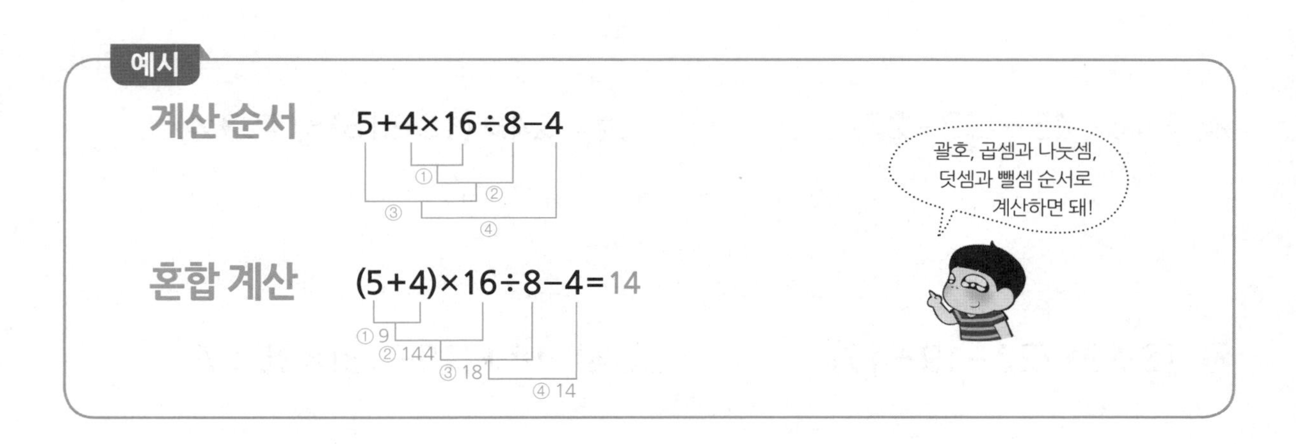

예시
계산 순서
5+4×16÷8−4
①
②
③
④
혼합 계산
(5+4)×16÷8−4=14
① 9
② 144
③ 18
④ 14
괄호, 곱셈과 나눗셈, 덧셈과 뺄셈 순서로 계산하면 돼!

덧셈, 뺄셈, 곱셈, 나눗셈이 모두 있는 복잡한 형태의 혼합 계산을 연습하는 단계입니다. 혼합 계산을 할 때에는 괄호가 있으면 괄호 먼저, 곱셈과 나눗셈, 덧셈과 뺄셈을 차례대로 계산하면 됩니다. 복잡한 식도 차근차근 그 순서만 지키면 어렵지 않게 해결할 수 있습니다.

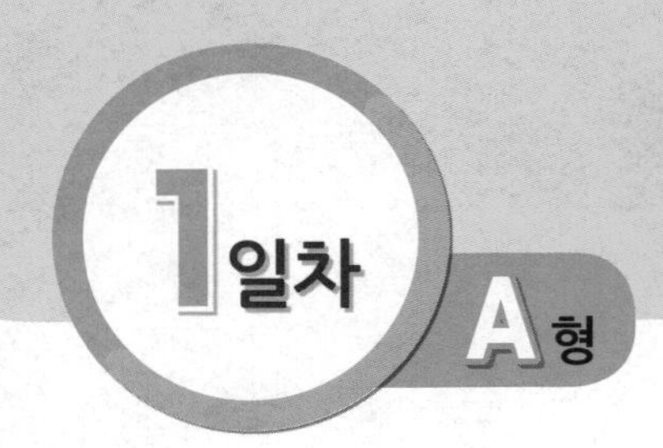
1일차
A형

덧셈, 뺄셈, 곱셈, 나눗셈의 혼합 계산

월	일
분	초
	/10

괄호, 곱셈과
나눗셈, 덧셈과 뺄셈
순서로 계산하면 돼!

✎ 계산 순서를 나타내세요.

$9\times3-64\div8+10$

① 9×3, ② $64\div8$, ③, ④

❶ $12+84\div7-4\times4$

❷ $25-54\div6+3\times7$

❸ $(35-21)\times2+51\div17$

❹ $36\times(44-32+29)\div6$

❺ $2\times6+45\div(32-27)$

❻ $24\div(18-15)\times(15+4)$

❼ $18\div9\times(22-19+17)$

❽ $18+(15-13)\times35\div7$

❾ $(14-24\div4)\times5+33$

❿ $2\times7+45\div(32-23)$

자기 점수에 ○표 하세요

맞힌 개수	5개 이하	6~7개	8~9개	10개
학습 방법	개념을 다시 공부하세요.	조금 더 노력 하세요.	실수하면 안 돼요.	참 잘했어요.

덧셈, 뺄셈, 곱셈, 나눗셈의 혼합 계산

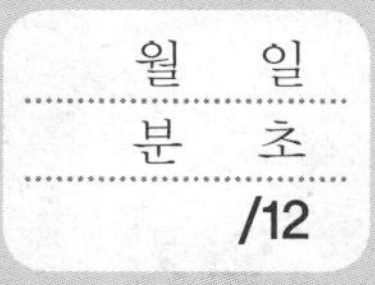

아무리 복잡한 계산도 순서만 지키면 오케이!

정답 18쪽

다음을 계산하세요.

❶ $5\times6\div2+21-17=$

❷ $96-81\div3\times2+23=$

❸ $960\div12-(15+6)\times3=$

❹ $148-(40\div8+24)\times3=$

❺ $35+6\times(7+4)-49=$

❻ $14+(24-17)\times25\div5=$

❼ $5\times(14+18)-55\div11=$

❽ $56\div14+7\times(18-11)=$

❾ $(40+36)\div4\times(15-7)=$

❿ $20-3\times(22+6)\div7=$

⓫ $25\times4+(17-11)\div3=$

⓬ $(8\times6)\div3-(4+7)=$

자기 점수에 ○표 하세요

맞힌 개수	6개 이하	7~8개	9~10개	11~2개
학습 방법	개념을 다시 공부하세요.	조금 더 노력 하세요.	실수하면 안 돼요.	참 잘했어요.

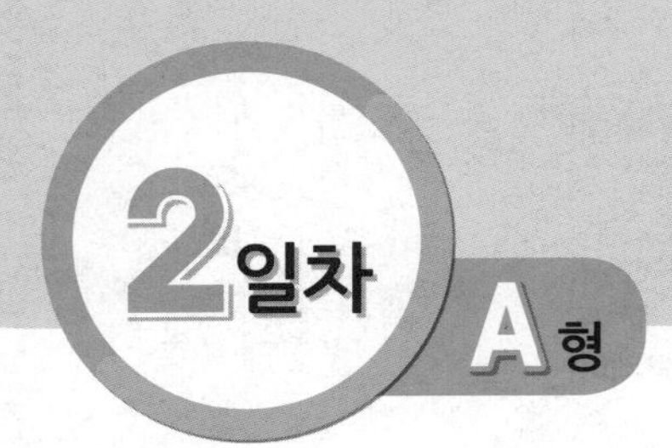

덧셈, 뺄셈, 곱셈, 나눗셈의 혼합 계산

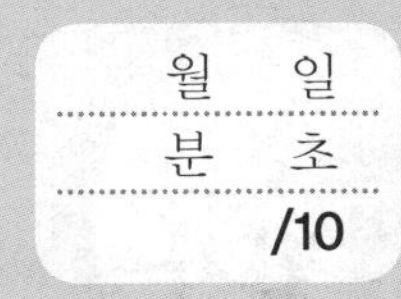

계산 순서를 나타내세요.

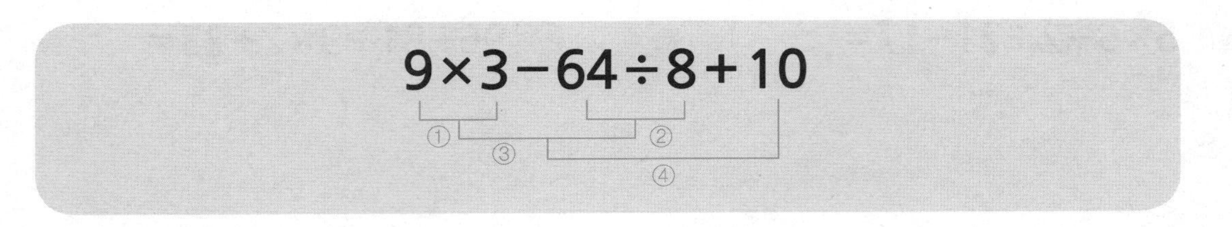

❶ $24+8\times35\div7-19$

❷ $16\times12-24\div3+45$

❸ $14\times26-72\div8+39$

❹ $23+15\times12-64\div8$

❺ $16\times(55-23)\div8+34$

❻ $(23-16)\times15\div21+43$

❼ $156-8\times(12+3)\div3$

❽ $72-(8+14)\times4\div11$

❾ $324\div(18-9)+4\times26$

❿ $(16-7)\times12+92\div4$

자기 점수에 ○표 하세요

맞힌 개수	5개 이하	6~7개	8~9개	10개
학습 방법	개념을 다시 공부하세요.	조금 더 노력 하세요.	실수하면 안 돼요.	참 잘했어요.

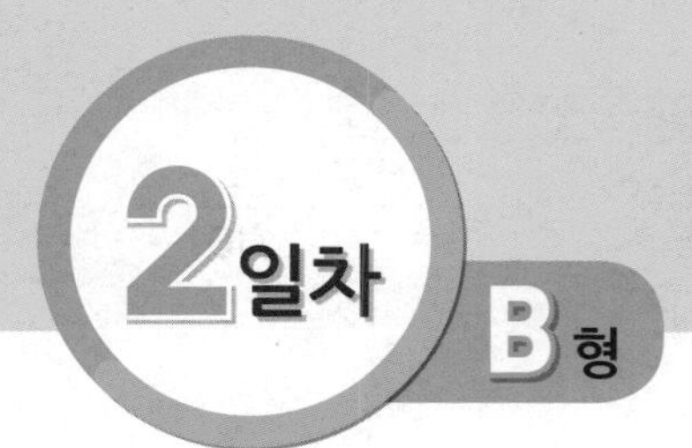

덧셈, 뺄셈, 곱셈, 나눗셈의 혼합 계산

월 일
분 초
/12

정답 19쪽

다음을 계산하세요.

❶ $45-17\times12\div6+9=$

❷ $15\times14-64\div8+23=$

❸ $55-2\times81\div9+34=$

❹ $23\times11-84\div7+9=$

❺ $41+6\times(65-43)\div2=$

❻ $270\div9-2\times(5+7)=$

❼ $(24+43)\times14-132\div4=$

❽ $121\div(24-13)+15\times3=$

❾ $(21+6)\times8-195\div13=$

❿ $43-(5+7)\div6\times15=$

⓫ $68+15\times(21-15)+10\div5=$

⓬ $36\div2+9\times(13-8)=$

자기 점수에 ○표 하세요

맞힌 개수	6개 이하	7~8개	9~10개	11~2개
학습 방법	개념을 다시 공부하세요.	조금 더 노력하세요.	실수하면 안 돼요.	참 잘했어요.

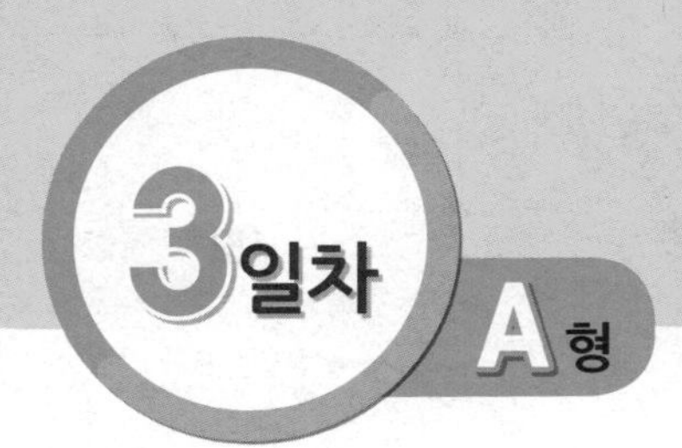

덧셈, 뺄셈, 곱셈, 나눗셈의 혼합 계산

월 일
분 초
/10

계산 순서를 나타내세요.

$9\times3-64\div8+10$

① ② ③ ④

❶ $16+33-25\times45\div75$

❷ $22\times15-49\div7+36$

❸ $12\times25-49\div7+38$

❹ $145-56\div8\times12+43$

❺ $14\times(32-15)\div7+26$

❻ $78\div3+7\times(24-19)$

❼ $453\div3-(14+23)\times4$

❽ $17\times(41-25)\div4+33$

❾ $288\div4+4\times(23-7)$

❿ $70\div(23-9)\times7+15$

자기 점수에 ○표 하세요

맞힌 개수	5개 이하	6~7개	8~9개	10개
학습 방법	개념을 다시 공부하세요.	조금 더 노력하세요.	실수하면 안 돼요.	참 잘했어요.

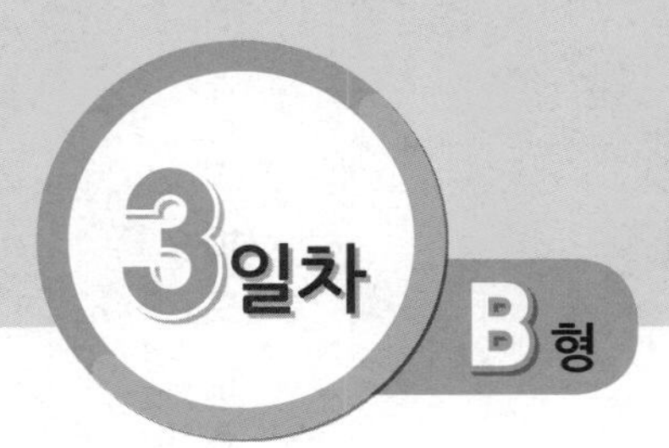

덧셈, 뺄셈, 곱셈, 나눗셈의 혼합 계산

월 일
분 초
/12

정답 20쪽

다음을 계산하세요.

❶ $25+12\times13-66\div6=$

❷ $24\times5-78\div13+9=$

❸ $15\times12-65\div5+33=$

❹ $6+25\times18-546\div21=$

❺ $22\times(21-5)\div11+4=$

❻ $99\div(17-8)+15\times4=$

❼ $975\div5-3\times(14+7)=$

❽ $7+(12-3)\times8\div6=$

❾ $588\div6-13\times(4+1)=$

❿ $(83-8)\times5\div3+48=$

⓫ $(12+7)\times8-112\div4=$

⓬ $54\div9+(52-4)\times3=$

자기 점수에 ○표 하세요

맞힌 개수	6개 이하	7~8개	9~10개	11~2개
학습 방법	개념을 다시 공부하세요.	조금 더 노력 하세요.	실수하면 안 돼요.	참 잘했어요.

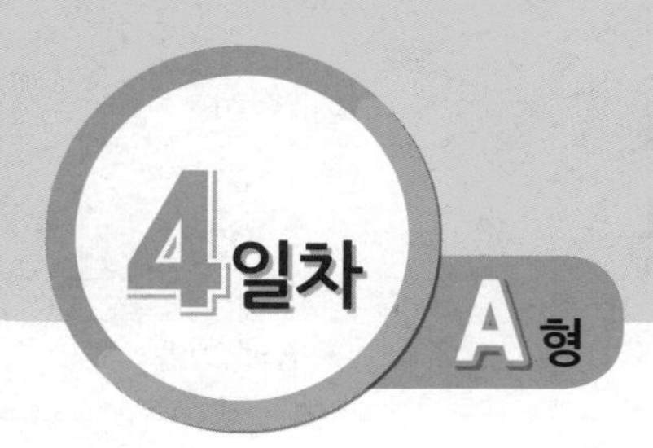

덧셈, 뺄셈, 곱셈, 나눗셈의 혼합 계산

월	일
분	초
	/10

✎ 계산 순서를 나타내세요.

$9\times3-64\div8+10$

① 9×3 ② $64\div8$ ③ ①−② ④ ③+10

❶ $26\times12-48\div8+37$

❷ $43+15\times30-128\div4$

❸ $11+25\times14-256\div8$

❹ $14\times15-78\div13+29$

❺ $(25-18)\times32\div14+51$

❻ $16+(44-28)\div8\times25$

❼ $235\div5+(13-9)\times5$

❽ $174-6\times(14+2)\div4$

❾ $276\div3-2\times(13+11)$

❿ $225\div5+(16-7)\times4$

자기 점수에 ○표 하세요

맞힌 개수	5개 이하	6~7개	8~9개	10개
학습 방법	개념을 다시 공부하세요.	조금 더 노력하세요.	실수하면 안 돼요.	참 잘했어요.

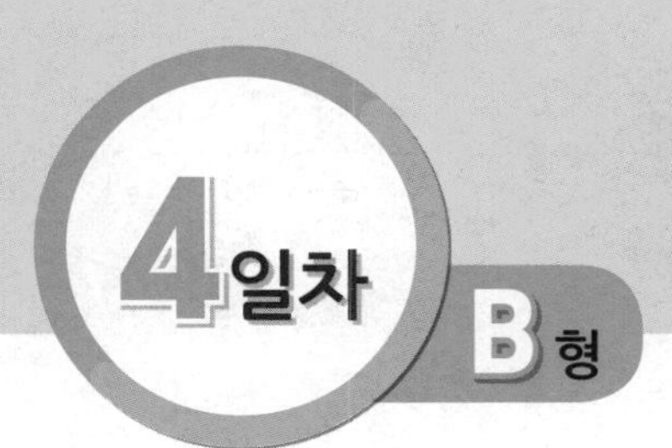

덧셈, 뺄셈, 곱셈, 나눗셈의 혼합 계산

월 일
분 초
/12

정답 21쪽

다음을 계산하세요.

❶ $57-5\times56\div7+22=$

❷ $14\times25-96\div6+21=$

❸ $142-7\times13+24\div3=$

❹ $53-3\times15+72\div8=$

❺ $74-(9+15)\times5\div15=$

❻ $11\times(38+25)\div9-7=$

❼ $26+9\times(16-9)\div3=$

❽ $(17-8)\times5+132\div4=$

❾ $41+30\times(11-5)\div5=$

❿ $28\times(23-19)+36\div6=$

⓫ $665\div7-(15+4)\times4=$

⓬ $87-6\times(3+5)\div3=$

자기 점수에 ○표 하세요

맞힌 개수	6개 이하	7~8개	9~10개	11~12개
학습 방법	개념을 다시 공부하세요.	조금 더 노력하세요.	실수하면 안 돼요.	참 잘했어요.

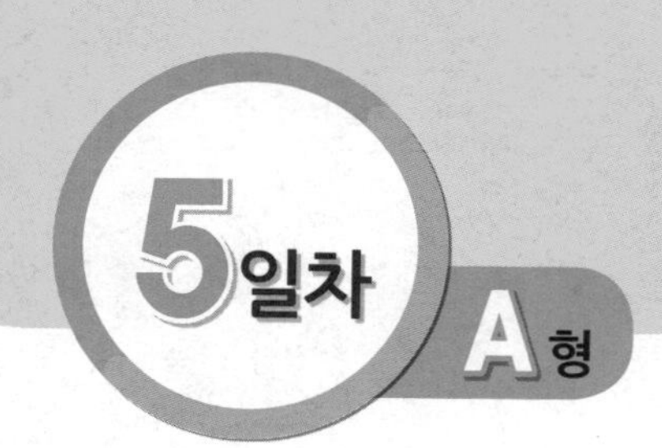

덧셈, 뺄셈, 곱셈, 나눗셈의 혼합 계산

월	일
분	초
	/10

✎ 계산 순서를 나타내세요.

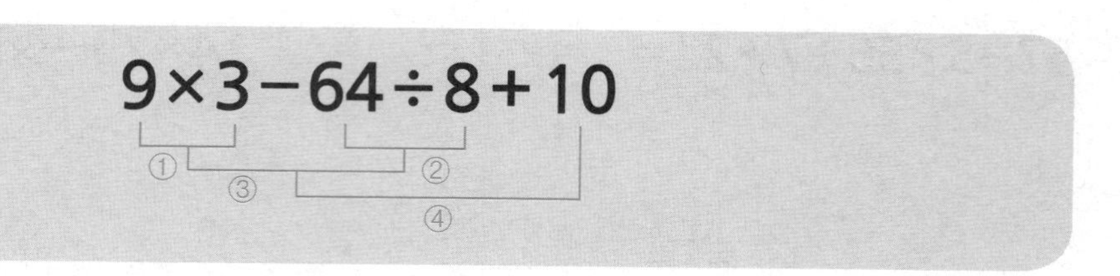

❶ $32 \times 12 - 256 \div 8 + 11$

❷ $164 - 54 \div 6 \times 12 + 9$

❸ $12 \times 8 + 84 \div 7 - 23$

❹ $34 + 8 \times 46 \div 4 - 54$

❺ $252 \div (32 - 18) + 3 \times 16$

❻ $18 + (24 - 9) \times 18 \div 9$

❼ $65 \div 5 + 8 \times (10 - 3)$

❽ $7 \times (14 - 5) - 96 \div 12$

❾ $(75 - 35) \times 5 + 92 \div 4$

❿ $68 - 4 \times (8 + 7) \div 5$

자기 점수에 ○표 하세요

맞힌 개수	5개 이하	6~7개	8~9개	10개
학습 방법	개념을 다시 공부하세요.	조금 더 노력하세요.	실수하면 안 돼요.	참 잘했어요.

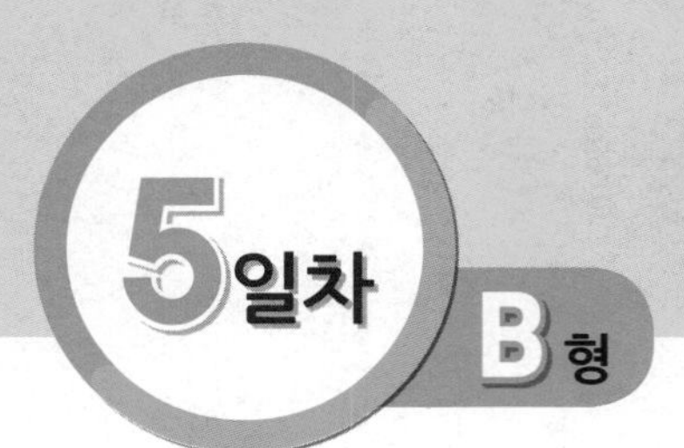

덧셈, 뺄셈, 곱셈, 나눗셈의 혼합 계산

월 일
분 초
/12

정답 22쪽

다음을 계산하세요.

① $24\times15-35\div5+12=$

② $6+17\times15-81\div9=$

③ $124-5\times17+64\div8=$

④ $152+49\div7-17\times6=$

⑤ $163-11\times(12+24)\div12=$

⑥ $120-(22+18)\times4\div2=$

⑦ $90+(59-14)\times9\div5=$

⑧ $174\div6+(13-2)\times9=$

⑨ $456+51\times(73-65)\div3=$

⑩ $152\div(14+5)\times9-46=$

⑪ $(110+40)\div3-19\times2=$

⑫ $83+49\div(15-8)\times8=$

자기 점수에 ○표 하세요

맞힌 개수	6개 이하	7~8개	9~10개	11~2개
학습 방법	개념을 다시 공부하세요.	조금 더 노력 하세요.	실수하면 안 돼요.	참 잘했어요.

약수와 배수

◆스스로 학습 관리표◆

- 매일 맞힌 개수를 적고, 걸린 시간만큼 색칠해 보세요. (눈금 1칸은 1분이며, 초는 표의 상단에 적으세요.)
- 하루하루 지날수록 실력이 자라고, 계산 속도가 빨라지는 것을 눈으로 직접 확인할 수 있습니다.

◆개념 포인트◆

약수

어떤 수를 나머지 없이 나눌 수 있는 수를 **약수**라고 합니다.

$4 \div 1=4$, $4 \div 2=2$, $4 \div 3=1 \cdots 1$, $4 \div 4=1$

4를 1, 2, 4로 나누면 나머지가 없이 나누어떨어집니다. 그래서 4의 약수는 1, 2, 4입니다. 곱셈식과 나눗셈식은 서로 바꿔 쓸 수 있다는 것을 이용하면 어떤 수를 두 수의 곱으로 나타내 약수를 구할 수 있습니다.

$4 \div 1=4$, $4 \div 4=1$ ⟺ $4=1 \times 4$

$4 \div 2=2$ ⟺ $4=2 \times 2$

배수

어떤 수의 몇 배가 되는 수를 **배수**라고 합니다.

4를 1배, 2배, 3배, 4배 한 4, 8, 12, 16은 4의 배수입니다.

곱셈구구로 2~9까지의 수의 배수를 쉽게 구할 수 있습니다. 4의 배수는 4의 단 곱셈구구를 이용하면 됩니다.

$4 \times 1=4$, $4 \times 2=8$, $4 \times 3=12$, $4 \times 4=16$, $4 \times 5=20$, $4 \times 6=24$, ……

예시

약수 구하기 $8=1 \times 8=2 \times 4$ ➡ 8의 약수 : 1, 2, 4, 8 ($8=1 \times 8$, $8=2 \times 4$)

배수 구하기 3의 배수 : 3, 6, 9, 12, 15, 18, 21, ……

약수와 배수는 곱셈구구의 복습이자 분수의 사칙연산을 준비하는 단계입니다. 이후 공약수, 최대공약수 및 공배수, 최소공배수로 학습 내용이 이어지는데, 이 내용들은 중 · 고등학교 학습 과정에서는 수의 연산에서 식의 연산으로 확장됩니다. 5학년의 연산은 이후 과정에도 직접적으로 연결되므로 개념 하나하나 정확하게 이해할 수 있도록 지도해 주세요.

1일차 A형 약수와 배수

월 일
분 초
/10

4, 36, 49, 81, 100은 모두 약수의 개수가 홀수네!

✎ 곱셈식을 이용하여 약수를 구하세요.

4의 약수 ➡ 4=1×4=2×2 ➡ 1, 2, 4

① 10의 약수 ➡ ➡

② 12의 약수 ➡ ➡

③ 22의 약수 ➡ ➡

④ 27의 약수 ➡ ➡

⑤ 36의 약수 ➡ ➡

⑥ 42의 약수 ➡ ➡

⑦ 49의 약수 ➡ ➡

⑧ 75의 약수 ➡ ➡

⑨ 81의 약수 ➡ ➡

⑩ 100의 약수 ➡ ➡

자기 점수에 ○표 하세요

맞힌 개수	5개 이하	6~7개	8~9개	10개
학습 방법	개념을 다시 공부하세요.	조금 더 노력하세요.	실수하면 안 돼요.	참 잘했어요.

1일차 B형 약수와 배수

월	일
분	초
	/10

정답 23쪽

✎ 배수를 작은 수부터 차례로 6개 찾아 쓰세요.

❶ 2의 배수 ➡ 2, 4, ____, ____, ____, ____

❷ 8의 배수 ➡

❸ 10의 배수 ➡

❹ 13의 배수 ➡

❺ 21의 배수 ➡

❻ 25의 배수 ➡

❼ 36의 배수 ➡

❽ 37의 배수 ➡

❾ 41의 배수 ➡

❿ 52의 배수 ➡

자기 점수에 ○표 하세요

맞힌 개수	5개 이하	6~7개	8~9개	10개
학습 방법	개념을 다시 공부하세요.	조금 더 노력 하세요.	실수하면 안 돼요.	참 잘했어요.

2일차 A형

약수와 배수

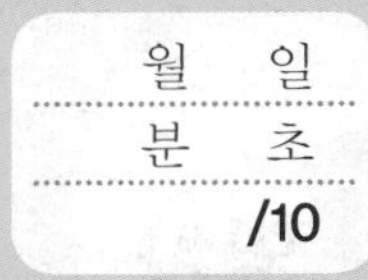

✎ 곱셈식을 이용하여 약수를 구하세요.

6의 약수 ➡ $6=1\times6=2\times3$ ➡ 1, 2, 3, 6

❶ 13의 약수 ➡ ➡

❷ 15의 약수 ➡ ➡

❸ 21의 약수 ➡ ➡

❹ 24의 약수 ➡ ➡

❺ 35의 약수 ➡ ➡

❻ 44의 약수 ➡ ➡

❼ 52의 약수 ➡ ➡

❽ 78의 약수 ➡ ➡

❾ 90의 약수 ➡ ➡

❿ 108의 약수 ➡ ➡

자기 점수에 ○표 하세요

맞힌 개수	5개 이하	6~7개	8~9개	10개
학습 방법	개념을 다시 공부하세요.	조금 더 노력하세요.	실수하면 안 돼요.	참 잘했어요.

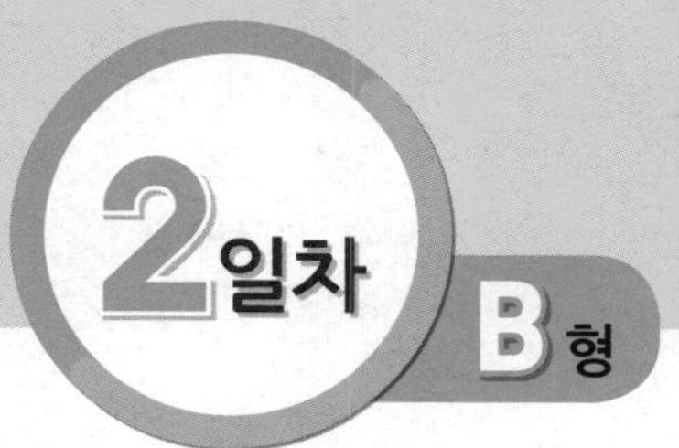

약수와 배수

월 일
분 초
/10

정답 24쪽

✎ 배수를 작은 수부터 차례로 6개 찾아 쓰세요.

❶ 4의 배수 ➡ 4, 8, ____, ____, ____, ____

❷ 7의 배수 ➡

❸ 11의 배수 ➡

❹ 15의 배수 ➡

❺ 26의 배수 ➡

❻ 33의 배수 ➡

❼ 38의 배수 ➡

❽ 45의 배수 ➡

❾ 55의 배수 ➡

❿ 60의 배수 ➡

자기 점수에 ○표 하세요

맞힌 개수	5개 이하	6~7개	8~9개	10개
학습 방법	개념을 다시 공부하세요.	조금 더 노력하세요.	실수하면 안 돼요.	참 잘했어요.

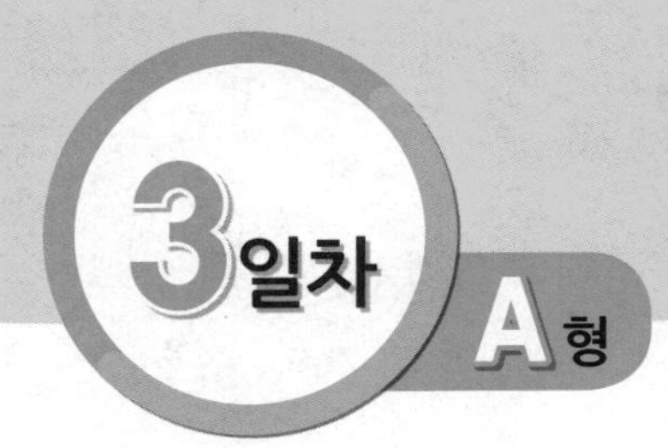

약수와 배수

월	일
분	초
	/10

✎ 곱셈식을 이용하여 약수를 구하세요.

5의 약수 ➡ $5=1\times5$ ➡ 1, 5

❶ 9의 약수 ➡ ➡

❷ 14의 약수 ➡ ➡

❸ 23의 약수 ➡ ➡

❹ 28의 약수 ➡ ➡

❺ 30의 약수 ➡ ➡

❻ 39의 약수 ➡ ➡

❼ 48의 약수 ➡ ➡

❽ 63의 약수 ➡ ➡

❾ 72의 약수 ➡ ➡

❿ 95의 약수 ➡ ➡

자기 점수에 ○표 하세요

맞힌 개수	5개 이하	6~7개	8~9개	10개
학습 방법	개념을 다시 공부하세요.	조금 더 노력 하세요.	실수하면 안 돼요.	참 잘했어요.

약수와 배수

월 일
분 초
/10

정답 25쪽

배수를 작은 수부터 차례로 6개 찾아 쓰세요.

① 5의 배수 ➡ 5, 10, ____, ____, ____, ____

② 9의 배수 ➡

③ 12의 배수 ➡

④ 19의 배수 ➡

⑤ 23의 배수 ➡

⑥ 28의 배수 ➡

⑦ 32의 배수 ➡

⑧ 35의 배수 ➡

⑨ 42의 배수 ➡

⑩ 53의 배수 ➡

자기 점수에 ○표 하세요

맞힌 개수	5개 이하	6~7개	8~9개	10개
학습 방법	개념을 다시 공부하세요.	조금 더 노력하세요.	실수하면 안 돼요.	참 잘했어요.

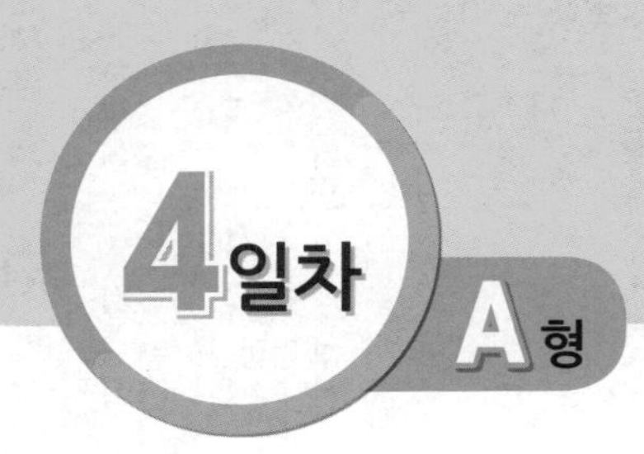

약수와 배수

월	일
분	초
	/10

✎ 곱셈식을 이용하여 약수를 구하세요.

8의 약수 ➡ $8=1\times8=2\times4$ ➡ 1, 2, 4, 8

❶ 11의 약수 ➡ ➡

❷ 16의 약수 ➡ ➡

❸ 25의 약수 ➡ ➡

❹ 29의 약수 ➡ ➡

❺ 31의 약수 ➡ ➡

❻ 37의 약수 ➡ ➡

❼ 41의 약수 ➡ ➡

❽ 51의 약수 ➡ ➡

❾ 71의 약수 ➡ ➡

❿ 91의 약수 ➡ ➡

자기 점수에 ○표 하세요

맞힌 개수	5개 이하	6~7개	8~9개	10개
학습 방법	개념을 다시 공부하세요.	조금 더 노력하세요.	실수하면 안 돼요.	참 잘했어요.

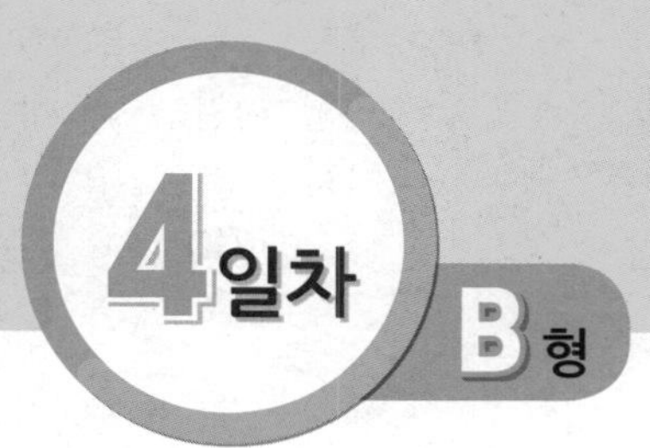

약수와 배수

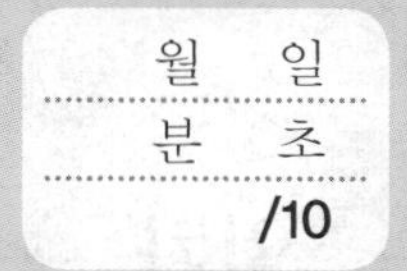

정답 26쪽

배수를 작은 수부터 차례로 6개 찾아 쓰세요.

❶ 6의 배수 ➡ 6, 12, ____, ____, ____, ____

❷ 14의 배수 ➡

❸ 18의 배수 ➡

❹ 20의 배수 ➡

❺ 29의 배수 ➡

❻ 31의 배수 ➡

❼ 34의 배수 ➡

❽ 43의 배수 ➡

❾ 46의 배수 ➡

❿ 49의 배수 ➡

자기 점수에 ○표 하세요

맞힌 개수	5개 이하	6~7개	8~9개	10개
학습 방법	개념을 다시 공부하세요.	조금 더 노력하세요.	실수하면 안 돼요.	참 잘했어요.

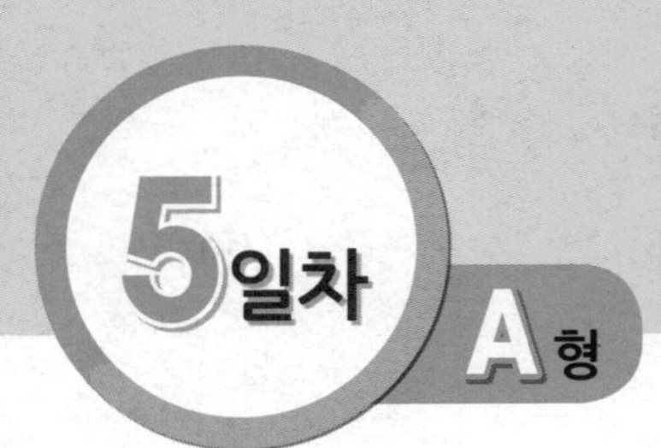

약수와 배수

월 일
분 초
/10

✎ 곱셈식을 이용하여 약수를 구하세요.

9의 약수 ➡ $9=1\times9=3\times3$ ➡ 1, 3, 9

❶ 26의 약수 ➡ ➡

❷ 38의 약수 ➡ ➡

❸ 40의 약수 ➡ ➡

❹ 54의 약수 ➡ ➡

❺ 64의 약수 ➡ ➡

❻ 70의 약수 ➡ ➡

❼ 85의 약수 ➡ ➡

❽ 93의 약수 ➡ ➡

❾ 96의 약수 ➡ ➡

❿ 102의 약수 ➡ ➡

자기 점수에 ○표 하세요

맞힌 개수	5개 이하	6~7개	8~9개	10개
학습 방법	개념을 다시 공부하세요.	조금 더 노력하세요.	실수하면 안 돼요.	참 잘했어요.

약수와 배수

월 일
분 초
/10

정답 27쪽

✎ 배수를 작은 수부터 차례로 6개 찾아 쓰세요.

❶ 3의 배수 ➡ 3, 6, ____, ____, ____, ____

❷ 16의 배수 ➡

❸ 17의 배수 ➡

❹ 22의 배수 ➡

❺ 24의 배수 ➡

❻ 39의 배수 ➡

❼ 40의 배수 ➡

❽ 47의 배수 ➡

❾ 51의 배수 ➡

❿ 54의 배수 ➡

자기 점수에 ○표 하세요

맞힌 개수	5개 이하	6~7개	8~9개	10개
학습 방법	개념을 다시 공부하세요.	조금 더 노력하세요.	실수하면 안 돼요.	참 잘했어요.

086 단계 공약수와 공배수

◆스스로 학습 관리표◆

- 매일 맞힌 개수를 적고, 걸린 시간만큼 색칠해 보세요.
(눈금 1칸은 1분이며, 초는 표의 상단에 적으세요.)
- 하루하루 지날수록 실력이 자라고, 계산 속도가
빨라지는 것을 눈으로 직접 확인할 수 있습니다.

개념 포인트

공약수

12의 약수이면서 20의 약수이기도 한 수는 무엇일까요?

12의 약수: 1, 2, 3, 4, 6, 12

20의 약수: 1, 2, 4, 5, 10, 20

12의 약수와 20의 약수에 공통으로 들어 있는 수 1, 2, 4를 12와 20의 공통인 약수, 즉 '공약수'라고 부릅니다. 공약수 가운데 가장 큰 수는 '최대공약수'라고 합니다.

공배수

3의 배수이면서 5의 배수이기도 한 수는 무엇일까요?

3의 배수: 3, 6, 9, 12, 15, 18, 21, 24, 27, 30, ……

5의 배수: 5, 10, 15, 20, 25, 30, 35, 40, 45, ……

두 수의 배수에 공통으로 들어 있는 수(15, 30, ……)를 3과 5의 공통인 배수, 즉 '공배수'라고 부릅니다. 그리고 그 공배수 가운데 가장 작은 수를 '최소공배수'라고 합니다.

예시

공약수 구하기

$4=1\times4=2\times2$

$6=1\times6=2\times3$

➡ 4와 6의 공약수 : 1, 2 ➡ 최대공약수 : 2

공배수 구하기

4의 배수: 4, 8, 12, 16, 20, 24, 28, 32, 36, ……

6의 배수: 6, 12, 18, 24, 30, 36, ……

➡ 4와 6의 공배수 : 12, 24, 36, …… ➡ 최소공배수 : 12

이 단계에서는 공약수와 최대공약수, 공배수와 최소공배수의 개념을 익힙니다. 이 내용을 완전히 익힌 후에는 최대공약수의 약수를 구한 뒤, 공약수와 비교하도록 하세요. 또 최소공배수의 배수를 구한 뒤, 공배수와 비교하도록 하세요. 공약수는 최대공약수의 약수라는 것과 공배수는 최소공배수의 배수라는 것까지 자연스럽게 알게 됩니다.

공약수와 공배수

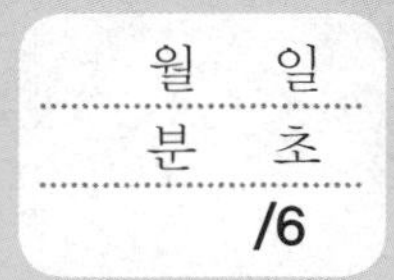

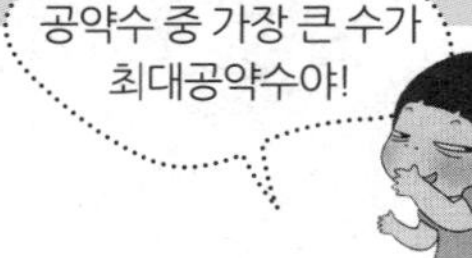

✎ 두 수의 공약수를 구하고 그중 가장 큰 수를 찾으세요.

(8, 12) ➡ $8=\underline{1}\times 8=\underline{2}\times \underline{4}$
$12=\underline{1}\times 12=\underline{2}\times 6=3\times \underline{4}$ ➡ 1, 2, ④

❶ (15, 20) ➡ ➡

❷ (18, 24) ➡ ➡

❸ (16, 20) ➡ ➡

❹ (24, 48) ➡ ➡

❺ (28, 70) ➡ ➡

❻ (30, 45) ➡ ➡

자기 점수에 ○표 하세요

맞힌 개수	3개 이하	4개	5개	6개
학습 방법	개념을 다시 공부하세요.	조금 더 노력하세요.	실수하면 안 돼요.	참 잘했어요.

1
일차
B 형

공약수와 공배수

월	일
분	초
	/6

공배수 중 가장 작은 수가
최소공배수야!

정답 28쪽

✎ 두 수의 공배수를 작은 수부터 차례로 3개 찾아 쓰고, 가장 작은 공배수를 찾으세요.

(2, 3) ➡ 2, 4, 6, 8, 10, 12, 14, 16, 18, ⋯
3, 6, 9, 12, 15, 18, 21, 24, ⋯ ➡ ⑥, 12, 18

❶ (3, 4) ➡ ➡

❷ (4, 5) ➡ ➡

❸ (12, 8) ➡ ➡

❹ (7, 14) ➡ ➡

❺ (15, 12) ➡ ➡

❻ (18, 12) ➡ ➡

자기 점수에 ○표 하세요

맞힌 개수	3개 이하	4개	5개	6개
학습 방법	개념을 다시 공부하세요.	조금 더 노력 하세요.	실수하면 안 돼요.	참 잘했어요.

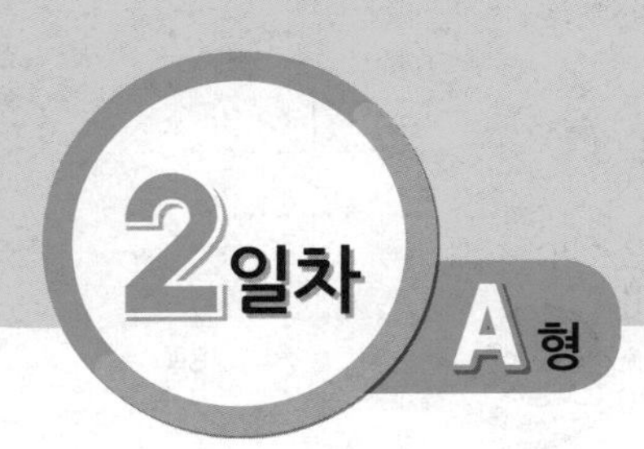

공약수와 공배수

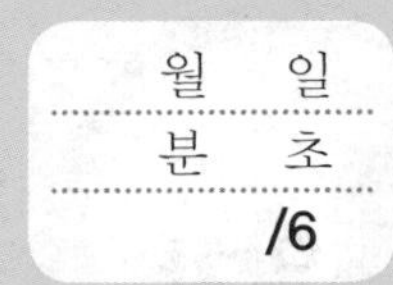

두 수의 공약수를 구하고 그중 가장 큰 수를 찾으세요.

(8, 12) ➡ 8=1×8=2×4, 12=1×12=2×6=3×4 ➡ 1, 2, ④

❶ (9, 48) ➡ ➡

❷ (10, 15) ➡ ➡

❸ (25, 55) ➡ ➡

❹ (50, 56) ➡ ➡

❺ (50, 75) ➡ ➡

❻ (30, 57) ➡ ➡

자기 점수에 ○표 하세요

맞힌 개수	3개 이하	4개	5개	6개
학습 방법	개념을 다시 공부하세요.	조금 더 노력하세요.	실수하면 안 돼요.	참 잘했어요.

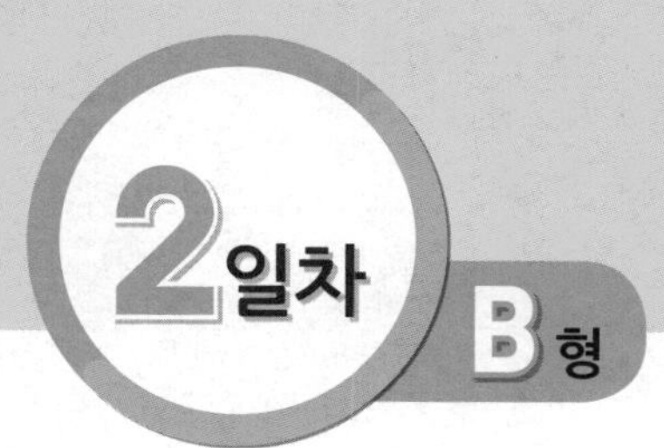

공약수와 공배수

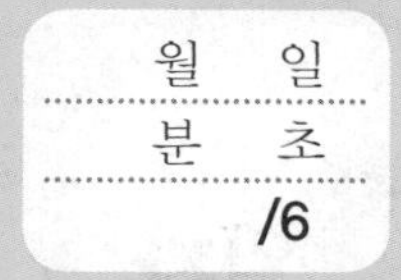

정답 29쪽

✎ 두 수의 공배수를 작은 수부터 차례로 3개 찾아 쓰고, 가장 작은 공배수를 찾으세요.

(2, 3) ➡ 2, 4, 6, 8, 10, 12, 14, 16, 18, …
3, 6, 9, 12, 15, 18, 21, 24, … ➡ ⑥, 12, 18

❶ (4, 6) ➡ ➡

❷ (3, 5) ➡ ➡

❸ (6, 8) ➡ ➡

❹ (9, 12) ➡ ➡

❺ (11, 22) ➡ ➡

❻ (12, 18) ➡ ➡

자기 점수에 ○표 하세요

맞힌 개수	3개 이하	4개	5개	6개
학습 방법	개념을 다시 공부하세요.	조금 더 노력 하세요.	실수하면 안 돼요.	참 잘했어요.

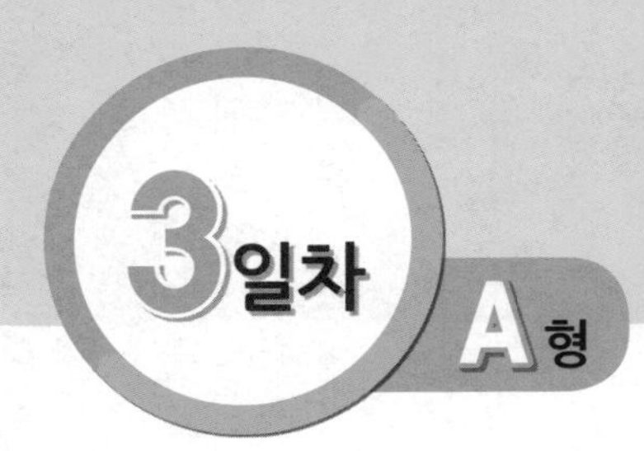

공약수와 공배수

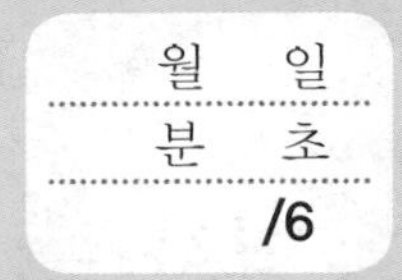

두 수의 공약수를 구하고 그중 가장 큰 수를 찾으세요.

(8, 12) ➡ $8=1\times8=2\times4$
$12=1\times12=2\times6=3\times4$ ➡ 1, 2, ④

❶ (35, 80) ➡ ➡

❷ (14, 50) ➡ ➡

❸ (9, 21) ➡ ➡

❹ (24, 66) ➡ ➡

❺ (18, 36) ➡ ➡

❻ (10, 62) ➡ ➡

자기 점수에 ○표 하세요

맞힌 개수	3개 이하	4개	5개	6개
학습 방법	개념을 다시 공부하세요.	조금 더 노력하세요.	실수하면 안 돼요.	참 잘했어요.

공약수와 공배수

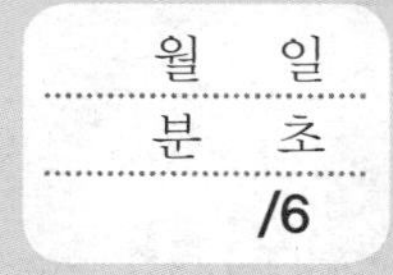

정답 30쪽

두 수의 공배수를 작은 수부터 차례로 3개 찾아 쓰고, 가장 작은 공배수를 찾으세요.

(2, 3) ➡ 2, 4, 6, 8, 10, 12, 14, 16, 18, …
3, 6, 9, 12, 15, 18, 21, 24, … ➡ ⑥, 12, 18

❶ (2, 8) ➡ ➡

❷ (6, 9) ➡ ➡

❸ (10, 15) ➡ ➡

❹ (9, 18) ➡ ➡

❺ (9, 15) ➡ ➡

❻ (17, 34) ➡ ➡

자기 점수에 ○표 하세요

맞힌 개수	3개 이하	4개	5개	6개
학습 방법	개념을 다시 공부하세요.	조금 더 노력하세요.	실수하면 안 돼요.	참 잘했어요.

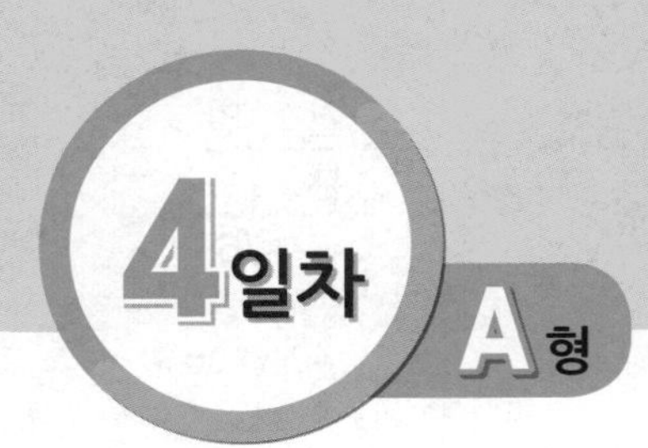

공약수와 공배수

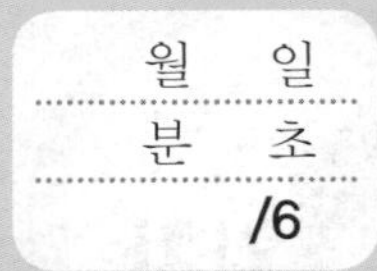

✎ 두 수의 공약수를 구하고 그중 가장 큰 수를 찾으세요.

(8, 12) ➡ 8=1×8=2×4
12=1×12=2×6=3×4 ➡ 1, 2, ④

❶ (9, 69) ➡ ➡

❷ (22, 72) ➡ ➡

❸ (52, 76) ➡ ➡

❹ (42, 54) ➡ ➡

❺ (30, 39) ➡ ➡

❻ (21, 81) ➡ ➡

자기 점수에 ○표 하세요

맞힌 개수	3개 이하	4개	5개	6개
학습 방법	개념을 다시 공부하세요.	조금 더 노력하세요.	실수하면 안 돼요.	참 잘했어요.

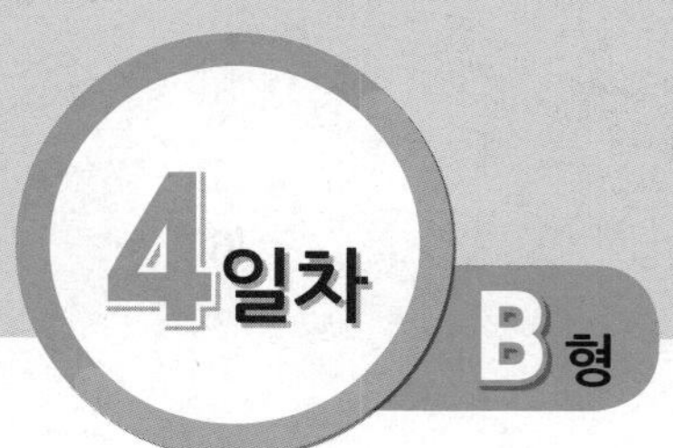

공약수와 공배수

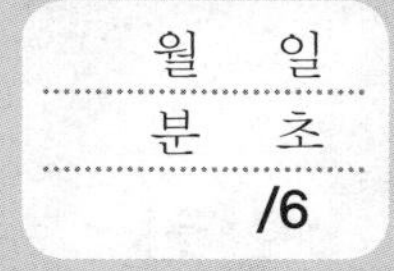

정답 31쪽

✎ 두 수의 공배수를 작은 수부터 차례로 3개 찾아 쓰고, 가장 작은 공배수를 찾으세요.

(2, 3) ➡ 2, 4, 6, 8, 10, 12, 14, 16, 18, ⋯
3, 6, 9, 12, 15, 18, 21, 24, ⋯ ➡ ⑥, 12, 18

❶ (2, 5) ➡ ➡

❷ (3, 8) ➡ ➡

❸ (10, 30) ➡ ➡

❹ (9, 12) ➡ ➡

❺ (16, 12) ➡ ➡

❻ (14, 21) ➡ ➡

자기 점수에 ○표 하세요

맞힌 개수	3개 이하	4개	5개	6개
학습 방법	개념을 다시 공부하세요.	조금 더 노력 하세요.	실수하면 안 돼요.	참 잘했어요.

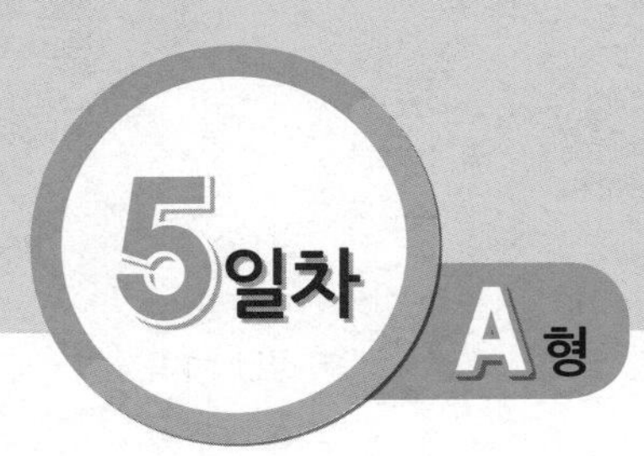

공약수와 공배수

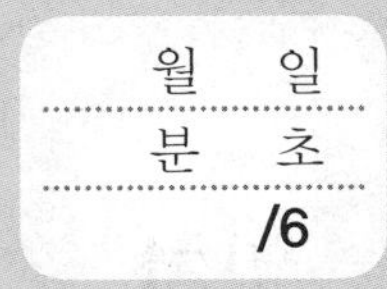

✎ 두 수의 공약수를 구하고 그중 가장 큰 수를 찾으세요.

(8, 12) ➡ 8=1×8=2×4
12=1×12=2×6=3×4 ➡ 1, 2, ④

❶ (39, 51) ➡ ➡

❷ (45, 60) ➡ ➡

❸ (11, 121) ➡ ➡

❹ (18, 108) ➡ ➡

❺ (65, 52) ➡ ➡

❻ (40, 72) ➡ ➡

자기 점수에 ○표 하세요

맞힌 개수	3개 이하	4개	5개	6개
학습 방법	개념을 다시 공부하세요.	조금 더 노력하세요.	실수하면 안 돼요.	참 잘했어요.

공약수와 공배수

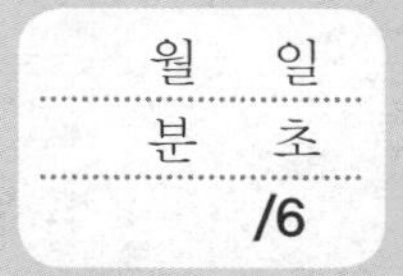

정답 32쪽

✎ 두 수의 공배수를 작은 수부터 차례로 3개 찾아 쓰고, 가장 작은 공배수를 찾으세요.

(2, 3) ➡ 2, 4, 6, 8, 10, 12, 14, 16, 18, ⋯
3, 6, 9, 12, 15, 18, 21, 24, ⋯ ➡ (6), 12, 18

❶ (12, 4) ➡ ➡

❷ (6, 8) ➡ ➡

❸ (10, 25) ➡ ➡

❹ (9, 12) ➡ ➡

❺ (14, 21) ➡ ➡

❻ (18, 15) ➡ ➡

자기 점수에 ○표 하세요

맞힌 개수	3개 이하	4개	5개	6개
학습 방법	개념을 다시 공부하세요.	조금 더 노력 하세요.	실수하면 안 돼요.	참 잘했어요.

세 단계 묶어 풀기 084 ~ 086단계
자연수의 혼합 계산, 약수와 배수

월 일
분 초
/12

정답 33쪽

다음을 계산하세요.

❶ $132-8\times6+45\div9=$

❷ $112\div8-11+12\times7=$

❸ $31-8\times21\div12+57=$

❹ $324\div(18-9)+4\times26=$

❺ $41+6\times(65-43)\div2=$

❻ $25+(45-10)\times3\div5=$

❼ $5\times(14+16)-80\div2=$

❽ $(24-6)\div2+3\times4=$

두 수의 공약수를 구하고 그 중 가장 큰 수를 찾으세요.

❾ (18, 48) ➡ ➡

❿ (21, 35) ➡ ➡

두 수의 공배수를 작은 수부터 차례로 3개 찾아 쓰고 가장 작은 공배수를 찾으세요.

⓫ (6, 15) ➡ ➡

⓬ (2, 3) ➡ ➡

재미있는 수학 이야기

척 보면 딱 아는 배수 판정법

두 수의 최대공약수와 최소공배수를 구하기에 이제 좀 익숙해졌나요? 크기가 작은 두 수의 최대공약수, 최소공배수를 찾기는 비교적 쉬운데 큰 수들에서 계산하려면 제일 처음 두 수를 모두 나누는 공약수를 찾기가 힘든 경우가 있지요? 배수 판정법은 그럴 때 도움이 되는 아주 유용한 방법이랍니다. 어떤 수의 배수인지 한눈에 알아볼 수 있다면 공약수로 여러 번 나누는 수고를 줄일 수도 있지요.

(1) 일의 자리 수를 보면 알 수 있는 배수 – 2의 배수, 5의 배수
일의 자리 수가 0, 2, 4, 6, 8이면 2의 배수이고, 0이나 5면 5의 배수입니다.

(2) 십의 자리 수와 일의 자리 수를 보면 알 수 있는 배수 – 4의 배수
아무리 큰 수라도 십의 자리 수와 일의 자리 수로 이루어진 두 자리 수가 4로 나누어 떨어지는 4의 배수이면 그 수 자체도 4의 배수입니다.
(예: $73\underline{84}$ → $84 \div 4 = 21$로 4의 배수, 그러므로 7384도 4의 배수)

(3) 각 자리 수의 합을 보면 알 수 있는 배수 – 3의 배수, 9의 배수
각 자리 수의 합이 3의 배수이면 그 수 자체가 3의 배수입니다.
마찬가지로 각 자리 수의 합이 9의 배수이면 그 수 자체가 9의 배수입니다.

(4) 각 자리 수의 합과 일의 자리 수를 보면 알 수 있는 배수 – 6의 배수
6은 2의 배수이면서 3의 배수입니다. 그래서 일의 자리 수가 0, 2, 4, 6, 8 중의 하나이고, 각 자리 수의 합이 3의 배수이면 6의 배수입니다.

최대공약수와 최소공배수

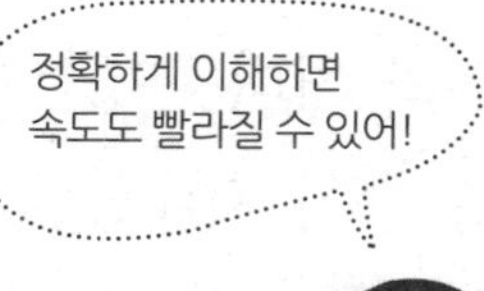

◆스스로 학습 관리표◆

- 매일 맞힌 개수를 적고, 걸린 시간만큼 색칠해 보세요.
  (눈금 1칸은 1분이며, 초는 표의 상단에 적으세요.)
- 하루하루 지날수록 실력이 자라고, 계산 속도가 빨라지는 것을 눈으로 직접 확인할 수 있습니다.

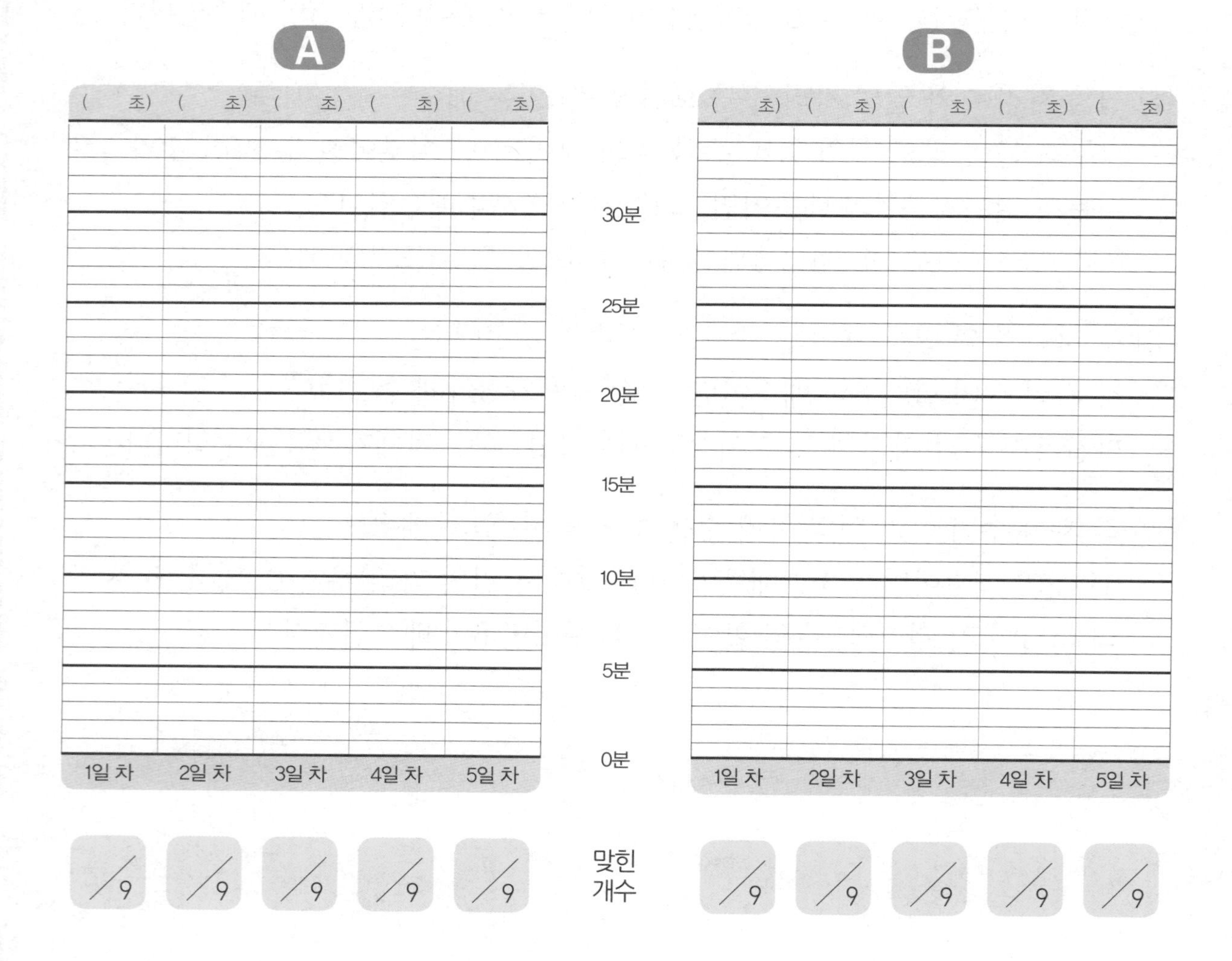

개념 포인트

공약수 중에 가장 큰 수를 '최대공약수', 공배수 중에 가장 작은 수를 '최소공배수'라고 부릅니다.

최대공약수와 최소공배수 구하는 방법 (1)

곱셈식을 이용해서 두 수의 최대공약수와 최소공배수를 구하는 방법을 알려 줄게요. 8과 12를 예로 들까요? 먼저 두 수를 소수의 곱으로 나타냅니다. (소수는 1보다 큰 수 중 약수가 1과 자기 자신뿐인 수로, 2, 3, 5, 7, 11, … 등 입니다.)

$$8=\underline{2\times2}\times2 \qquad 12=\underline{2\times2}\times3$$

두 곱셈식에 공통으로 들어 있는 2×2, 즉 4가 8과 12의 최대공약수입니다.
또, 두 곱셈식에 공통으로 들어 있는 2×2에 나머지 2와 3을 곱한 수 $2\times2\times2\times3$, 즉 24가 8과 12의 최소공배수입니다.

최대공약수와 최소공배수 구하는 방법 (2)

최대공약수와 최소공배수를 구하는 또 다른 방법을 배워 봅시다.
호제법이라고 불리는 이 방법은 두 수를 나란히 쓰고 거꾸로 된 나눗셈을 하는 방법입니다. 두 수를 공약수로 나눈 다음 그 몫을 아래에 씁니다. 또, 두 수를 공약수로 나누는 과정을 반복하는데 두 수의 공약수가 1 하나만 있을 때까지 계속합니다.

8과 12의 공약수 ➡ 2) 8 12
4와 6의 공약수 ➡ 2) 4 6
2 3 ➡ 두 수의 공약수는 1 하나뿐

세로에 있는 공약수를 모두 곱한 수$(2\times2=4)$가 바로 두 수의 최대공약수이고, 세로에 있는 수와 가로에 있는 나머지 수까지 모두 곱한 수$(2\times2\times2\times3=24)$가 두 수의 최소공배수입니다.

지도 도우미

이번 단계에서는 2가지 방법을 사용해서 최대공약수와 최소공배수를 구하는 방법을 알아보았습니다. 이 단계가 익숙해져야 이후 분수의 사칙연산이 쉬워집니다. 특히 공약수가 1 하나만 있는 수를 '서로소'라고 부른다는 것까지 정리해서 알려주세요.

최대공약수와 최소공배수

월 일
분 초
/9

곱셈식을 이용해서 소수의 곱을 나타내봐!

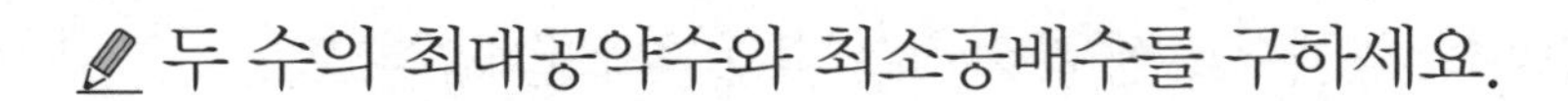

❶ (8, 10)

8=

10=

최대공약수:

최소공배수:

❷ (3, 5)

최대공약수:

최소공배수:

❸ (9, 15)

최대공약수:

최소공배수:

❹ (20, 30)

최대공약수:

최소공배수:

❺ (9, 14)

최대공약수:

최소공배수:

❻ (12, 16)

최대공약수:

최소공배수:

❼ (28, 42)

최대공약수:

최소공배수:

❽ (18, 24)

최대공약수:

최소공배수:

❾ (24, 60)

최대공약수:

최소공배수:

자기 점수에 ○표 하세요

맞힌 개수	4개 이하	5~6개	7~8개	9개
학습 방법	개념을 다시 공부하세요.	조금 더 노력하세요.	실수하면 안 돼요.	참 잘했어요.

최대공약수와 최소공배수

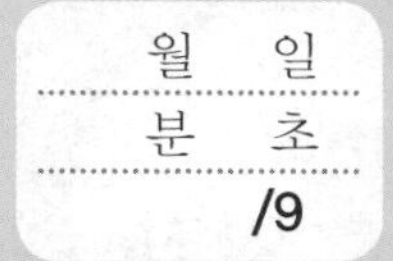

세로의 수만 곱하면 최대 공약수, 가로의 수까지 곱하면 최소공배수!

정답 34쪽

두 수의 최대공약수와 최소공배수를 구하세요.

❶) 15 20

최대공약수:
최소공배수:

❷) 4 20

최대공약수:
최소공배수:

❸) 14 21

최대공약수:
최소공배수:

❹) 48 72

최대공약수:
최소공배수:

❺) 26 39

최대공약수:
최소공배수:

❻) 15 57

최대공약수:
최소공배수:

❼) 20 108

최대공약수:
최소공배수:

❽) 45 40

최대공약수:
최소공배수:

❾) 102 42

최대공약수:
최소공배수:

자기 점수에 ○표 하세요

맞힌 개수	4개 이하	5~6개	7~8개	9개
학습 방법	개념을 다시 공부하세요.	조금 더 노력하세요.	실수하면 안 돼요.	참 잘했어요.

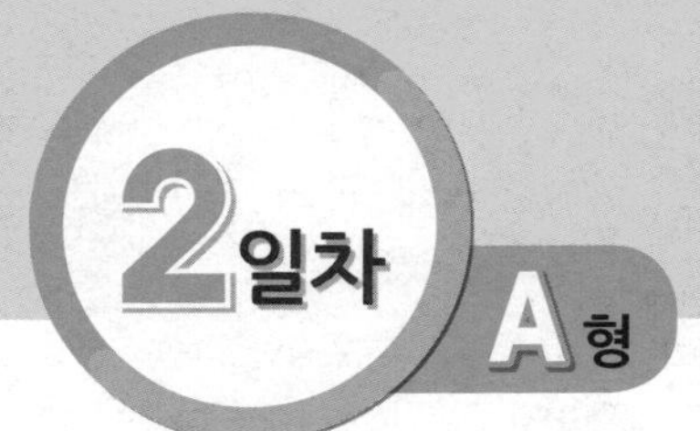

최대공약수와 최소공배수

월	일
분	초
	/9

✎ 두 수의 최대공약수와 최소공배수를 구하세요.

❶ (4, 10)

4=

10=

최대공약수:

최소공배수:

❷ (9, 5)

최대공약수:

최소공배수:

❸ (9, 24)

최대공약수:

최소공배수:

❹ (6, 32)

최대공약수:

최소공배수:

❺ (49, 63)

최대공약수:

최소공배수:

❻ (27, 45)

최대공약수:

최소공배수:

❼ (72, 45)

최대공약수:

최소공배수:

❽ (42, 33)

최대공약수:

최소공배수:

❾ (35, 28)

최대공약수:

최소공배수:

자기 점수에 ○표 하세요

맞힌 개수	4개 이하	5~6개	7~8개	9개
학습 방법	개념을 다시 공부하세요.	조금 더 노력하세요.	실수하면 안 돼요.	참 잘했어요.

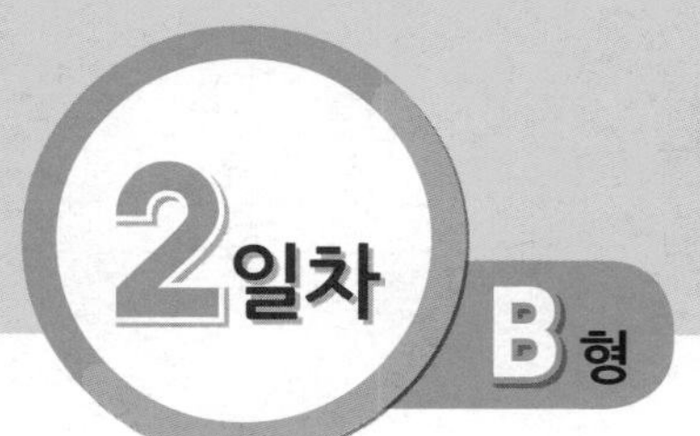

최대공약수와 최소공배수

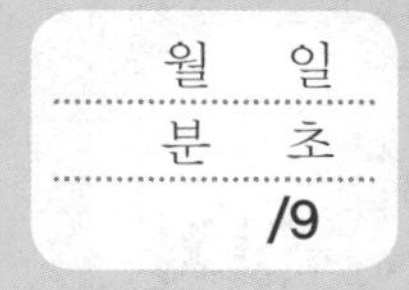

정답 35쪽

두 수의 최대공약수와 최소공배수를 구하세요.

❶) 18 20

최대공약수:
최소공배수:

❷) 6 72

최대공약수:
최소공배수:

❸) 15 42

최대공약수:
최소공배수:

❹) 24 56

최대공약수:
최소공배수:

❺) 14 56

최대공약수:
최소공배수:

❻) 42 48

최대공약수:
최소공배수:

❼) 24 40

최대공약수:
최소공배수:

❽) 15 54

최대공약수:
최소공배수:

❾) 54 81

최대공약수:
최소공배수:

자기 점수에 ○표 하세요

맞힌 개수	4개 이하	5~6개	7~8개	9개
학습 방법	개념을 다시 공부하세요.	조금 더 노력 하세요.	실수하면 안 돼요.	참 잘했어요.

최대공약수와 최소공배수

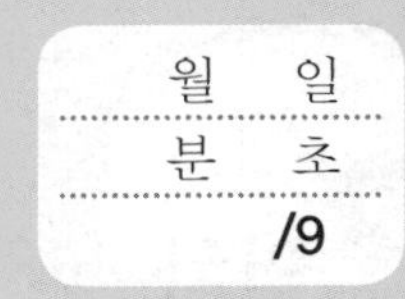

두 수의 최대공약수와 최소공배수를 구하세요.

❶ (6, 10)

6=

10=

최대공약수:

최소공배수:

❷ (4, 22)

최대공약수:

최소공배수:

❸ (12, 8)

최대공약수:

최소공배수:

❹ (34, 51)

최대공약수:

최소공배수:

❺ (36, 45)

최대공약수:

최소공배수:

❻ (28, 63)

최대공약수:

최소공배수:

❼ (50, 75)

최대공약수:

최소공배수:

❽ (65, 39)

최대공약수:

최소공배수:

❾ (72, 60)

최대공약수:

최소공배수:

자기 점수에 ○표 하세요

맞힌 개수	4개 이하	5~6개	7~8개	9개
학습 방법	개념을 다시 공부하세요.	조금 더 노력 하세요.	실수하면 안 돼요.	참 잘했어요.

최대공약수와 최소공배수

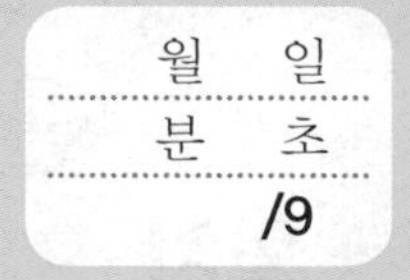

정답 36쪽

두 수의 최대공약수와 최소공배수를 구하세요.

❶) 21 35

최대공약수:
최소공배수:

❷) 30 75

최대공약수:
최소공배수:

❸) 14 98

최대공약수:
최소공배수:

❹) 48 54

최대공약수:
최소공배수:

❺) 56 64

최대공약수:
최소공배수:

❻) 30 66

최대공약수:
최소공배수:

❼) 72 108

최대공약수:
최소공배수:

❽) 36 81

최대공약수:
최소공배수:

❾) 135 90

최대공약수:
최소공배수:

자기 점수에 ○표 하세요

맞힌 개수	4개 이하	5~6개	7~8개	9개
학습 방법	개념을 다시 공부하세요.	조금 더 노력 하세요.	실수하면 안 돼요.	참 잘했어요.

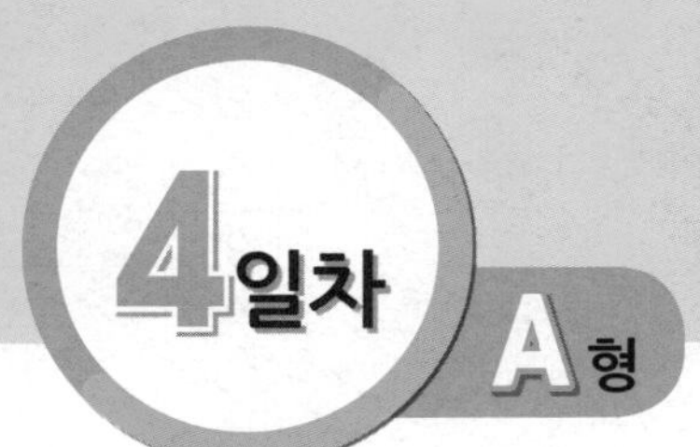

최대공약수와 최소공배수

월 일
분 초
/9

✎ 두 수의 최대공약수와 최소공배수를 구하세요.

❶ (10, 14)

10=

14=

최대공약수:

최소공배수:

❷ (16, 18)

최대공약수:

최소공배수:

❸ (15, 40)

최대공약수:

최소공배수:

❹ (24, 80)

최대공약수:

최소공배수:

❺ (38, 57)

최대공약수:

최소공배수:

❻ (52, 78)

최대공약수:

최소공배수:

❼ (48, 64)

최대공약수:

최소공배수:

❽ (60, 84)

최대공약수:

최소공배수:

❾ (63, 81)

최대공약수:

최소공배수:

자기 점수에 ○표 하세요

맞힌 개수	4개 이하	5~6개	7~8개	9개
학습 방법	개념을 다시 공부하세요.	조금 더 노력하세요.	실수하면 안 돼요.	참 잘했어요.

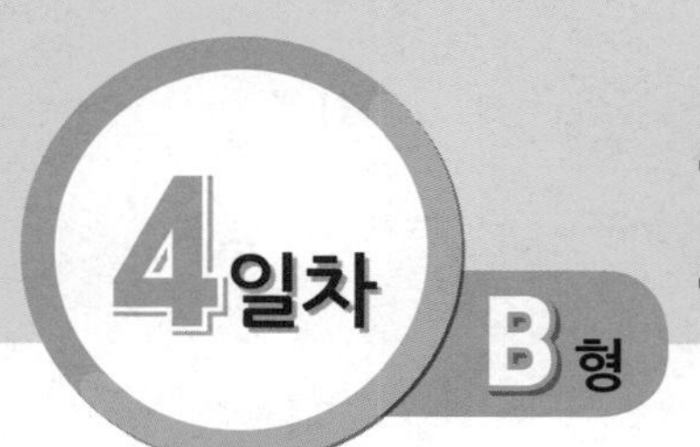

최대공약수와 최소공배수

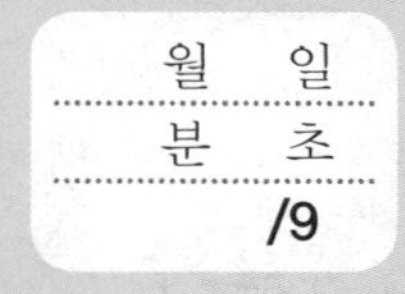

정답 37쪽

✎ 두 수의 최대공약수와 최소공배수를 구하세요.

❶) 15 50

최대공약수:
최소공배수:

❷) 16 96

최대공약수:
최소공배수:

❸) 35 150

최대공약수:
최소공배수:

❹) 64 72

최대공약수:
최소공배수:

❺) 35 65

최대공약수:
최소공배수:

❻) 52 40

최대공약수:
최소공배수:

❼) 39 78

최대공약수:
최소공배수:

❽) 78 104

최대공약수:
최소공배수:

❾) 132 176

최대공약수:
최소공배수:

자기 점수에 ○표 하세요

맞힌 개수	4개 이하	5~6개	7~8개	9개
학습 방법	개념을 다시 공부하세요.	조금 더 노력 하세요.	실수하면 안 돼요.	참 잘했어요.

최대공약수와 최소공배수

월	일
분	초
	/9

두 수의 최대공약수와 최소공배수를 구하세요.

❶ (12, 6)

12=

6=

최대공약수:

최소공배수:

❷ (6, 15)

최대공약수:

최소공배수:

❸ (9, 48)

최대공약수:

최소공배수:

❹ (12, 44)

최대공약수:

최소공배수:

❺ (56, 63)

최대공약수:

최소공배수:

❻ (44, 66)

최대공약수:

최소공배수:

❼ (56, 72)

최대공약수:

최소공배수:

❽ (54, 63)

최대공약수:

최소공배수:

❾ (96, 72)

최대공약수:

최소공배수:

자기 점수에 ○표 하세요

맞힌 개수	4개 이하	5~6개	7~8개	9개
학습 방법	개념을 다시 공부하세요.	조금 더 노력하세요.	실수하면 안 돼요.	참 잘했어요.

최대공약수와 최소공배수

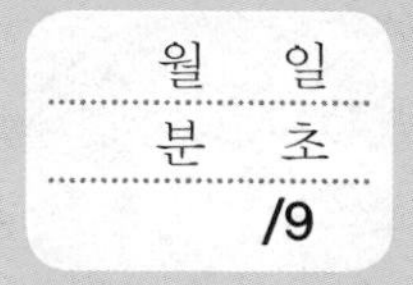

정답 38쪽

두 수의 최대공약수와 최소공배수를 구하세요.

❶) 15 48

최대공약수:
최소공배수:

❷) 16 44

최대공약수:
최소공배수:

❸) 56 80

최대공약수:
최소공배수:

❹) 25 95

최대공약수:
최소공배수:

❺) 26 104

최대공약수:
최소공배수:

❻) 32 56

최대공약수:
최소공배수:

❼) 45 54

최대공약수:
최소공배수:

❽) 90 72

최대공약수:
최소공배수:

❾) 54 96

최대공약수:
최소공배수:

자기 점수에 ○표 하세요

맞힌 개수	4개 이하	5~6개	7~8개	9개
학습 방법	개념을 다시 공부하세요.	조금 더 노력 하세요.	실수하면 안 돼요.	참 잘했어요.

약분과 통분

◆스스로 학습 관리표◆

- 매일 맞힌 개수를 적고, 걸린 시간만큼 색칠해 보세요.
  (눈금 1칸은 1분이며, 초는 표의 상단에 적으세요.)
- 하루하루 지날수록 실력이 자라고, 계산 속도가 빨라지는 것을 눈으로 직접 확인할 수 있습니다.

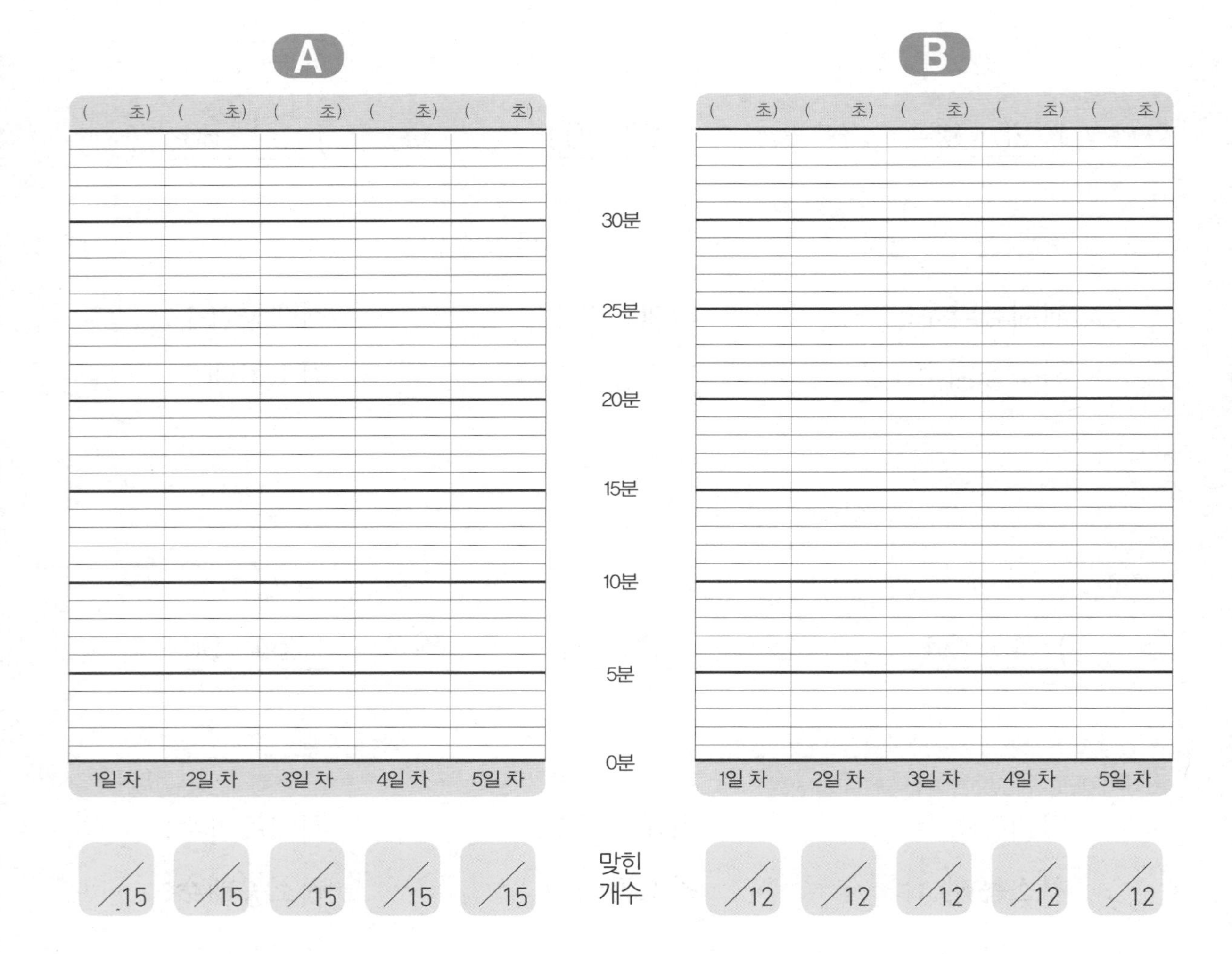

개념 포인트

약분과 기약분수

분모와 분자를 그 두 수의 공약수로 나누는 것을 약분한다고 합니다.

$\frac{1}{3}$, $\frac{3}{4}$ 과 같이 분모와 분자의 공약수가 1뿐인 분수(분모와 분자가 서로소)를 기약분수라고 합니다.

약분을 하면 크기는 같으면서도 좀 더 간단한 분수를 얻을 수 있습니다. 또한 분모와 분자의 최대공약수로 나누면 한 번에 기약분수가 됩니다.

통분

분모가 다른 분수들을 비교하거나 덧셈, 뺄셈의 계산을 하려면 분모를 같게 만들어 비교, 계산하면 됩니다. 분모가 다른 분수의 분모를 같게 하는 것을 통분한다고 하며, 통분한 분수의 분모를 공통분모라고 합니다. 공통분모로는 두 분모의 공배수, 그 중에서도 최소공배수를 이용합니다. $\frac{2}{3}$, $\frac{2}{5}$ 를 15를 공통분모로 해서 통분하려면 15=3×5이므로

$$\frac{2}{3}=\frac{2\times5}{3\times5}=\frac{10}{15},\ \frac{2}{5}=\frac{2\times3}{5\times3}=\frac{6}{15}$$

예시

약분 : 분모, 분자를 공약수로 나누기 $\frac{8}{12} \Rightarrow \frac{\cancel{8}^{4}}{\cancel{12}_{6}}=\frac{4}{6},\ \frac{\cancel{8}^{2}}{\cancel{12}_{3}}=\frac{2}{3}$(기약분수)

분모의 최소공배수로 통분하기 $\left(\frac{1}{4}, \frac{1}{6}\right) \Rightarrow \left(\frac{1\times3}{4\times3}, \frac{1\times2}{6\times2}\right) \Rightarrow \left(\frac{3}{12}, \frac{2}{12}\right)$

4와 6의 최소공배수는 12

약분을 배운 이후에는 연산의 최종 결과가 기약분수가 아닌 경우, 감점 처리하는 경우가 많으니 분모, 분자의 최대공약수로 나눠서 기약분수로 나타낼 수 있도록 지도해 주세요. 또한 분모가 다른 분수들의 비교, 계산을 위해 통분해야 하는 상황을 앞으로 많이 만나게 됩니다. 가급적 최소공배수로 통분하는데 익숙해지도록 충분히 연습시켜 주세요.

약분과 통분

월 일
분 초
/15

최대공약수로 약분하면 기약분수가 되네!

✎ 분수를 약분하세요.

❶ $\frac{6}{12} \Rightarrow \frac{\square}{6}, \frac{\square}{4}, \frac{\square}{2}$

❷ $\frac{8}{48} \Rightarrow \frac{\square}{24}, \frac{\square}{12}, \frac{\square}{6}$

❸ $\frac{20}{36} \Rightarrow \frac{\square}{18}, \frac{\square}{9}$

❹ $\frac{28}{48} \Rightarrow \frac{\square}{24}, \frac{\square}{12}$

❺ $\frac{30}{48} \Rightarrow \frac{\square}{24}, \frac{\square}{16}, \frac{\square}{8}$

❻ $\frac{40}{48} \Rightarrow \frac{\square}{24}, \frac{\square}{12}, \frac{\square}{6}$

✎ 분수를 기약분수로 나타내시오.

❼ $\frac{21}{33}=$

❽ $\frac{30}{35}=$

❾ $\frac{44}{46}=$

❿ $\frac{42}{45}=$

⓫ $\frac{35}{42}=$

⓬ $\frac{16}{34}=$

⓭ $\frac{20}{44}=$

⓮ $\frac{22}{28}=$

⓯ $\frac{18}{39}=$

자기 점수에 ○표 하세요

맞힌 개수	8개 이하	9~11개	12~13개	14~15개
학습 방법	개념을 다시 공부하세요.	조금 더 노력하세요.	실수하면 안 돼요.	참 잘했어요.

1일차 B형 약분과 통분

월 일
분 초
/12

통분하는 방법 모두 알아보자!

정답 39쪽

분모의 곱을 공통분모로 하여 통분하세요.

❶ $\left(\frac{1}{2}, \frac{1}{4}\right)$ ➡

❷ $\left(\frac{1}{3}, \frac{1}{6}\right)$ ➡

❸ $\left(\frac{5}{7}, \frac{4}{9}\right)$ ➡

❹ $\left(\frac{1}{3}, \frac{1}{4}\right)$ ➡

❺ $\left(1\frac{2}{4}, 5\frac{2}{7}\right)$ ➡

❻ $\left(2\frac{5}{8}, 4\frac{3}{20}\right)$ ➡

분모의 최소공배수를 공통분모로 하여 통분하세요.

❼ $\left(\frac{1}{3}, \frac{1}{9}\right)$ ➡

❽ $\left(\frac{1}{6}, \frac{1}{15}\right)$ ➡

❾ $\left(\frac{3}{40}, \frac{7}{24}\right)$ ➡

❿ $\left(3\frac{4}{15}, 2\frac{3}{18}\right)$ ➡

⓫ $\left(5\frac{8}{9}, 4\frac{7}{15}\right)$ ➡

⓬ $\left(2\frac{3}{10}, 3\frac{5}{12}\right)$ ➡

자기 점수에 ○표 하세요

맞힌 개수	6개 이하	7~8개	9~10개	11~12개
학습 방법	개념을 다시 공부하세요.	조금 더 노력하세요.	실수하면 안 돼요.	참 잘했어요.

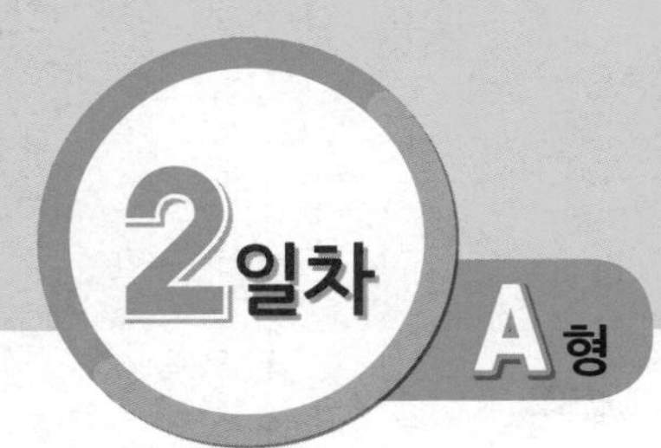

약분과 통분

월	일
분	초
	/15

✎ 분수를 약분하세요.

❶ $\frac{12}{28} \Rightarrow \frac{\square}{14}, \frac{\square}{7}$

❷ $\frac{16}{64} \Rightarrow \frac{\square}{32}, \frac{\square}{16}, \frac{\square}{8}, \frac{\square}{4}$

❸ $\frac{6}{36} \Rightarrow \frac{\square}{18}, \frac{\square}{12}, \frac{\square}{6}$

❹ $\frac{30}{36} \Rightarrow \frac{\square}{18}, \frac{\square}{12}, \frac{\square}{6}$

❺ $\frac{8}{40} \Rightarrow \frac{\square}{20}, \frac{\square}{10}, \frac{\square}{5}$

❻ $\frac{10}{40} \Rightarrow \frac{\square}{20}, \frac{\square}{8}, \frac{\square}{4}$

✎ 분수를 기약분수로 나타내시오.

❼ $\frac{12}{20}=$

❽ $\frac{14}{48}=$

❾ $\frac{15}{25}=$

❿ $\frac{48}{60}=$

⓫ $\frac{10}{42}=$

⓬ $\frac{27}{72}=$

⓭ $\frac{18}{40}=$

⓮ $\frac{39}{93}=$

⓯ $\frac{32}{72}=$

자기 점수에 ○표 하세요

맞힌 개수	8개 이하	9~11개	12~13개	14~15개
학습 방법	개념을 다시 공부하세요.	조금 더 노력하세요.	실수하면 안 돼요.	참 잘했어요.

약분과 통분

월	일
분	초
	/12

정답 40쪽

분모의 곱을 공통분모로 하여 통분하세요.

❶ $\left(\frac{1}{3}, \frac{3}{5}\right)$ ➡

❷ $\left(\frac{2}{3}, \frac{3}{4}\right)$ ➡

❸ $\left(\frac{2}{7}, \frac{7}{8}\right)$ ➡

❹ $\left(\frac{3}{4}, \frac{1}{7}\right)$ ➡

❺ $\left(5\frac{1}{3}, 4\frac{1}{4}\right)$ ➡

❻ $\left(2\frac{4}{7}, 1\frac{1}{4}\right)$ ➡

분모의 최소공배수를 공통분모로 하여 통분하세요.

❼ $\left(\frac{8}{15}, \frac{17}{20}\right)$ ➡

❽ $\left(\frac{7}{12}, \frac{9}{24}\right)$ ➡

❾ $\left(\frac{9}{14}, \frac{5}{21}\right)$ ➡

❿ $\left(1\frac{2}{3}, 1\frac{5}{12}\right)$ ➡

⓫ $\left(1\frac{4}{15}, 2\frac{9}{25}\right)$ ➡

⓬ $\left(6\frac{3}{8}, 3\frac{9}{10}\right)$ ➡

자기 점수에 ○표 하세요

맞힌 개수	6개 이하	7~8개	9~10개	11~12개
학습 방법	개념을 다시 공부하세요.	조금 더 노력 하세요.	실수하면 안 돼요.	참 잘했어요.

약분과 통분

월	일
분	초
	/15

분수를 약분하세요.

❶ $\frac{12}{18} \Rightarrow \frac{\square}{9}, \frac{\square}{6}, \frac{\square}{3}$

❷ $\frac{27}{63} \Rightarrow \frac{\square}{21}, \frac{\square}{7}$

❸ $\frac{14}{42} \Rightarrow \frac{\square}{21}, \frac{\square}{6}, \frac{\square}{3}$

❹ $\frac{6}{42} \Rightarrow \frac{\square}{21}, \frac{\square}{14}, \frac{\square}{7}$

❺ $\frac{33}{66} \Rightarrow \frac{\square}{22}, \frac{\square}{6}, \frac{\square}{2}$

❻ $\frac{42}{48} \Rightarrow \frac{\square}{24}, \frac{\square}{16}, \frac{\square}{8}$

분수를 기약분수로 나타내시오.

❼ $\frac{21}{49}=$

❽ $\frac{19}{95}=$

❾ $\frac{18}{72}=$

❿ $\frac{36}{64}=$

⓫ $\frac{39}{52}=$

⓬ $\frac{75}{100}=$

⓭ $\frac{14}{63}=$

⓮ $\frac{18}{54}=$

⓯ $\frac{38}{95}=$

자기 점수에 ○표 하세요

맞힌 개수	8개 이하	9~11개	12~13개	14~15개
학습 방법	개념을 다시 공부하세요.	조금 더 노력하세요.	실수하면 안 돼요.	참 잘했어요.

약분과 통분

월	일
분	초
	/12

정답 41쪽

분모의 곱을 공통분모로 하여 통분하세요.

❶ $\left(\frac{1}{4}, \frac{3}{8}\right)$ ➡

❷ $\left(\frac{3}{5}, \frac{2}{9}\right)$ ➡

❸ $\left(\frac{1}{5}, \frac{3}{4}\right)$ ➡

❹ $\left(\frac{2}{5}, \frac{3}{16}\right)$ ➡

❺ $\left(4\frac{2}{15}, 2\frac{3}{20}\right)$ ➡

❻ $\left(1\frac{7}{9}, 1\frac{3}{10}\right)$ ➡

분모의 최소공배수를 공통분모로 하여 통분하세요.

❼ $\left(\frac{2}{3}, \frac{5}{12}\right)$ ➡

❽ $\left(\frac{4}{15}, \frac{3}{10}\right)$ ➡

❾ $\left(\frac{4}{9}, \frac{17}{21}\right)$ ➡

❿ $\left(2\frac{3}{4}, 1\frac{3}{5}\right)$ ➡

⓫ $\left(1\frac{5}{12}, 3\frac{7}{10}\right)$ ➡

⓬ $\left(2\frac{5}{8}, 4\frac{3}{20}\right)$ ➡

자기 점수에 ○표 하세요

맞힌 개수	6개 이하	7~8개	9~10개	11~12개
학습 방법	개념을 다시 공부하세요.	조금 더 노력하세요.	실수하면 안 돼요.	참 잘했어요.

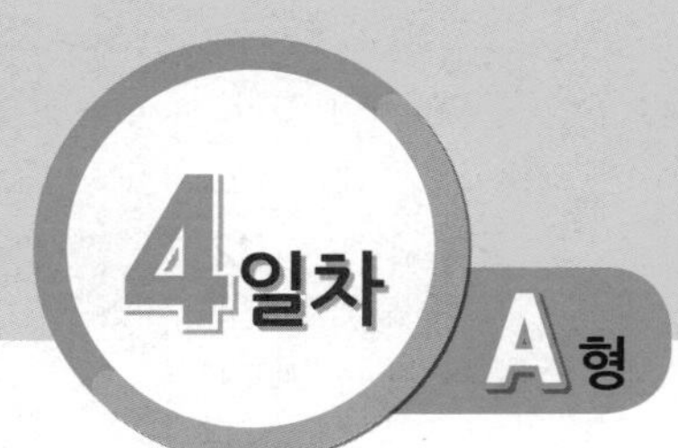

약분과 통분

월	일
분	초
	/15

분수를 약분하세요.

❶ $\frac{21}{42} \Rightarrow \frac{\square}{14}, \frac{\square}{6}, \frac{\square}{2}$

❷ $\frac{25}{40} \Rightarrow \frac{\square}{8}$

❸ $\frac{28}{40} \Rightarrow \frac{\square}{20}, \frac{\square}{10}$

❹ $\frac{16}{20} \Rightarrow \frac{\square}{10}, \frac{\square}{5}$

❺ $\frac{15}{36} \Rightarrow \frac{\square}{12}$

❻ $\frac{24}{57} \Rightarrow \frac{\square}{19}$

분수를 기약분수로 나타내시오.

❼ $\frac{30}{40}=$

❽ $\frac{24}{28}=$

❾ $\frac{16}{24}=$

❿ $\frac{6}{27}=$

⓫ $\frac{17}{51}=$

⓬ $\frac{27}{90}=$

⓭ $\frac{40}{55}=$

⓮ $\frac{64}{72}=$

⓯ $\frac{60}{92}=$

자기 점수에 ○표 하세요

맞힌 개수	8개 이하	9~11개	12~13개	14~15개
학습 방법	개념을 다시 공부하세요.	조금 더 노력하세요.	실수하면 안 돼요.	참 잘했어요.

약분과 통분

월	일
분	초
	/12

정답 42쪽

분모의 곱을 공통분모로 하여 통분하세요.

❶ $\left(\frac{1}{3}, \frac{5}{7}\right)$ ➡

❷ $\left(\frac{3}{4}, \frac{5}{18}\right)$ ➡

❸ $\left(\frac{2}{3}, \frac{5}{9}\right)$ ➡

❹ $\left(\frac{5}{8}, \frac{19}{20}\right)$ ➡

❺ $\left(2\frac{3}{5}, 4\frac{13}{20}\right)$ ➡

❻ $\left(7\frac{9}{14}, 3\frac{5}{21}\right)$ ➡

분모의 최소공배수를 공통분모로 하여 통분하세요.

❼ $\left(\frac{2}{3}, \frac{4}{9}\right)$ ➡

❽ $\left(\frac{7}{10}, \frac{11}{25}\right)$ ➡

❾ $\left(\frac{13}{24}, \frac{17}{36}\right)$ ➡

❿ $\left(1\frac{7}{10}, 3\frac{11}{15}\right)$ ➡

⓫ $\left(6\frac{3}{8}, 3\frac{9}{10}\right)$ ➡

⓬ $\left(1\frac{3}{40}, 1\frac{7}{24}\right)$ ➡

자기 점수에 ○표 하세요

맞힌 개수	6개 이하	7~8개	9~10개	11~12개
학습 방법	개념을 다시 공부하세요.	조금 더 노력하세요.	실수하면 안 돼요.	참 잘했어요.

5일차 A형

약분과 통분

월 일
분 초
/15

분수를 약분하세요.

① $\frac{6}{18} \Rightarrow \frac{\square}{9}, \frac{\square}{6}, \frac{\square}{3}$

② $\frac{16}{48} \Rightarrow \frac{\square}{24}, \frac{\square}{12}, \frac{\square}{6}, \frac{\square}{3}$

③ $\frac{16}{24} \Rightarrow \frac{\square}{12}, \frac{\square}{6}, \frac{\square}{3}$

④ $\frac{9}{36} \Rightarrow \frac{\square}{12}, \frac{\square}{4}$

⑤ $\frac{10}{25} \Rightarrow \frac{\square}{5}$

⑥ $\frac{15}{60} \Rightarrow \frac{\square}{20}, \frac{\square}{12}, \frac{\square}{4}$

분수를 기약분수로 나타내시오.

⑦ $\frac{52}{56}=$

⑧ $\frac{32}{80}=$

⑨ $\frac{42}{45}=$

⑩ $\frac{75}{80}=$

⑪ $\frac{38}{56}=$

⑫ $\frac{24}{60}=$

⑬ $\frac{52}{91}=$

⑭ $\frac{3}{54}=$

⑮ $\frac{34}{85}=$

자기 점수에 ○표 하세요

맞힌 개수	8개 이하	9~11개	12~13개	14~15개
학습 방법	개념을 다시 공부하세요.	조금 더 노력하세요.	실수하면 안 돼요.	참 잘했어요.

약분과 통분

월	일
분	초
	/12

정답 43쪽

✎ 분모의 곱을 공통분모로 하여 통분하세요.

❶ $\left(\frac{1}{2}, \frac{7}{9}\right)$ ➡

❷ $\left(\frac{3}{4}, \frac{7}{10}\right)$ ➡

❸ $\left(\frac{3}{8}, \frac{5}{6}\right)$ ➡

❹ $\left(\frac{2}{15}, \frac{3}{20}\right)$ ➡

❺ $\left(3\frac{2}{5}, 2\frac{3}{16}\right)$ ➡

❻ $\left(5\frac{4}{11}, 3\frac{7}{15}\right)$ ➡

✎ 분모의 최소공배수를 공통분모로 하여 통분하세요.

❼ $\left(\frac{9}{14}, \frac{7}{20}\right)$ ➡

❽ $\left(\frac{9}{16}, \frac{5}{28}\right)$ ➡

❾ $\left(\frac{8}{15}, \frac{8}{21}\right)$ ➡

❿ $\left(2\frac{3}{4}, 1\frac{11}{24}\right)$ ➡

⓫ $\left(2\frac{4}{9}, 2\frac{17}{21}\right)$ ➡

⓬ $\left(3\frac{5}{6}, 4\frac{8}{27}\right)$ ➡

자기 점수에 ○표 하세요

맞힌 개수	6개 이하	7~8개	9~10개	11~12개
학습 방법	개념을 다시 공부하세요.	조금 더 노력하세요.	실수하면 안 돼요.	참 잘했어요.

분모가 다른 분수의 덧셈

◆스스로 학습 관리표◆

정확하게 이해하면
속도도 빨라질 수 있어!

- 매일 맞힌 개수를 적고, 걸린 시간만큼 색칠해 보세요. (눈금 1칸은 1분이며, 초는 표의 상단에 적으세요.)
- 하루하루 지날수록 실력이 자라고, 계산 속도가 빨라지는 것을 눈으로 직접 확인할 수 있습니다.

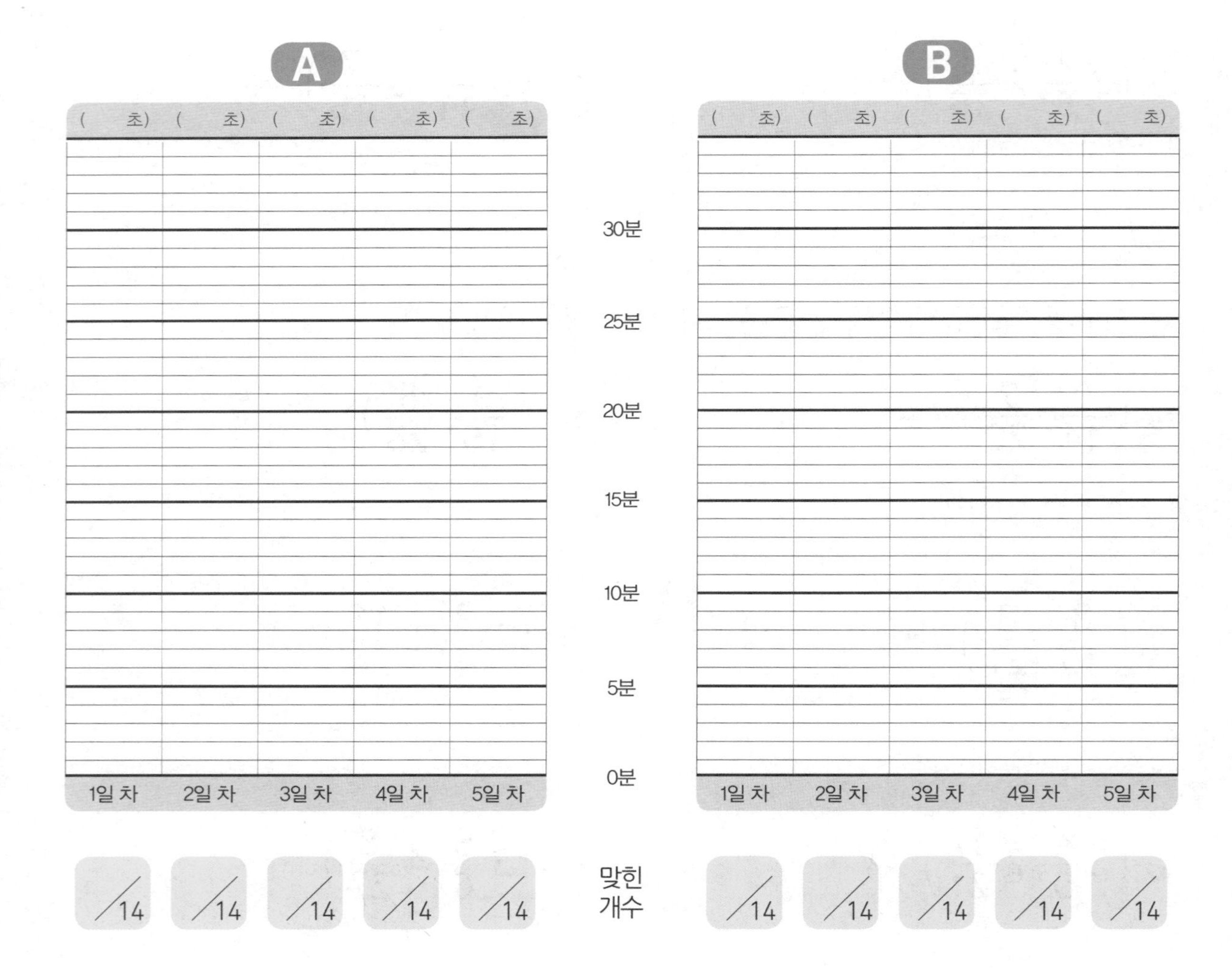

개념 포인트

받아올림이 없는 분수의 덧셈

분모가 다른 분수를 더할 때는 통분하여 분모를 같게 만든 다음, 분모를 그대로 두고 분자끼리 더합니다. 그렇게 해서 나온 분수가 기약분수가 아니라면 약분을 하여 기약분수로 나타냅니다.

받아올림이 있는 분수의 덧셈

분모가 다른 분수를 더할 때는 통분하여 분모를 같게 만든 다음, 분모를 그대로 두고 분자끼리 더합니다. 계산한 결과가 가분수이면 대분수로 고치고, 기약분수로 나타냅니다.

대분수를 가분수로 고쳐서 덧셈하는 방법

대분수를 가분수로 고쳐서 계산한 후 계산 결과를 확인하고 가분수를 대분수로 바꾸어 줄 수도 있습니다.

예시

받아올림이 없는 분수의 덧셈

$$\frac{2}{7}+\frac{4}{9}=\frac{18}{63}+\frac{28}{63}=\frac{46}{63}$$

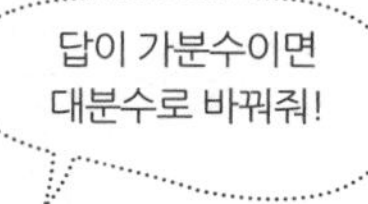

받아올림이 있는 분수의 덧셈

$$\frac{6}{7}+\frac{2}{3}=\frac{18}{21}+\frac{14}{21}=\frac{32}{21}=1\frac{11}{21}$$

대분수를 가분수로 고쳐서 덧셈하는 방법

$$3\frac{4}{7}+2\frac{2}{3}=\frac{25}{7}+\frac{8}{3}=\frac{75}{21}+\frac{56}{21}=\frac{131}{21}=6\frac{5}{21}$$

분모가 다른 분수의 덧셈을 시작하는 단계입니다. 통분을 정확하게 익혔다면 어렵지 않게 할 수 있습니다. 계산 후 약분이나 대분수로 바꾸는 과정을 잊기 쉬우니 끝까지 집중해서 계산할 수 있도록 지도해 주세요.

1일차 A형

분모가 다른 분수의 덧셈

월	일
분	초
	/14

6번 문제는 분모를 최소공배수로 통분하면 계산이 쉬워!

분수를 통분하여 덧셈을 하세요.

❶ $\frac{1}{4}+\frac{1}{5}=$

❷ $\frac{1}{2}+\frac{1}{9}=$

❸ $\frac{1}{5}+\frac{1}{6}=$

❹ $\frac{2}{7}+\frac{2}{5}=$

❺ $\frac{2}{3}+\frac{1}{4}=$

❻ $\frac{1}{5}+\frac{4}{9}=$

❼ $\frac{2}{5}+\frac{1}{7}=$

❽ $\frac{1}{7}+\frac{1}{8}=$

❾ $3\frac{1}{2}+1\frac{1}{5}=$

❿ $1\frac{7}{10}+1\frac{1}{5}=$

⓫ $2\frac{2}{5}+1\frac{4}{9}=$

⓬ $1\frac{2}{7}+2\frac{1}{3}=$

⓭ $1\frac{3}{8}+2\frac{1}{4}=$

⓮ $3\frac{1}{10}+1\frac{2}{3}=$

자기 점수에 ○표 하세요

맞힌 개수	8개 이하	9~10개	11~12개	13~14개
학습 방법	개념을 다시 공부하세요.	조금 더 노력하세요.	실수하면 안 돼요.	참 잘했어요.

1일차 B형

분모가 다른 분수의 덧셈

월 일
분 초
/14

정답 44쪽

계산 결과가 가분수이면 반드시 대분수로 고쳐줘

분수를 통분하여 덧셈을 하세요.

① $\frac{5}{9}+\frac{3}{5}=$

② $\frac{4}{5}+\frac{3}{4}=$

③ $\frac{5}{8}+\frac{9}{14}=$

④ $\frac{8}{13}+\frac{15}{26}=$

⑤ $\frac{3}{5}+\frac{19}{24}=$

⑥ $\frac{7}{12}+\frac{11}{18}=$

⑦ $\frac{8}{9}+\frac{16}{21}=$

⑧ $\frac{6}{13}+\frac{25}{39}=$

⑨ $\frac{19}{22}+\frac{15}{32}=$

⑩ $3\frac{1}{10}+1\frac{2}{3}=$

⑪ $2\frac{3}{10}+1\frac{4}{5}=$

⑫ $5\frac{6}{7}+2\frac{2}{3}=$

⑬ $3\frac{5}{8}+2\frac{9}{14}=$

⑭ $2\frac{11}{12}+7\frac{25}{36}=$

자기 점수에 ○표 하세요

맞힌 개수	8개 이하	9~10개	11~12개	13~14개
학습 방법	개념을 다시 공부하세요.	조금 더 노력하세요.	실수하면 안 돼요.	참 잘했어요.

2일차 A형

분모가 다른 분수의 덧셈

월 일
분 초
/14

분수를 통분하여 덧셈을 하세요.

❶ $\frac{1}{5}+\frac{2}{3}=$

❷ $\frac{1}{5}+\frac{4}{9}=$

❸ $\frac{1}{8}+\frac{1}{9}=$

❹ $\frac{1}{2}+\frac{1}{10}=$

❺ $\frac{3}{5}+\frac{3}{10}=$

❻ $\frac{1}{5}+\frac{2}{3}=$

❼ $\frac{1}{10}+\frac{1}{4}=$

❽ $\frac{5}{9}+\frac{2}{5}=$

❾ $2\frac{2}{5}+1\frac{4}{9}=$

❿ $1\frac{2}{7}+2\frac{1}{3}=$

⓫ $3\frac{1}{6}+1\frac{3}{8}=$

⓬ $1\frac{5}{9}+3\frac{1}{8}=$

⓭ $2\frac{2}{7}+4\frac{1}{3}=$

⓮ $3\frac{1}{6}+5\frac{3}{4}=$

2일차 B형

분모가 다른 분수의 덧셈

월 일
분 초
/14

정답 45쪽

✎ 분수를 통분하여 덧셈을 하세요.

❶ $\frac{8}{13}+\frac{15}{26}=$

❷ $\frac{3}{5}+\frac{3}{7}=$

❸ $\frac{8}{15}+\frac{17}{24}=$

❹ $\frac{10}{19}+\frac{2}{3}=$

❺ $\frac{13}{24}+\frac{15}{28}=$

❻ $\frac{6}{7}+\frac{19}{35}=$

❼ $\frac{9}{16}+\frac{37}{64}=$

❽ $\frac{7}{12}+\frac{4}{5}=$

❾ $1\frac{3}{8}+2\frac{1}{4}=$

❿ $1\frac{2}{7}+2\frac{1}{3}=$

⓫ $3\frac{23}{26}+1\frac{5}{39}=$

⓬ $2\frac{13}{18}+7\frac{7}{24}=$

⓭ $7\frac{13}{15}+3\frac{7}{12}=$

⓮ $2\frac{9}{14}+2\frac{16}{21}=$

자기 점수에 ○표 하세요

맞힌 개수	8개 이하	9~10개	11~12개	13~14개
학습 방법	개념을 다시 공부하세요.	조금 더 노력 하세요.	실수하면 안 돼요.	참 잘했어요.

분모가 다른 분수의 덧셈

3일차 A형

월 일
분 초
/14

✎ 분수를 통분하여 덧셈을 하세요.

❶ $\frac{7}{11}+\frac{1}{3}=$

❷ $\frac{7}{9}+\frac{1}{6}=$

❸ $\frac{3}{8}+\frac{1}{5}=$

❹ $\frac{7}{10}+\frac{5}{18}=$

❺ $\frac{3}{14}+\frac{16}{21}=$

❻ $\frac{7}{12}+\frac{3}{20}=$

❼ $\frac{11}{24}+\frac{2}{5}=$

❽ $\frac{3}{8}+\frac{5}{24}=$

❾ $1\frac{8}{15}+1\frac{1}{6}=$

❿ $4\frac{6}{35}+3\frac{3}{14}=$

⓫ $2\frac{6}{25}+5\frac{7}{30}=$

⓬ $1\frac{4}{9}+8\frac{2}{5}=$

⓭ $4\frac{3}{10}+3\frac{2}{3}=$

⓮ $2\frac{3}{5}+2\frac{1}{4}=$

자기 점수에 ○표 하세요

맞힌 개수	8개 이하	9~10개	11~12개	13~14개
학습 방법	개념을 다시 공부하세요.	조금 더 노력하세요.	실수하면 안 돼요.	참 잘했어요.

분모가 다른 분수의 덧셈

월 일
분 초
/14

정답 46쪽

✎ 분수를 통분하여 덧셈을 하세요.

❶ $\frac{5}{9}+\frac{3}{5}=$

❷ $\frac{4}{5}+\frac{3}{4}=$

❸ $\frac{3}{5}+\frac{3}{7}=$

❹ $\frac{2}{5}+\frac{2}{3}=$

❺ $\frac{3}{4}+\frac{9}{10}=$

❻ $\frac{7}{11}+\frac{3}{4}=$

❼ $\frac{11}{14}+\frac{25}{42}=$

❽ $\frac{17}{18}+\frac{7}{12}=$

❾ $3\frac{9}{14}+4\frac{4}{7}=$

❿ $5\frac{7}{8}+6\frac{13}{18}=$

⓫ $3\frac{3}{4}+1\frac{3}{10}=$

⓬ $1\frac{25}{28}+3\frac{5}{36}=$

⓭ $2\frac{7}{16}+3\frac{5}{6}=$

⓮ $7\frac{12}{19}+2\frac{2}{3}=$

자기 점수에 ○표 하세요

맞힌 개수	8개 이하	9~10개	11~12개	13~14개
학습 방법	개념을 다시 공부하세요.	조금 더 노력하세요.	실수하면 안 돼요.	참 잘했어요.

4일차 A형

분모가 다른 분수의 덧셈

월	일
분	초
	/14

✎ 분수를 통분하여 덧셈을 하세요.

❶ $\frac{4}{9}+\frac{1}{6}=$

❷ $\frac{8}{11}+\frac{1}{4}=$

❸ $\frac{3}{8}+\frac{3}{14}=$

❹ $\frac{2}{9}+\frac{13}{21}=$

❺ $\frac{9}{32}+\frac{5}{24}=$

❻ $\frac{15}{56}+\frac{9}{40}=$

❼ $\frac{31}{72}+\frac{1}{12}=$

❽ $3\frac{1}{12}+6\frac{17}{30}=$

❾ $1\frac{5}{18}+3\frac{1}{4}=$

❿ $3\frac{1}{2}+2\frac{11}{35}=$

⓫ $2\frac{11}{30}+7\frac{8}{15}=$

⓬ $1\frac{4}{45}+5\frac{19}{30}=$

⓭ $4\frac{2}{9}+4\frac{7}{36}=$

⓮ $1\frac{23}{42}+2\frac{5}{14}=$

자기 점수에 ○표 하세요

맞힌 개수	8개 이하	9~10개	11~12개	13~14개
학습 방법	개념을 다시 공부하세요.	조금 더 노력 하세요.	실수하면 안 돼요.	참 잘했어요.

분모가 다른 분수의 덧셈

월	일
분	초
	/14

정답 47쪽

분수를 통분하여 덧셈을 하세요.

❶ $\frac{8}{9}+\frac{2}{3}=$

❷ $\frac{9}{10}+\frac{2}{3}=$

❸ $\frac{8}{9}+\frac{1}{4}=$

❹ $\frac{7}{10}+\frac{4}{5}=$

❺ $\frac{5}{6}+\frac{7}{8}=$

❻ $\frac{5}{8}+\frac{2}{3}=$

❼ $\frac{7}{12}+\frac{15}{32}=$

❽ $\frac{5}{6}+\frac{11}{14}=$

❾ $1\frac{5}{16}+6\frac{13}{18}=$

❿ $2\frac{10}{21}+1\frac{9}{14}=$

⓫ $1\frac{5}{6}+2\frac{7}{20}=$

⓬ $2\frac{19}{20}+3\frac{6}{25}=$

⓭ $4\frac{14}{15}+2\frac{9}{20}=$

⓮ $2\frac{8}{15}+3\frac{5}{9}=$

자기 점수에 ○표 하세요

맞힌 개수	8개 이하	9~10개	11~12개	13~14개
학습 방법	개념을 다시 공부하세요.	조금 더 노력 하세요.	실수하면 안 돼요.	참 잘했어요.

분모가 다른 분수의 덧셈

월	일
분	초
	/14

✎ 분수를 통분하여 덧셈을 하세요.

❶ $\frac{1}{5}+\frac{3}{7}=$

❷ $\frac{7}{10}+\frac{1}{6}=$

❸ $\frac{2}{11}+\frac{1}{4}=$

❹ $\frac{1}{8}+\frac{1}{6}=$

❺ $\frac{15}{16}+\frac{1}{24}=$

❻ $\frac{4}{9}+\frac{2}{15}=$

❼ $\frac{5}{12}+\frac{11}{42}=$

❽ $\frac{3}{8}+\frac{9}{22}=$

❾ $2\frac{5}{9}+3\frac{2}{5}=$

❿ $3\frac{3}{11}+2\frac{2}{3}=$

⓫ $3\frac{1}{8}+4\frac{5}{6}=$

⓬ $6\frac{1}{15}+3\frac{9}{10}=$

⓭ $2\frac{1}{12}+2\frac{15}{28}=$

⓮ $3\frac{10}{21}+6\frac{1}{6}=$

자기 점수에 ○표 하세요

맞힌 개수	8개 이하	9~10개	11~12개	13~14개
학습 방법	개념을 다시 공부하세요.	조금 더 노력하세요.	실수하면 안 돼요.	참 잘했어요.

분모가 다른 분수의 덧셈

5일차 B형

월 일
분 초
/14

정답 48쪽

분수를 통분하여 덧셈을 하세요.

❶ $\frac{7}{12}+\frac{9}{20}=$

❷ $\frac{5}{6}+\frac{9}{16}=$

❸ $\frac{5}{6}+\frac{11}{14}=$

❹ $\frac{11}{18}+\frac{28}{45}=$

❺ $\frac{13}{15}+\frac{17}{18}=$

❻ $\frac{15}{26}+\frac{17}{24}=$

❼ $\frac{19}{20}+\frac{41}{70}=$

❽ $\frac{5}{9}+\frac{20}{21}=$

❾ $1\frac{1}{2}+9\frac{15}{26}=$

❿ $4\frac{13}{20}+2\frac{8}{15}=$

⓫ $2\frac{7}{12}+3\frac{13}{15}=$

⓬ $6\frac{25}{42}+5\frac{9}{14}=$

⓭ $1\frac{5}{7}+4\frac{11}{15}=$

⓮ $2\frac{7}{9}+5\frac{11}{15}=$

자기 점수에 ○표 하세요

맞힌 개수	8개 이하	9~10개	11~12개	13~14개
학습 방법	개념을 다시 공부하세요.	조금 더 노력하세요.	실수하면 안 돼요.	참 잘했어요.

세 단계 묶어 풀기 O87 ~ O89단계
최대공약수와 최소공배수, 약분과 통분, 분수의 덧셈

월 일
분 초
/14

정답 49쪽

두 수의 최대공약수와 최소공배수를 구하세요.

❶ (28, 10)
28=
10=
최대공약수:
최소공배수:

❷) 9 60

최대공약수:
최소공배수:

분수를 기약분수로 나타내세요.

❸ $\frac{15}{27}=$

❹ $\frac{42}{108}=$

❺ $\frac{75}{300}=$

분모의 최소공배수를 공통분모로 하여 통분하세요.

❻ $\left(\frac{5}{8}, \frac{7}{12}\right)$

❼ $\left(\frac{11}{15}, \frac{17}{20}\right)$

❽ $\left(\frac{11}{18}, \frac{8}{15}\right)$

분수를 통분하여 덧셈을 하세요.

❾ $\frac{5}{13}+\frac{1}{3}=$

❿ $\frac{4}{5}+\frac{5}{6}=$

⓫ $3\frac{5}{12}+2\frac{3}{8}=$

⓬ $4\frac{4}{15}+1\frac{2}{9}=$

⓭ $1\frac{7}{10}+2\frac{5}{16}=$

⓮ $2\frac{13}{14}+1\frac{8}{21}=$

창의력 쑥쑥! 수학 퀴즈

다음 계산을 풀어 보세요.

$$\frac{1}{2}+\frac{1}{3}+\frac{1}{4}+\frac{1}{2}+\frac{2}{3}+\frac{3}{4}$$

아마 열심히 공부한 친구들이라면 쉽게 문제의 답을 찾았을 거예요. 맨 왼쪽에 있는 두 분수부터 통분을 해서 더하고, 그 나온 값에 그 다음 분수를 더하는 과정을 다섯 번 되풀이해서 답을 찾아냈을 거예요. 잘했어요!
그런데 답을 얻는 다른 방법은 없을까요? 어떤 문제든지 우선 전체를 잘 살펴보세요. 그러면 그 전체에 숨어 있는 규칙을 찾아낼 수 있고, 그 규칙을 이용하면 훨씬 쉽게 풀 수 있답니다.

답 문제를 다음과 같이 그림으로 바꾸어 생각해 보세요.

$\frac{1}{2}$ + $\frac{1}{3}$ + $\frac{1}{4}$ +

$\frac{1}{2}$ + $\frac{2}{3}$ + $\frac{3}{4}$ =?

윗줄과 아랫줄의 피자 조각을 합하면 피자 1판이 되어, 모두 피자 3판이라는 걸 쉽게 알 수 있습니다. 사실, 수를 더할 때는 순서를 바꾸어 더해도 결과는 같습니다.
분모가 같은 분수끼리 먼저 더하면, 1+1+1=3이라는 답을 얻지요.

분모가 다른 분수의 뺄셈

◆스스로 학습 관리표◆

- 매일 맞힌 개수를 적고, 걸린 시간만큼 색칠해 보세요. (눈금 1칸은 1분이며, 초는 표의 상단에 적으세요.)
- 하루하루 지날수록 실력이 자라고, 계산 속도가 빨라지는 것을 눈으로 직접 확인할 수 있습니다.

개념 포인트

분모가 다른 진분수의 뺄셈

분모가 다른 분수의 뺄셈은 통분하여 분모를 같게 만든 다음, 분모는 그대로 두고 분자끼리 빼면 됩니다. 그렇게 해서 나온 분수가 기약분수가 아니라면 약분을 하여 기약분수로 나타냅니다.

분모가 다른 대분수의 뺄셈

분모가 다른 대분수끼리 뺄셈을 할 때 통분하여 분모를 같게 만든 다음, 자연수는 자연수끼리, 분수는 분수끼리 뺍니다. 이때 분수끼리 뺄 수 없으면 자연수 부분에서 1을 받아내림하여 계산합니다.

대분수를 가분수로 고쳐서 뺄셈하는 방법

대분수를 가분수로 고쳐서 계산한 후 계산 결과를 확인하고 가분수를 대분수로 바꾸어 줄 수도 있습니다.

예시

분모가 다른 진분수의 뺄셈

$$\frac{5}{8}-\frac{1}{6}=\frac{30}{48}-\frac{8}{48}=\frac{22}{48}=\frac{11}{24}$$

자연수 부분에서 1을
받아내림 해야 해!

분모가 다른 대분수의 뺄셈

$$4\frac{1}{2}-2\frac{4}{5}=4\frac{5}{10}-2\frac{8}{10}=3\frac{15}{10}-2\frac{8}{10}=(3-2)+\left(\frac{15}{10}-\frac{8}{10}\right)=1\frac{7}{10}$$

대분수를 가분수로 고쳐서 뺄셈하는 방법

$$4\frac{1}{2}-2\frac{4}{5}=\frac{9}{2}-\frac{14}{5}=\frac{45}{10}-\frac{28}{10}=\frac{17}{10}=1\frac{7}{10}$$

지도
도우미

분모가 다른 분수의 뺄셈을 시작하는 단계입니다. 두 분모의 최소공배수를 공통분모로 하여 통분한 후 계산할 수 있도록 지도해 주세요. 특히 분수끼리 뺄셈이 되지 않을 때 자연수 부분에서 1을 받아내림하여 계산하는 것을 확실하게 이해시켜 주세요.

분모가 다른 분수의 뺄셈

월 일
분 초
/14

먼저 통분하고
분자끼리 빼면 돼.

분모의 곱으로 통분하여 뺄셈을 하시오.

❶ $\frac{1}{2}-\frac{1}{3}=$

❷ $\frac{1}{2}-\frac{1}{4}=$

❸ $\frac{1}{3}-\frac{1}{4}=$

❹ $\frac{1}{2}-\frac{1}{5}=$

❺ $\frac{2}{3}-\frac{1}{9}=$

❻ $\frac{3}{4}-\frac{1}{2}=$

❼ $\frac{3}{4}-\frac{5}{12}=$

❽ $\frac{5}{6}-\frac{3}{8}=$

❾ $\frac{7}{12}-\frac{4}{15}=$

❿ $\frac{5}{6}-\frac{1}{9}=$

⓫ $5\frac{5}{6}-4\frac{1}{4}=$

⓬ $4\frac{7}{12}-3\frac{1}{4}=$

⓭ $3\frac{9}{10}-1\frac{1}{5}=$

⓮ $4\frac{5}{8}-3\frac{2}{5}=$

자기 점수에 ○표 하세요

맞힌 개수	8개 이하	9~10개	11~12개	13~14개
학습 방법	개념을 다시 공부하세요.	조금 더 노력하세요.	실수하면 안 돼요.	참 잘했어요.

분모가 다른 분수의 뺄셈

1일차 B형

월 일
분 초
/14

분수끼리 뺄 수 없으면 자연수에서 1 받아내림 해줘!

정답 50쪽

✎ 분수를 통분하여 뺄셈을 하세요.

❶ $3\frac{3}{7}-2\frac{2}{3}=$

❷ $4\frac{1}{10}-2\frac{1}{6}=$

❸ $3\frac{5}{7}-1\frac{4}{5}=$

❹ $5\frac{7}{11}-4\frac{3}{4}=$

❺ $5\frac{1}{7}-2\frac{1}{4}=$

❻ $5\frac{4}{9}-2\frac{5}{6}=$

❼ $3\frac{13}{18}-1\frac{11}{12}=$

❽ $4\frac{5}{8}-1\frac{5}{6}=$

❾ $9\frac{3}{10}-1\frac{8}{15}=$

❿ $8\frac{1}{10}-2\frac{5}{6}=$

⓫ $7\frac{3}{8}-3\frac{7}{12}=$

⓬ $6\frac{4}{21}-2\frac{5}{14}=$

⓭ $3\frac{7}{12}-1\frac{11}{15}=$

⓮ $8\frac{3}{14}-5\frac{5}{8}=$

자기 점수에 ○표 하세요

맞힌 개수	8개 이하	9~10개	11~12개	13~14개
학습 방법	개념을 다시 공부하세요.	조금 더 노력하세요.	실수하면 안 돼요.	참 잘했어요.

2일차 A형

분모가 다른 분수의 뺄셈

월	일
분	초
	/14

분모의 곱으로 통분하여 뺄셈을 하시오.

❶ $\frac{1}{4}-\frac{1}{5}=$

❷ $\frac{1}{2}-\frac{1}{6}=$

❸ $\frac{1}{5}-\frac{1}{6}=$

❹ $\frac{1}{2}-\frac{1}{7}=$

❺ $\frac{4}{10}-\frac{4}{15}=$

❻ $\frac{11}{15}-\frac{5}{9}=$

❼ $\frac{13}{21}-\frac{2}{7}=$

❽ $\frac{3}{4}-\frac{1}{6}=$

❾ $4\frac{10}{11}-3\frac{1}{3}=$

❿ $5\frac{3}{10}-3\frac{1}{4}=$

⓫ $4\frac{5}{6}-2\frac{3}{5}=$

⓬ $6\frac{7}{9}-1\frac{2}{3}=$

⓭ $2\frac{7}{8}-1\frac{1}{3}=$

⓮ $4\frac{9}{10}-3\frac{8}{15}=$

자기 점수에 ○표 하세요

맞힌 개수	8개 이하	9~10개	11~12개	13~14개
학습 방법	개념을 다시 공부하세요.	조금 더 노력하세요.	실수하면 안 돼요.	참 잘했어요.

분모가 다른 분수의 뺄셈

월 일
분 초
/14

정답 51쪽

분수를 통분하여 뺄셈을 하세요.

❶ $8\frac{20}{39}-3\frac{11}{13}=$

❷ $4\frac{7}{11}-2\frac{3}{4}=$

❸ $4\frac{1}{7}-1\frac{1}{4}=$

❹ $5\frac{1}{8}-1\frac{5}{6}=$

❺ $3\frac{4}{9}-2\frac{3}{4}=$

❻ $4\frac{1}{8}-1\frac{1}{6}=$

❼ $5\frac{7}{11}-1\frac{2}{3}=$

❽ $3\frac{2}{7}-1\frac{1}{3}=$

❾ $6\frac{3}{22}-3\frac{1}{4}=$

❿ $9\frac{9}{20}-4\frac{5}{6}=$

⓫ $4\frac{4}{15}-2\frac{5}{12}=$

⓬ $7\frac{2}{13}-5\frac{5}{8}=$

⓭ $5\frac{3}{16}-1\frac{5}{12}=$

⓮ $6\frac{7}{10}-5\frac{3}{4}=$

자기 점수에 ○표 하세요

맞힌 개수	8개 이하	9~10개	11~12개	13~14개
학습 방법	개념을 다시 공부하세요.	조금 더 노력 하세요.	실수하면 안 돼요.	참 잘했어요.

3일차 A형

분모가 다른 분수의 뺄셈

월 일
분 초
/14

분모의 곱으로 통분하여 뺄셈을 하시오.

❶ $\frac{1}{6}-\frac{1}{7}=$

❷ $\frac{1}{2}-\frac{1}{8}=$

❸ $\frac{13}{16}-\frac{7}{12}=$

❹ $\frac{17}{20}-\frac{11}{18}=$

❺ $\frac{5}{18}-\frac{1}{15}=$

❻ $\frac{3}{4}-\frac{5}{14}=$

❼ $\frac{7}{10}-\frac{7}{12}=$

❽ $\frac{13}{15}-\frac{29}{60}=$

❾ $5\frac{5}{12}-3\frac{3}{16}=$

❿ $9\frac{9}{14}-4\frac{17}{35}=$

⓫ $8\frac{56}{60}-2\frac{9}{20}=$

⓬ $6\frac{11}{12}-3\frac{3}{8}=$

⓭ $6\frac{7}{8}-2\frac{11}{14}=$

⓮ $7\frac{24}{35}-4\frac{9}{14}=$

자기 점수에 ○표 하세요

맞힌 개수	8개 이하	9~10개	11~12개	13~14개
학습 방법	개념을 다시 공부하세요.	조금 더 노력하세요.	실수하면 안 돼요.	참 잘했어요.

분모가 다른 분수의 뺄셈

월 일
분 초
/14

정답 52쪽

분수를 통분하여 뺄셈을 하세요.

① $4\frac{2}{9}-3\frac{5}{6}=$

② $5\frac{2}{9}-2\frac{3}{4}=$

③ $3\frac{4}{11}-2\frac{3}{4}=$

④ $8\frac{5}{14}-6\frac{7}{8}=$

⑤ $3\frac{5}{11}-1\frac{2}{3}=$

⑥ $8\frac{11}{18}-6\frac{5}{8}=$

⑦ $4\frac{19}{32}-2\frac{17}{24}=$

⑧ $5\frac{1}{6}-1\frac{3}{8}=$

⑨ $7\frac{3}{10}-4\frac{9}{25}=$

⑩ $3\frac{1}{6}-2\frac{5}{14}=$

⑪ $5\frac{7}{20}-3\frac{9}{16}=$

⑫ $6\frac{2}{9}-4\frac{3}{7}=$

⑬ $4\frac{9}{20}-1\frac{13}{15}=$

⑭ $7\frac{7}{15}-2\frac{5}{9}=$

자기 점수에 ○표 하세요

맞힌 개수	8개 이하	9~10개	11~12개	13~14개
학습 방법	개념을 다시 공부하세요.	조금 더 노력 하세요.	실수하면 안 돼요.	참 잘했어요.

4일차 A형

분모가 다른 분수의 뺄셈

월	일
분	초
	/14

분모의 곱으로 통분하여 뺄셈을 하시오.

❶ $\frac{3}{4}-\frac{3}{5}=$

❷ $\frac{5}{6}-\frac{3}{4}=$

❸ $\frac{3}{4}-\frac{5}{14}=$

❹ $\frac{7}{12}-\frac{7}{15}=$

❺ $\frac{5}{8}-\frac{13}{28}=$

❻ $\frac{9}{16}-\frac{13}{24}=$

❼ $\frac{14}{15}-\frac{5}{6}=$

❽ $\frac{3}{8}-\frac{1}{6}=$

❾ $7\frac{13}{16}-4\frac{11}{24}=$

❿ $6\frac{5}{6}-2\frac{2}{9}=$

⓫ $8\frac{13}{27}-1\frac{4}{9}=$

⓬ $5\frac{13}{32}-3\frac{9}{40}=$

⓭ $4\frac{7}{18}-3\frac{3}{20}=$

⓮ $5\frac{15}{16}-2\frac{5}{6}=$

자기 점수에 ○표 하세요

맞힌 개수	8개 이하	9~10개	11~12개	13~14개
학습 방법	개념을 다시 공부하세요.	조금 더 노력하세요.	실수하면 안 돼요.	참 잘했어요.

4일차 B형

분모가 다른 분수의 뺄셈

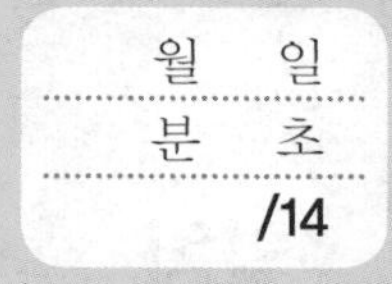

정답 53쪽

분수를 통분하여 뺄셈을 하세요.

① $3\frac{1}{9}-1\frac{1}{5}=$

② $6\frac{7}{11}-3\frac{2}{3}=$

③ $3\frac{1}{10}-2\frac{3}{5}=$

④ $8\frac{4}{7}-2\frac{3}{4}=$

⑤ $6\frac{5}{8}-2\frac{2}{3}=$

⑥ $5\frac{8}{21}-2\frac{5}{9}=$

⑦ $9\frac{7}{12}-4\frac{16}{21}=$

⑧ $3\frac{3}{10}-1\frac{5}{7}=$

⑨ $4\frac{4}{15}-2\frac{7}{10}=$

⑩ $8\frac{1}{6}-3\frac{9}{14}=$

⑪ $5\frac{13}{48}-2\frac{11}{20}=$

⑫ $7\frac{5}{8}-4\frac{23}{30}=$

⑬ $6\frac{11}{24}-4\frac{14}{15}=$

⑭ $3\frac{5}{18}-1\frac{7}{12}=$

자기 점수에 ○표 하세요

맞힌 개수	8개 이하	9~10개	11~12개	13~14개
학습 방법	개념을 다시 공부하세요.	조금 더 노력하세요.	실수하면 안 돼요.	참 잘했어요.

5일차 A형

분모가 다른 분수의 뺄셈

월 일
분 초
/14

✎ 분모의 곱으로 통분하여 뺄셈을 하시오.

❶ $\frac{5}{7}-\frac{1}{2}=$

❷ $\frac{7}{8}-\frac{1}{6}=$

❸ $\frac{13}{15}-\frac{17}{20}=$

❹ $\frac{7}{22}-\frac{1}{10}=$

❺ $\frac{3}{8}-\frac{1}{12}=$

❻ $\frac{9}{16}-\frac{3}{10}=$

❼ $\frac{3}{4}-\frac{13}{20}=$

❽ $\frac{19}{24}-\frac{7}{15}=$

❾ $8\frac{7}{8}-2\frac{11}{14}=$

❿ $3\frac{5}{18}-1\frac{1}{4}=$

⓫ $7\frac{17}{30}-5\frac{1}{12}=$

⓬ $4\frac{7}{20}-1\frac{6}{25}=$

⓭ $5\frac{9}{16}-2\frac{7}{18}=$

⓮ $7\frac{3}{4}-3\frac{9}{14}=$

자기 점수에 ○표 하세요

맞힌 개수	8개 이하	9~10개	11~12개	13~14개
학습 방법	개념을 다시 공부하세요.	조금 더 노력하세요.	실수하면 안 돼요.	참 잘했어요.

분모가 다른 분수의 뺄셈

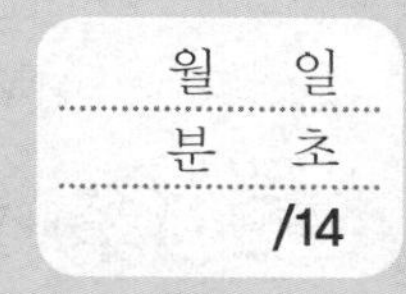

정답 54쪽

분수를 통분하여 뺄셈을 하세요.

❶ $8\frac{1}{4}-6\frac{3}{5}=$

❷ $7\frac{1}{30}-4\frac{9}{20}=$

❸ $7\frac{23}{48}-2\frac{9}{16}=$

❹ $5\frac{13}{21}-2\frac{11}{14}=$

❺ $4\frac{7}{30}-2\frac{28}{45}=$

❻ $7\frac{9}{20}-3\frac{3}{4}=$

❼ $6\frac{5}{6}-3\frac{13}{15}=$

❽ $6\frac{1}{12}-3\frac{17}{28}=$

❾ $5\frac{7}{16}-2\frac{11}{12}=$

❿ $11\frac{3}{8}-4\frac{9}{14}=$

⓫ $9\frac{9}{28}-2\frac{7}{10}=$

⓬ $7\frac{3}{8}-5\frac{11}{20}=$

⓭ $4\frac{13}{24}-2\frac{14}{15}=$

⓮ $6\frac{4}{15}-1\frac{7}{12}=$

자기 점수에 ○표 하세요

맞힌 개수	8개 이하	9~10개	11~12개	13~14개
학습 방법	개념을 다시 공부하세요.	조금 더 노력 하세요.	실수하면 안 돼요.	참 잘했어요.

전체 묶어 풀기 081 ~ 090 단계

혼합 계산 · 약수와 배수 · 분모가 다른 분수의 덧셈과 뺄셈

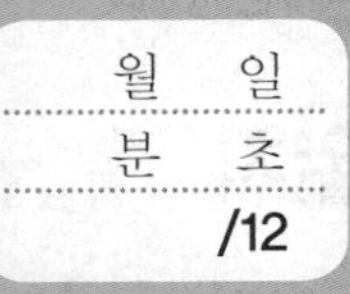

정답 55쪽

다음을 계산하세요.

❶ $24+(12-6)\div 3=$

❷ $(11-2\times 4)+3\times 7=$

두 수의 최대공약수와 최소공배수를 구하세요.

❸) 36 108

최대공약수:
최소공배수:

❹) 90 80

최대공약수:
최소공배수:

❺) 24 32

최대공약수:
최소공배수:

분모의 최소공배수를 공통분모로 하여 두 분수를 통분하세요.

❻ $\left(\frac{7}{10}, \frac{5}{12}\right)$

❼ $\left(\frac{3}{20}, \frac{14}{25}\right)$

❽ $\left(\frac{7}{18}, \frac{19}{30}\right)$

다음 분수의 계산을 하세요.

❾ $\frac{3}{8}+\frac{5}{6}=$

❿ $4\frac{11}{18}+3\frac{28}{45}=$

⓫ $\frac{21}{26}-\frac{20}{39}=$

⓬ $2\frac{12}{35}-1\frac{8}{21}=$

무한히 많은 분수 더하기!

분수의 덧셈 문제 하나 더 생각해 볼까요?

$$\frac{1}{2}+\frac{1}{4}+\frac{1}{8}+\frac{1}{16}+\frac{1}{32}+\frac{1}{64}+\cdots\cdots$$

분모가 2배씩 커지는 분수들을 끝도 없이 계속 더하라는 문제입니다. 분모가 다른 분수의 더하기는 배웠지만 끝도 없는 계산을 해야 한다고 생각하니 눈앞이 캄캄해집니다. 하나하나 계산으로는 답을 찾을 수 없을 것 같으니까 다른 방법으로 생각해 봅시다. 그림으로 생각해 보자고요.

넓이가 1인 정사각형을 둘로 나누면 각각은 넓이가 $\frac{1}{2}$인 직사각형이 됩니다. 그 중 하나에 $\frac{1}{2}$이라고 써 보세요. 나머지 한 조각을 둘로 나누면 넓이가 $\frac{1}{4}$인 정사각형 2개가 되지요. 그 중 하나에 $\frac{1}{4}$이라고 써 줍니다. 다시 나머지 한 조각을 둘로 나누면 넓이가 $\frac{1}{8}$인 직사각형 2개가 됩니다. 또 둘 중 하나에 $\frac{1}{8}$이라고 써 줍니다. 아래 그림처럼 말입니다.

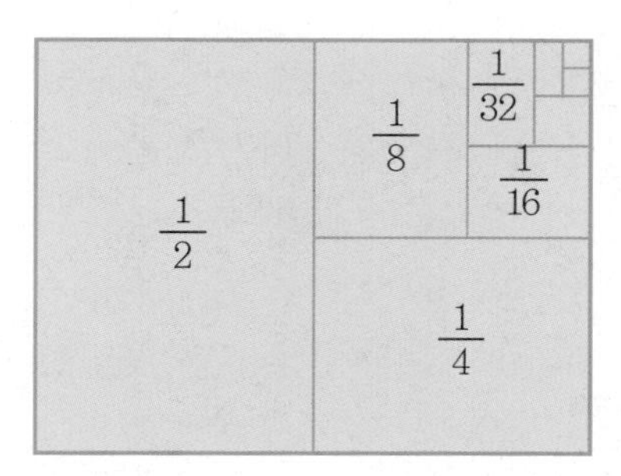

계속 이렇게 해 주면 넓이가 1인 정사각형을 넓이가 $\frac{1}{2}$, $\frac{1}{4}$, $\frac{1}{8}$, $\frac{1}{16}$, $\frac{1}{32}$, $\frac{1}{64}$, ……인 사각형을 더한 것으로 나타낼 수 있습니다.

바로 이것은 $\frac{1}{2}+\frac{1}{4}+\frac{1}{8}+\frac{1}{16}+\frac{1}{32}+\frac{1}{64}+\cdots\cdots=1$이라는 이야기이지요!

우와~ 벌써 한 권을 다 풀었어요!
실력과 성적이 쑥쑥 올라가는 소리 들리죠?

《계산의 신》 10권에서는 분수의 곱셈과 소수의 곱셈을 배워요. 분수와 소수의 덧셈, 뺄셈에 이어 곱셈은 어떻게 계산하면 되는지 함께 공부해 볼까요?^^

개발 책임 이운영
편집 관리 이채원
디자인 이현지 임성자
마케팅 박진용
관리 장희정 강진식
용지 영지페이퍼
인쇄 제본 벽호·GKC
유통 북앤북

학부모 체험단의 교재 Review

강현아 (서울_신중초) **김명진** (서울_신도초) **김정선** (원주_문막초) **김진영** (서울_백운초)
나현경 (인천_원당초) **방윤정** (서울_강서초) **안조혁** (전주_온빛초) **오정화** (광주_양산초)
이향숙 (서울_금양초) **이혜선** (서울_홍파초) **전예원** (서울_금양초)

♥ <계산의 신>은 초등학교 학생들의 기본 계산력을 향상시킬 수 있는 최적의 교재입니다. 처음에는 반복 계산이 많아 아이가 지루해하고 계산 실수를 많이 하는 것 같았는데, 점점 계산 속도가 빨라지고 실수도 확연히 줄어 아주 좋았어요.^^

- 서울 서초구 신중초등학교 학부모 강현아

♥ 우리 아이는 수학을 싫어해서 수학 문제집을 좀처럼 풀지 않으려 했는데, 의외로 <계산의 신>은 하루에 2쪽씩 꾸준히 푸네요. 너무 신기하고 뿌듯하여 아이에게 물었더니 "이 책은 숫자만 있어서 쉬운 것 같고, 빨리빨리 풀 수 있어서 좋아요." 라고 하네요. 요즘은 일반 문제집도 집중하여 잘 푸는 것 같아 기특합니다.^^ <계산의 신>은 우리 아이에게 수학에 대한 흥미와 재미를 주는 고마운 책입니다.

- 전주 덕진구 온빛초등학교 학부모 안조혁

♥ 초등 3학년인 우리 아이는 수학을 잘하는 편은 아니지만 제 나름대로 하루에 4~6쪽을 풀었어요. 그러면서 "엄마, 이 책 다 풀고 책 제목처럼 계산의 신이 될 거예요~" 하며 능청떠는 아이의 모습이 정말 예쁘고 대견하네요. <계산의 신>이 비록 계산력을 연습시키는 쉬운 교재이지만 이 교재로 인해 우리 아이가 수학에 관심을 갖고, 앞으로도 수학을 계속 좋아했으면 하는 바람입니다.

- 광주 북구 양산초등학교 학부모 오정화

♥ <계산의 신>은 학부모의 마음까지 헤아려 만든 좋은 책인 것 같아요. 아이가 평소 '시간의 합과 차'를 어려워하여 걱정을 많이 했었는데, <계산의 신>은 그 부분까지 상세하게 다루고 있어 무척 좋았어요. 학생들이 힘들어하는 부분까지 세심하게 파악하여 만든 문제집이라고 생각해요.

- 서울 용산구 금양초등학교 학부모 이향숙

《계산의 신》은

★ 최신 교육과정에 맞춘 단계별 계산 프로그램으로 계산법 완벽 습득
★ '단계별 묶어 풀기', '전체 묶어 풀기'로 체계적 복습까지 한 번에!
★ 좌뇌와 우뇌를 고르게 계발하는 수학 이야기와 수학 퀴즈로 창의성 쑥쑥!

아이들이 수학 문제를 풀 때 자꾸 실수하는 이유는 바로 계산력이 부족하기 때문입니다.
계산 문제에서 실수를 줄이면 점수가 오르고, 점수가 오르면 수학에 자신감이 생깁니다.
아이들에게 《계산의 신》으로 수학의 재미와 자신감을 심어 주세요.

	《계산의 신》 권별 핵심 내용		
초등 1학년	1권	자연수의 덧셈과 뺄셈 기본(1)	합과 차가 9까지인 덧셈과 뺄셈 받아올림/내림이 없는 (두 자리 수)±(한 자리 수)
	2권	자연수의 덧셈과 뺄셈 기본(2)	받아올림/내림이 없는 (두 자리 수)±(두 자리 수) 받아올림/내림이 있는 (한/두 자리 수)±(한 자리 수)
초등 2학년	3권	자연수의 덧셈과 뺄셈 발전	(두 자리 수)±(한 자리 수) (두 자리 수)±(두 자리 수)
	4권	네 자리 수/곱셈구구	네 자리 수 곱셈구구
초등 3학년	5권	자연수의 덧셈과 뺄셈/곱셈과 나눗셈	(세 자리 수)±(세 자리 수), (두 자리 수)×(한 자리 수) 곱셈구구 범위에서의 나눗셈
	6권	자연수의 곱셈과 나눗셈 발전	(세 자리 수)×(한 자리 수), (두 자리 수)×(두 자리 수) (두/세 자리 수)÷(한 자리 수)
초등 4학년	7권	자연수의 곱셈과 나눗셈 심화	(세 자리 수)×(두 자리 수) (두/세 자리 수)÷(두 자리 수)
	8권	분수와 소수의 덧셈과 뺄셈 기본	분모가 같은 분수의 덧셈과 뺄셈 소수의 덧셈과 뺄셈
초등 5학년	9권	자연수의 혼합 계산/분수의 덧셈과 뺄셈	자연수의 혼합 계산, 약수와 배수, 약분과 통분 분모가 다른 분수의 덧셈과 뺄셈
	10권	분수와 소수의 곱셈	(분수)×(자연수), (분수)×(분수) (소수)×(자연수), (소수)×(소수)
초등 6학년	11권	분수와 소수의 나눗셈 기본	(분수)÷(자연수), (소수)÷(자연수) (자연수)÷(자연수)
	12권	분수와 소수의 나눗셈 발전	(분수)÷(분수), (자연수)÷(분수), (소수)÷(소수), (자연수)÷(소수), 비례식과 비례배분

KAIST 출신 수학 선생님들이 집필한

송명진·박종하 지음

9 초등 5-1

자연수의 혼합 계산
/ 분수의 덧셈과 뺄셈

정답 및 풀이

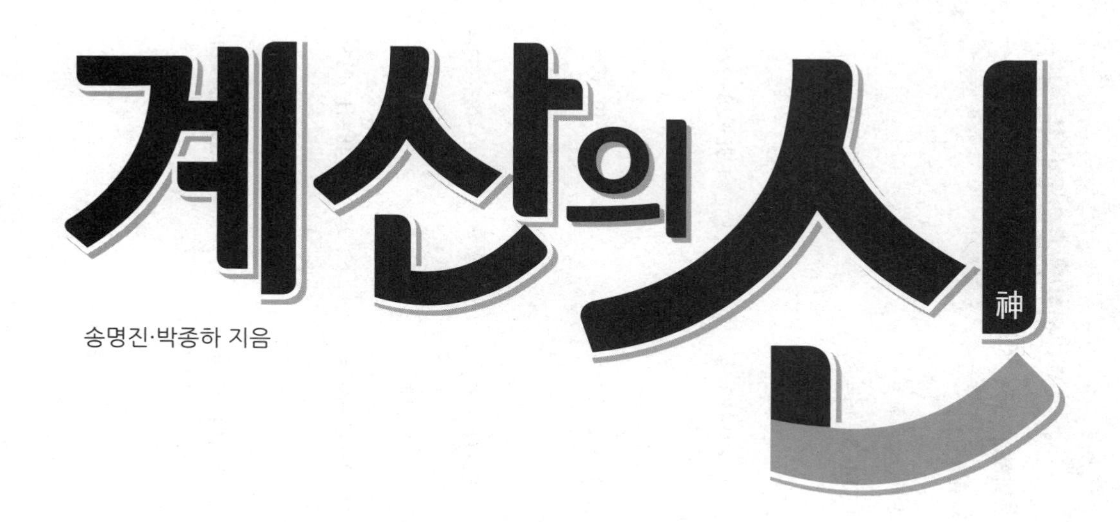
KAIST 출신 수학 선생님들이 집필한
계산의 신
神
송명진·박종하 지음

9

초등
5학년 1학기

정답 및 풀이

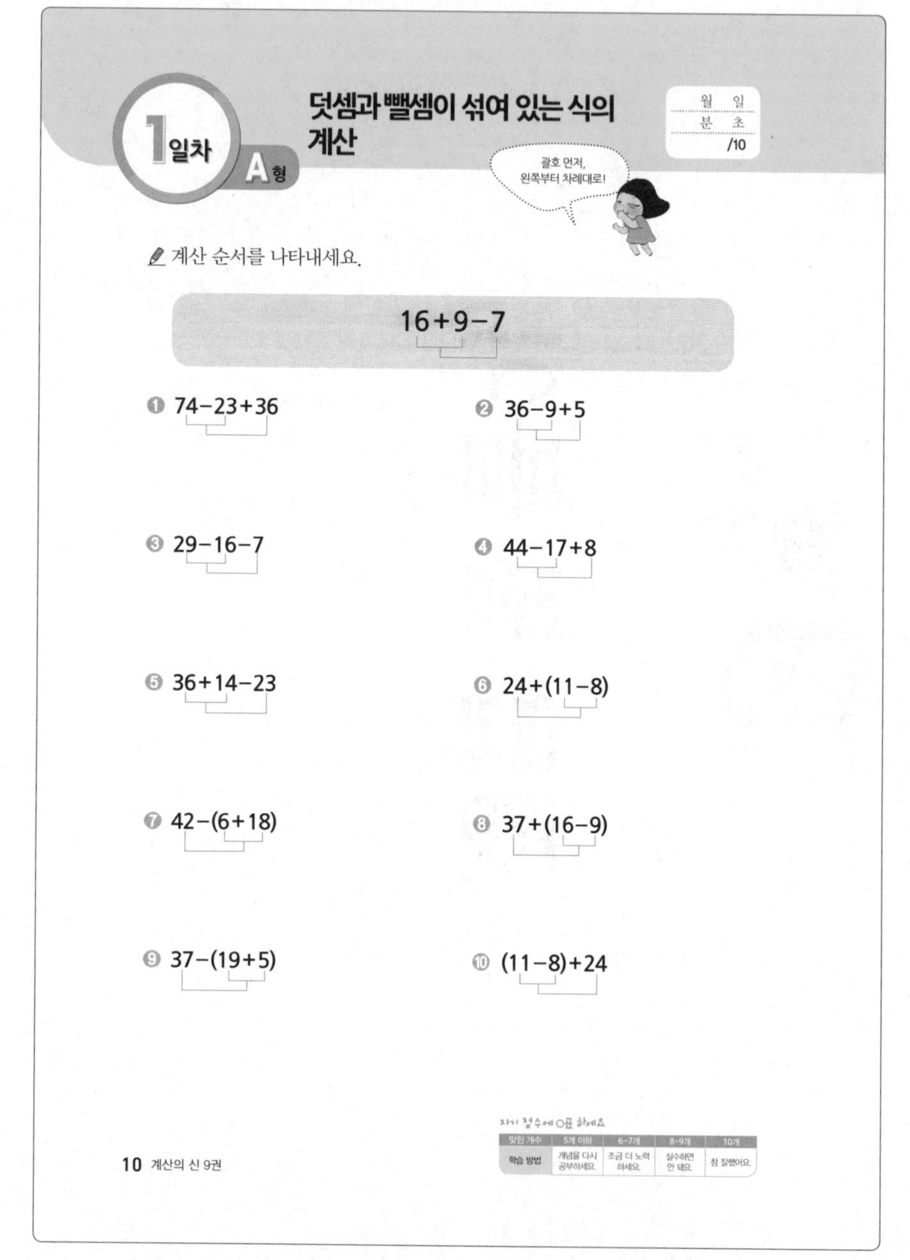

1일차 A형 덧셈과 뺄셈이 섞여 있는 식의 계산

월 일
분 초
/10

괄호 먼저,
왼쪽부터 차례대로!

✎ 계산 순서를 나타내세요.

16+9−7

❶ 74−23+36

❷ 36−9+5

❸ 29−16−7

❹ 44−17+8

❺ 36+14−23

❻ 24+(11−8)

❼ 42−(6+18)

❽ 37+(16−9)

❾ 37−(19+5)

❿ (11−8)+24

자기 점수에 ○표 하세요

맞힌 개수	5개 이하	6~7개	8~9개	10개
학습 방법	개념을 다시 공부하세요.	조금 더 노력 하세요.	실수하면 안 돼요.	참 잘했어요.

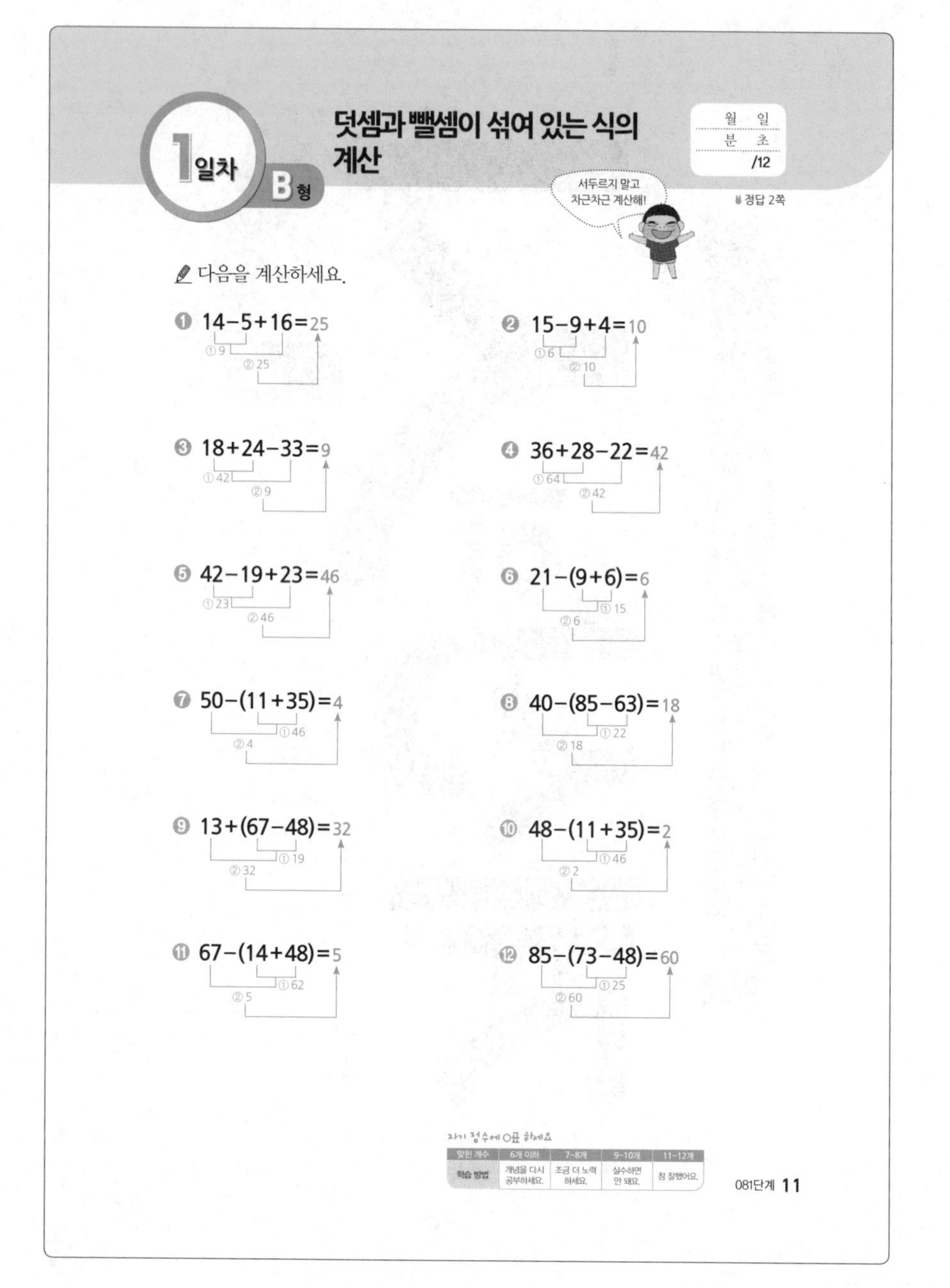

1일차 B형 덧셈과 뺄셈이 섞여 있는 식의 계산

월 일
분 초
/12

서두르지 말고
차근차근 계산해!

정답 2쪽

✎ 다음을 계산하세요.

❶ 14−5+16=25 (①9, ②25)

❷ 15−9+4=10 (①6, ②10)

❸ 18+24−33=9 (①42, ②9)

❹ 36+28−22=42 (①64, ②42)

❺ 42−19+23=46 (①23, ②46)

❻ 21−(9+6)=6 (①15, ②6)

❼ 50−(11+35)=4 (①46, ②4)

❽ 40−(85−63)=18 (①22, ②18)

❾ 13+(67−48)=32 (①19, ②32)

❿ 48−(11+35)=2 (①46, ②2)

⓫ 67−(14+48)=5 (①62, ②5)

⓬ 85−(73−48)=60 (①25, ②60)

자기 점수에 ○표 하세요

맞힌 개수	6개 이하	7~8개	9~10개	11~12개
학습 방법	개념을 다시 공부하세요.	조금 더 노력 하세요.	실수하면 안 돼요.	참 잘했어요.

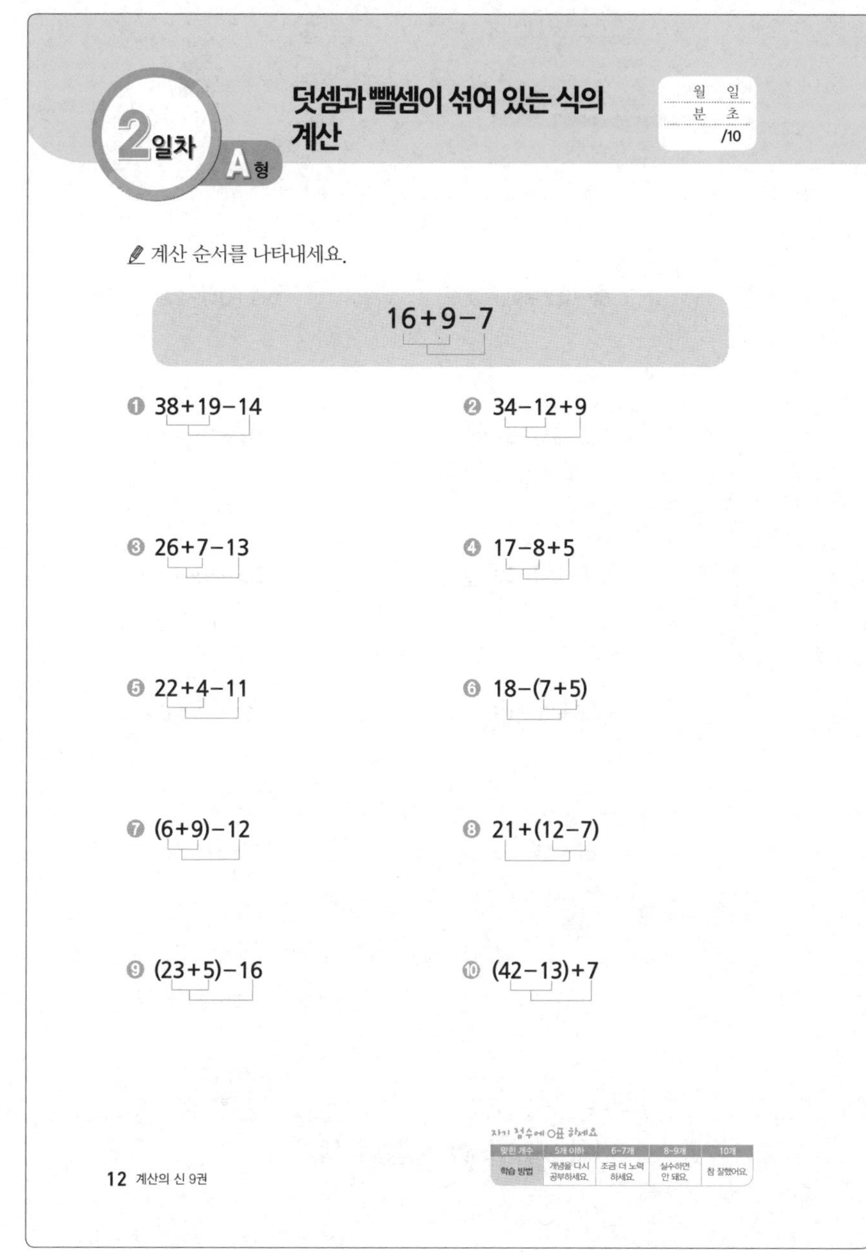

2일차 A형 덧셈과 뺄셈이 섞여 있는 식의 계산

월 일
분 초
/10

계산 순서를 나타내세요.

16+9−7

❶ 38+19−14

❷ 34−12+9

❸ 26+7−13

❹ 17−8+5

❺ 22+4−11

❻ 18−(7+5)

❼ (6+9)−12

❽ 21+(12−7)

❾ (23+5)−16

❿ (42−13)+7

자기 점수에 ○표 하세요

맞힌 개수	5개 이하	6~7개	8~9개	10개
학습 방법	개념을 다시 공부하세요.	조금 더 노력하세요.	실수하면 안 돼요.	참 잘했어요.

12 계산의 신 9권

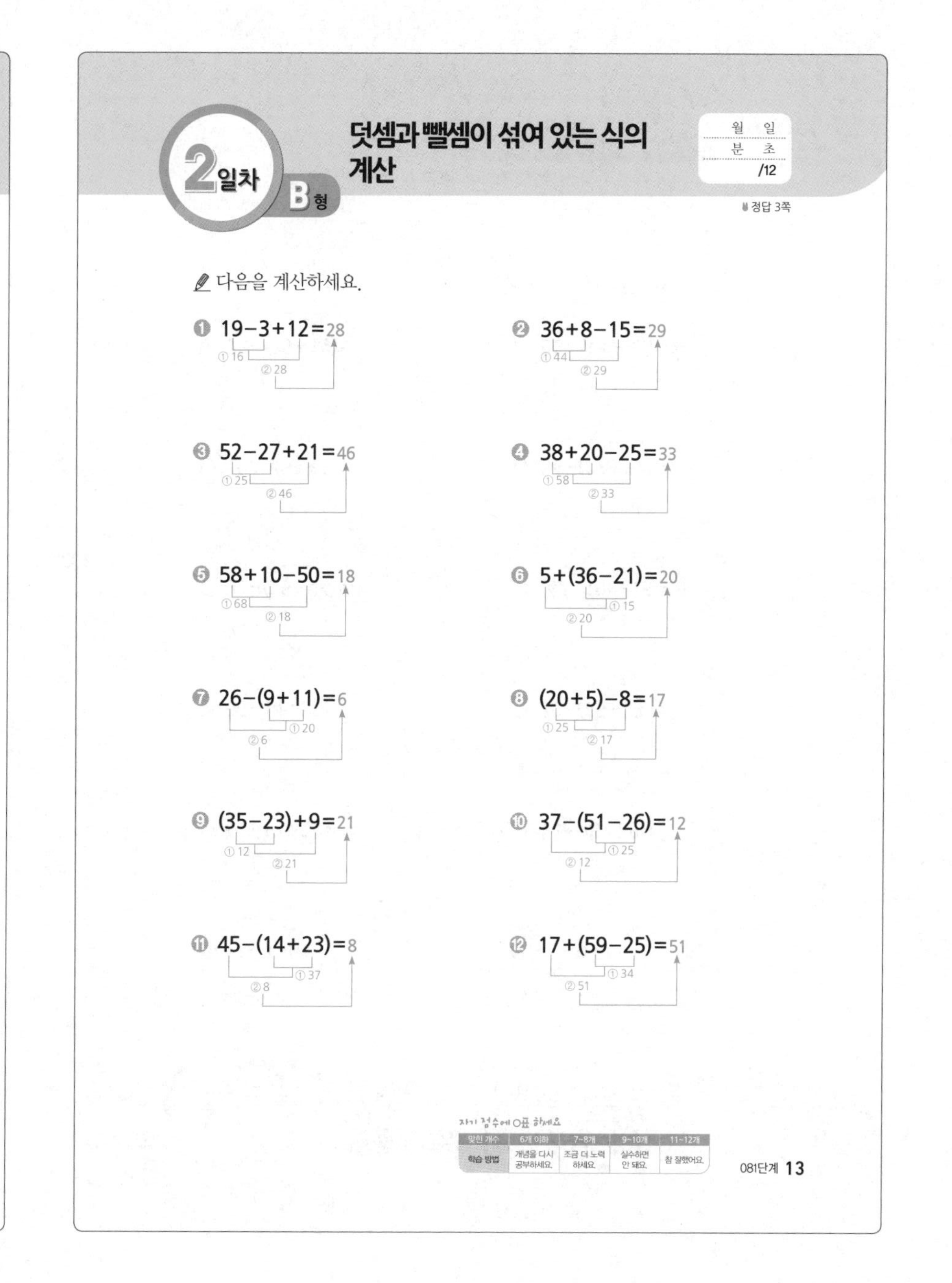

2일차 B형 덧셈과 뺄셈이 섞여 있는 식의 계산

월 일
분 초
/12

정답 3쪽

다음을 계산하세요.

❶ 19−3+12=28 (① 16 ② 28)

❷ 36+8−15=29 (① 44 ② 29)

❸ 52−27+21=46 (① 25 ② 46)

❹ 38+20−25=33 (① 58 ② 33)

❺ 58+10−50=18 (① 68 ② 18)

❻ 5+(36−21)=20 (① 15 ② 20)

❼ 26−(9+11)=6 (① 20 ② 6)

❽ (20+5)−8=17 (① 25 ② 17)

❾ (35−23)+9=21 (① 12 ② 21)

❿ 37−(51−26)=12 (① 25 ② 12)

⓫ 45−(14+23)=8 (① 37 ② 8)

⓬ 17+(59−25)=51 (① 34 ② 51)

자기 점수에 ○표 하세요

맞힌 개수	6개 이하	7~8개	9~10개	11~12개
학습 방법	개념을 다시 공부하세요.	조금 더 노력하세요.	실수하면 안 돼요.	참 잘했어요.

081단계 13

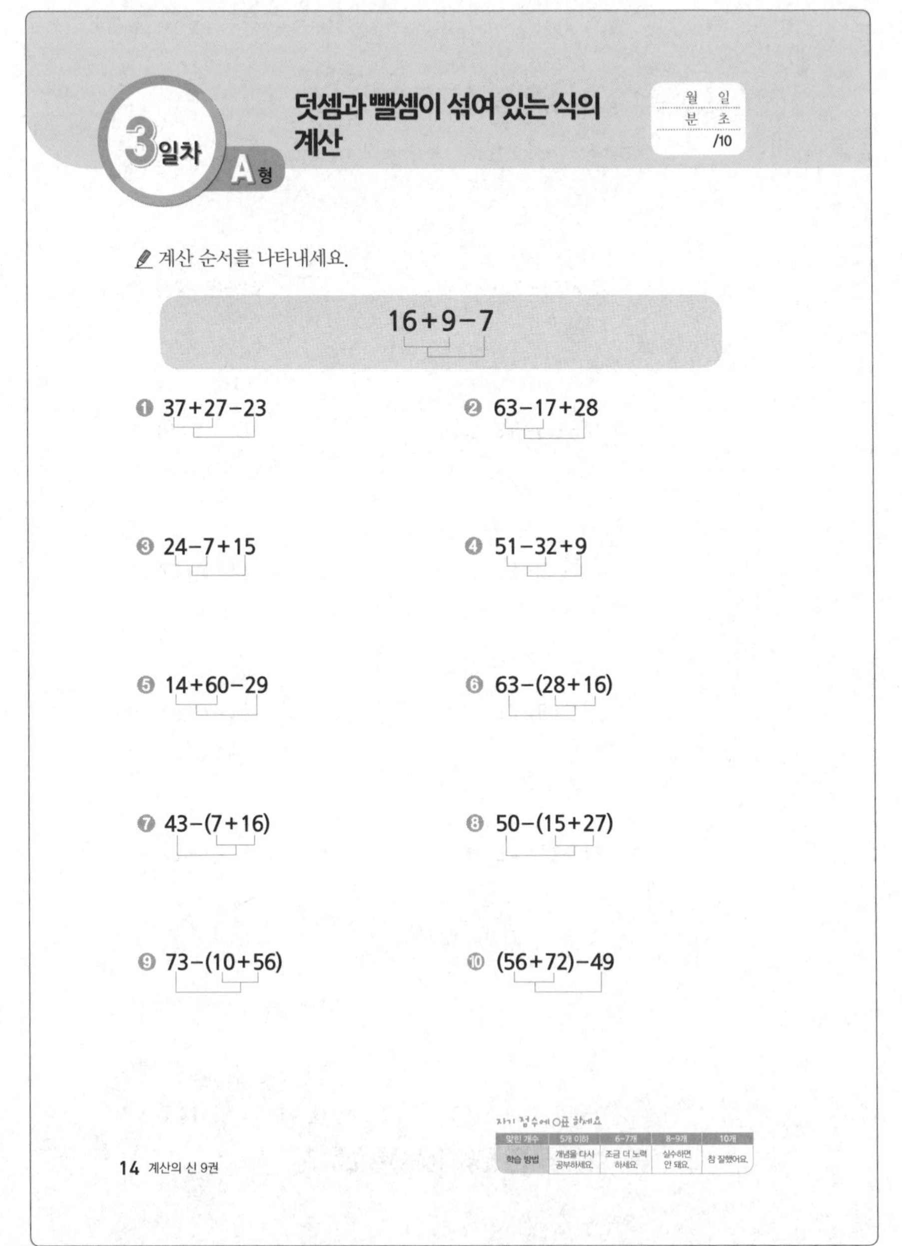

3일차 A형 덧셈과 뺄셈이 섞여 있는 식의 계산

월 일
분 초
/10

계산 순서를 나타내세요.

16+9−7

❶ 37+27−23

❷ 63−17+28

❸ 24−7+15

❹ 51−32+9

❺ 14+60−29

❻ 63−(28+16)

❼ 43−(7+16)

❽ 50−(15+27)

❾ 73−(10+56)

❿ (56+72)−49

자기 점수에 ○표 하세요.

맞힌 개수	5개 이하	6~7개	8~9개	10개
학습 방법	개념을 다시 공부하세요.	조금 더 노력하세요.	실수하면 안 돼요.	참 잘했어요.

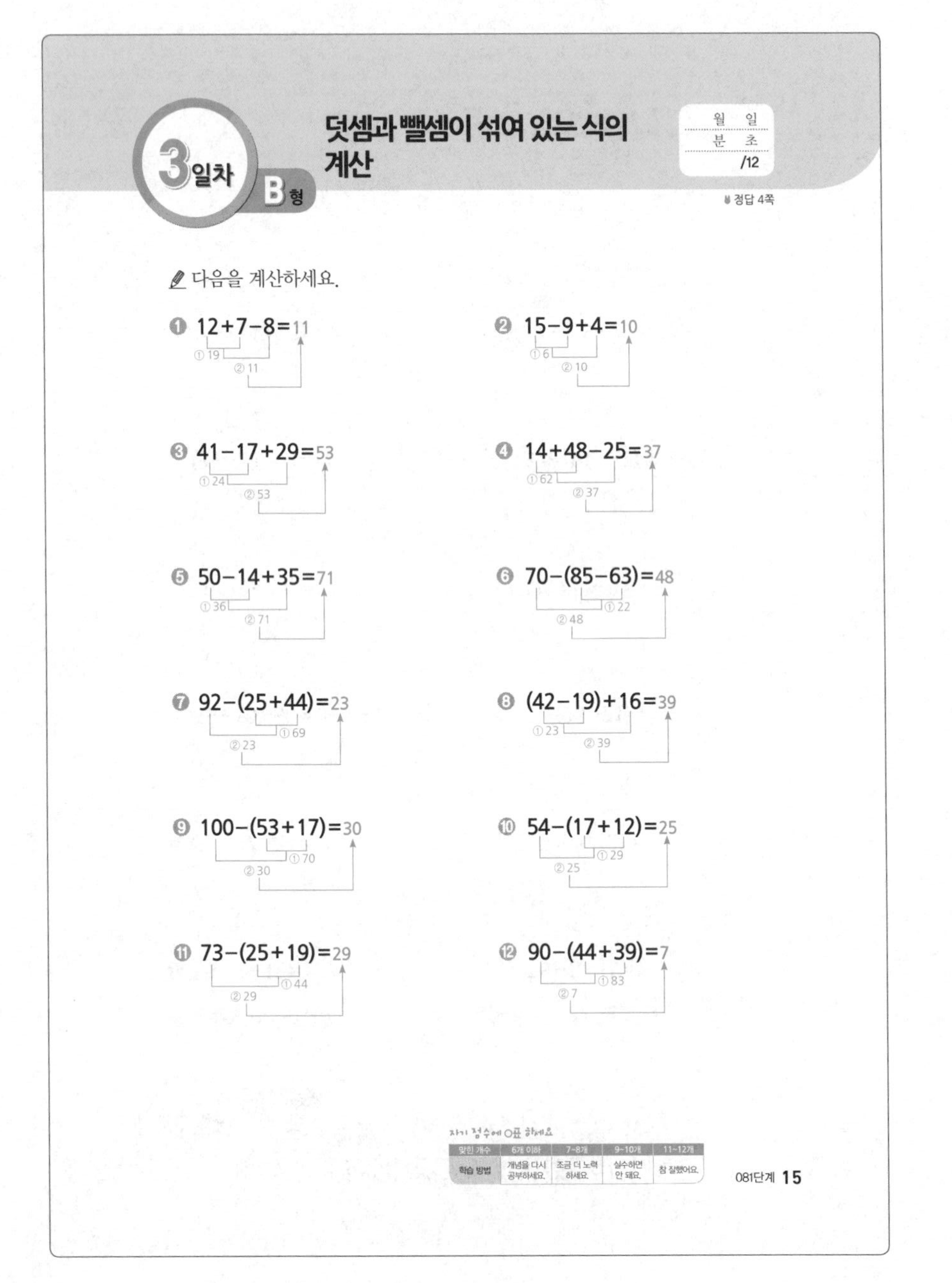

3일차 B형 덧셈과 뺄셈이 섞여 있는 식의 계산

월 일
분 초
/12

정답 4쪽

다음을 계산하세요.

❶ 12+7−8=11 (① 19 ② 11)

❷ 15−9+4=10 (① 6 ② 10)

❸ 41−17+29=53 (① 24 ② 53)

❹ 14+48−25=37 (① 62 ② 37)

❺ 50−14+35=71 (① 36 ② 71)

❻ 70−(85−63)=48 (① 22 ② 48)

❼ 92−(25+44)=23 (① 69 ② 23)

❽ (42−19)+16=39 (① 23 ② 39)

❾ 100−(53+17)=30 (① 70 ② 30)

❿ 54−(17+12)=25 (① 29 ② 25)

⓫ 73−(25+19)=29 (① 44 ② 29)

⓬ 90−(44+39)=7 (① 83 ② 7)

자기 점수에 ○표 하세요.

맞힌 개수	6개 이하	7~8개	9~10개	11~12개
학습 방법	개념을 다시 공부하세요.	조금 더 노력하세요.	실수하면 안 돼요.	참 잘했어요.

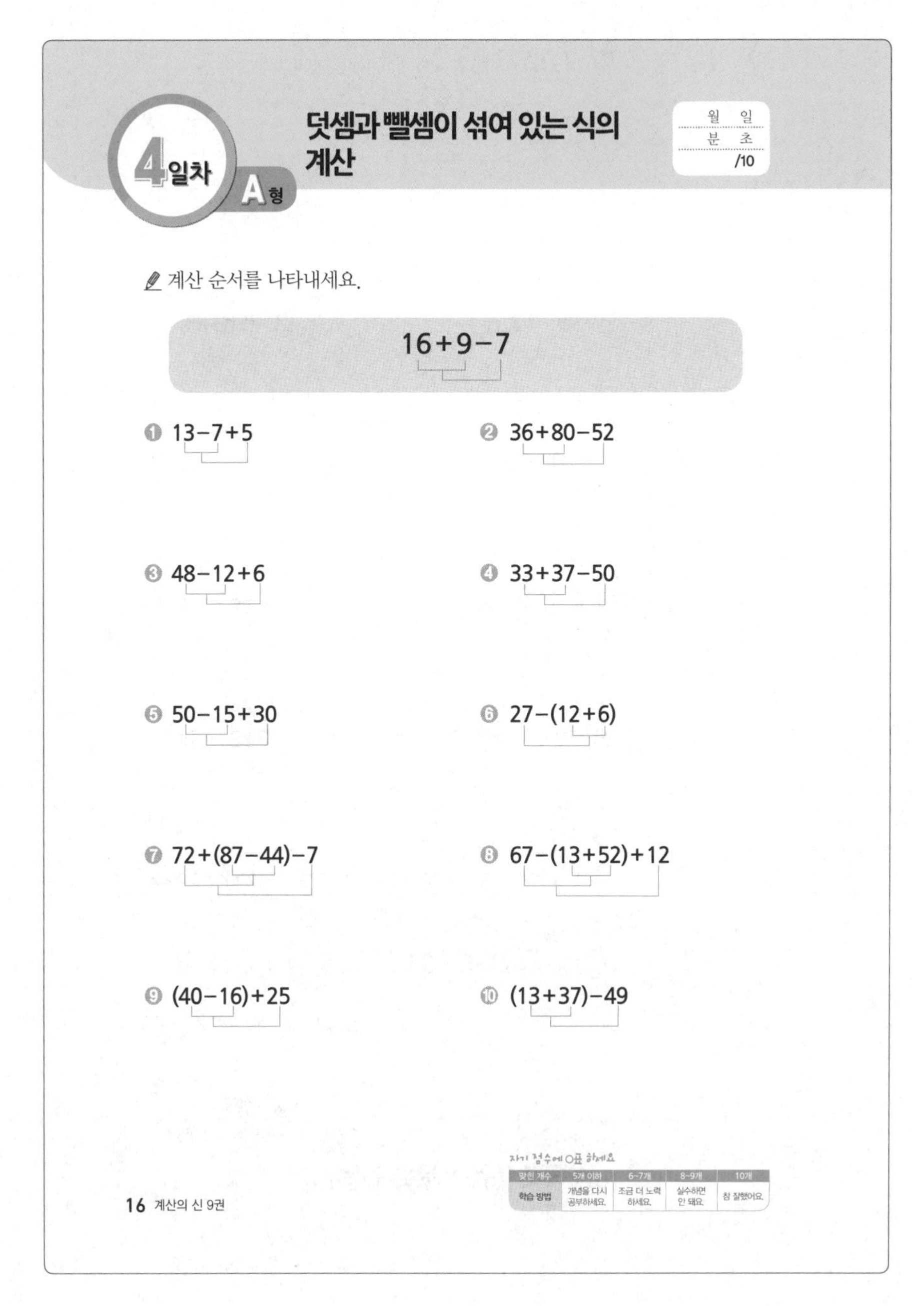

4일차 A형 덧셈과 뺄셈이 섞여 있는 식의 계산

월 일 / 분 초 / /10

✎ 계산 순서를 나타내세요.

16+9−7

❶ 13−7+5

❷ 36+80−52

❸ 48−12+6

❹ 33+37−50

❺ 50−15+30

❻ 27−(12+6)

❼ 72+(87−44)−7

❽ 67−(13+52)+12

❾ (40−16)+25

❿ (13+37)−49

자기 점수에 ○표 하세요.

맞힌 개수	5개 이하	6~7개	8~9개	10개
학습 방법	개념을 다시 공부하세요.	조금 더 노력하세요.	실수하면 안 돼요.	참 잘했어요.

16 계산의 신 9권

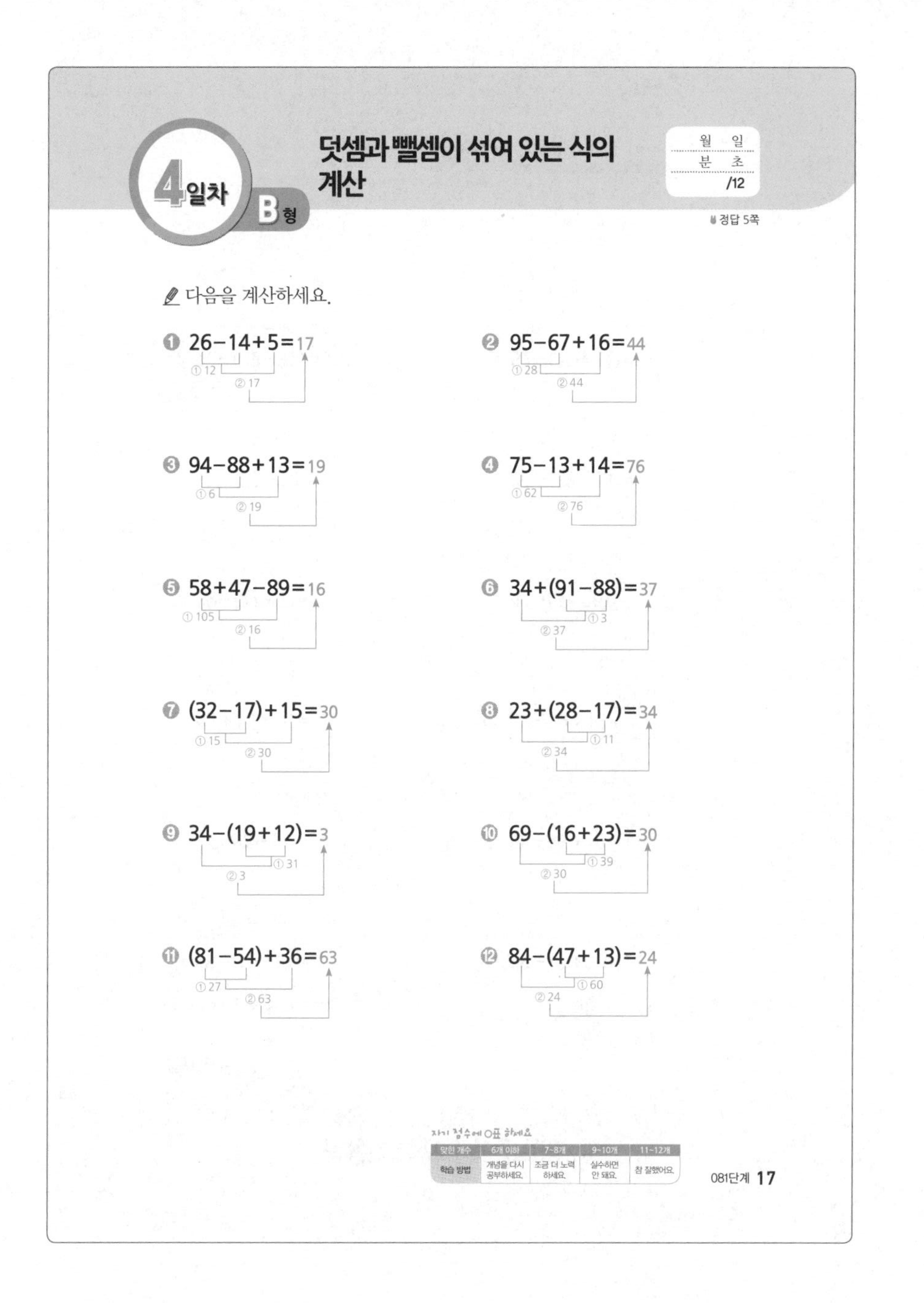

4일차 B형 덧셈과 뺄셈이 섞여 있는 식의 계산

월 일 / 분 초 / /12

정답 5쪽

✎ 다음을 계산하세요.

❶ 26−14+5=17 (① 12 ② 17)

❷ 95−67+16=44 (① 28 ② 44)

❸ 94−88+13=19 (① 6 ② 19)

❹ 75−13+14=76 (① 62 ② 76)

❺ 58+47−89=16 (① 105 ② 16)

❻ 34+(91−88)=37 (① 3 ② 37)

❼ (32−17)+15=30 (① 15 ② 30)

❽ 23+(28−17)=34 (① 11 ② 34)

❾ 34−(19+12)=3 (① 31 ② 3)

❿ 69−(16+23)=30 (① 39 ② 30)

⓫ (81−54)+36=63 (① 27 ② 63)

⓬ 84−(47+13)=24 (① 60 ② 24)

자기 점수에 ○표 하세요.

맞힌 개수	6개 이하	7~8개	9~10개	11~12개
학습 방법	개념을 다시 공부하세요.	조금 더 노력하세요.	실수하면 안 돼요.	참 잘했어요.

081단계 17

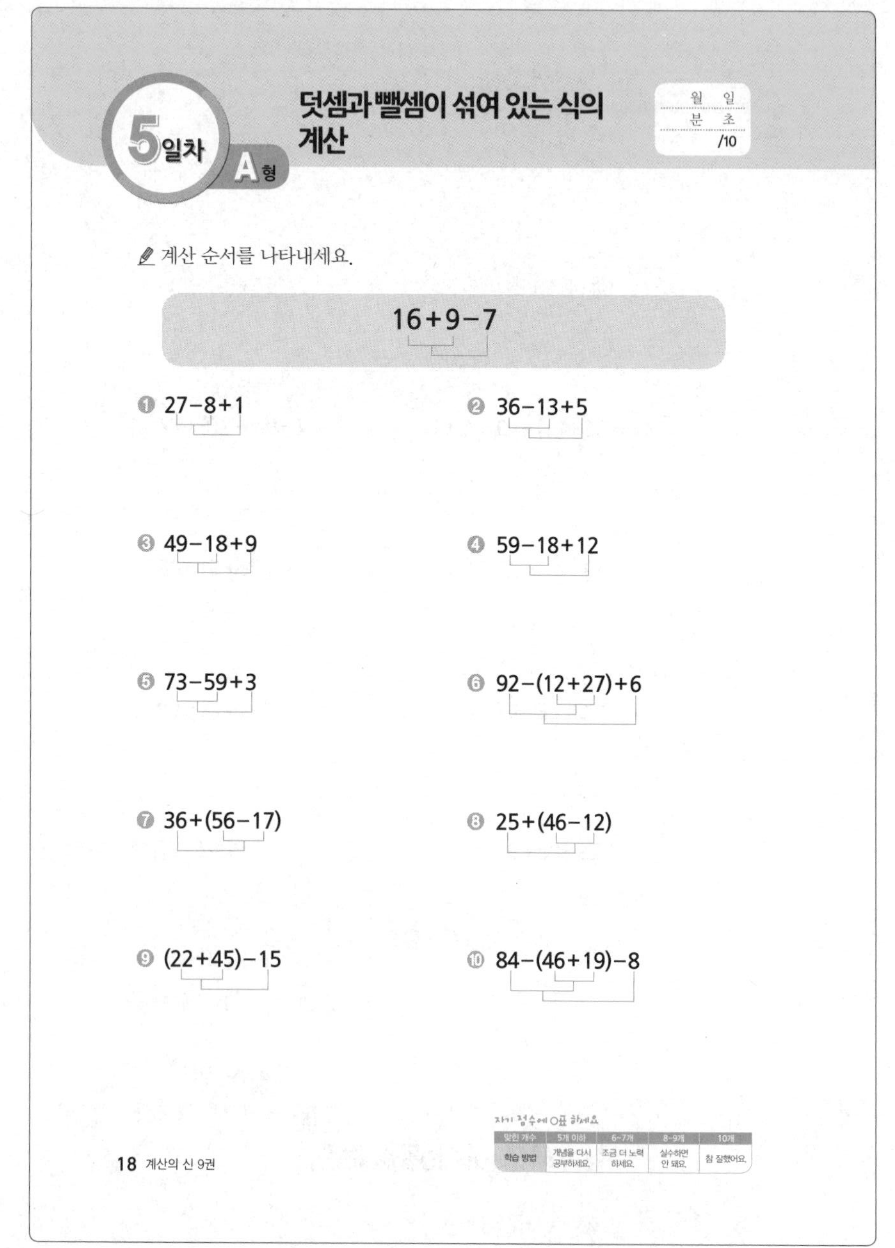

5일차 A형

덧셈과 뺄셈이 섞여 있는 식의 계산

월 일 / 분 초 / /10

✎ 계산 순서를 나타내세요.

16+9−7

❶ 27−8+1

❷ 36−13+5

❸ 49−18+9

❹ 59−18+12

❺ 73−59+3

❻ 92−(12+27)+6

❼ 36+(56−17)

❽ 25+(46−12)

❾ (22+45)−15

❿ 84−(46+19)−8

자기 점수에 ○표 하세요

맞힌 개수	5개 이하	6~7개	8~9개	10개
학습 방법	개념을 다시 공부하세요.	조금 더 노력하세요.	실수하면 안 돼요.	참 잘했어요.

18 계산의 신 9권

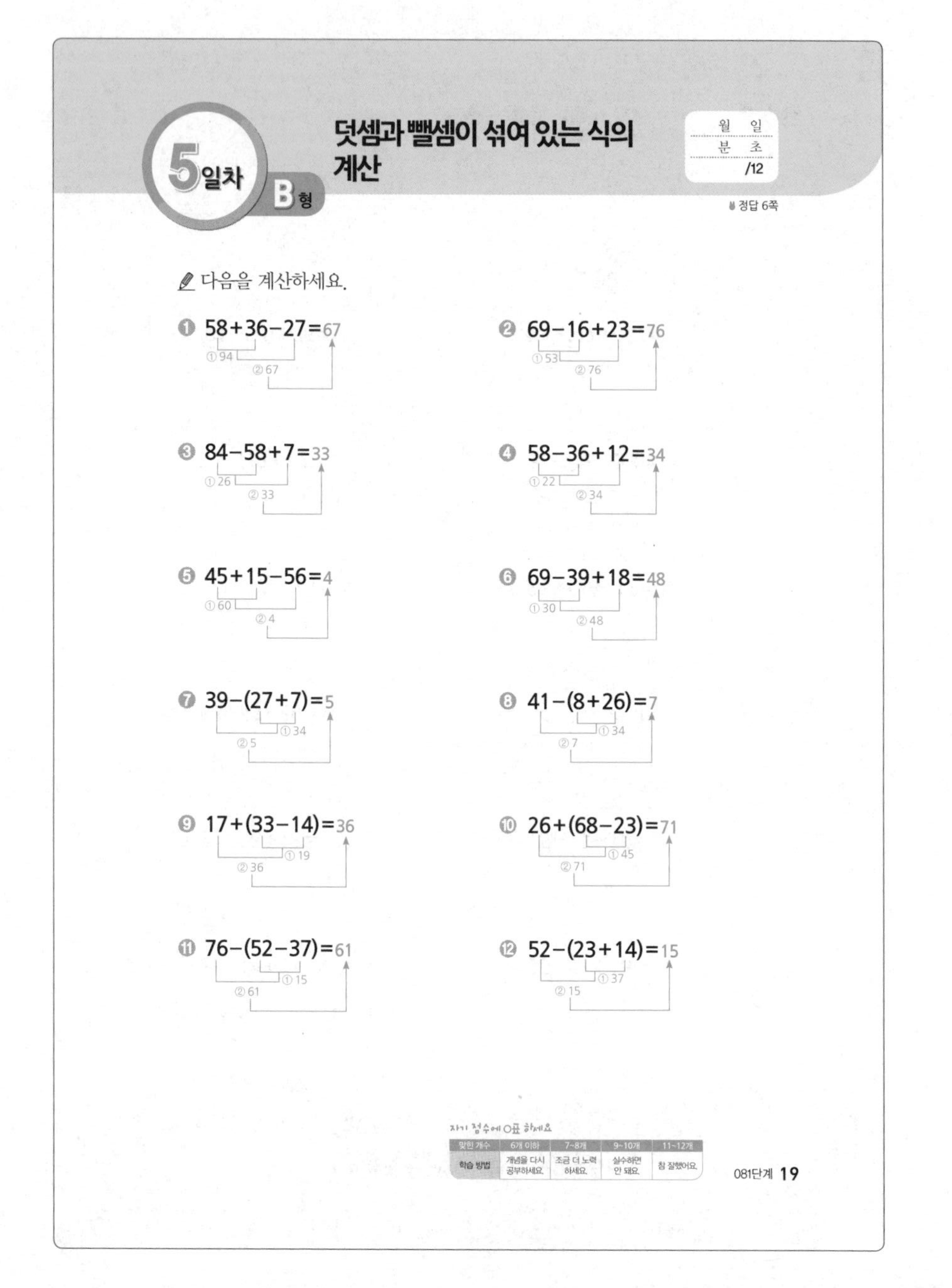

5일차 B형

덧셈과 뺄셈이 섞여 있는 식의 계산

월 일 / 분 초 / /12

정답 6쪽

✎ 다음을 계산하세요.

❶ 58+36−27=67 (① 94, ② 67)

❷ 69−16+23=76 (① 53, ② 76)

❸ 84−58+7=33 (① 26, ② 33)

❹ 58−36+12=34 (① 22, ② 34)

❺ 45+15−56=4 (① 60, ② 4)

❻ 69−39+18=48 (① 30, ② 48)

❼ 39−(27+7)=5 (① 34, ② 5)

❽ 41−(8+26)=7 (① 34, ② 7)

❾ 17+(33−14)=36 (① 19, ② 36)

❿ 26+(68−23)=71 (① 45, ② 71)

⓫ 76−(52−37)=61 (① 15, ② 61)

⓬ 52−(23+14)=15 (① 37, ② 15)

자기 점수에 ○표 하세요

맞힌 개수	6개 이하	7~8개	9~10개	11~12개
학습 방법	개념을 다시 공부하세요.	조금 더 노력하세요.	실수하면 안 돼요.	참 잘했어요.

081단계 19

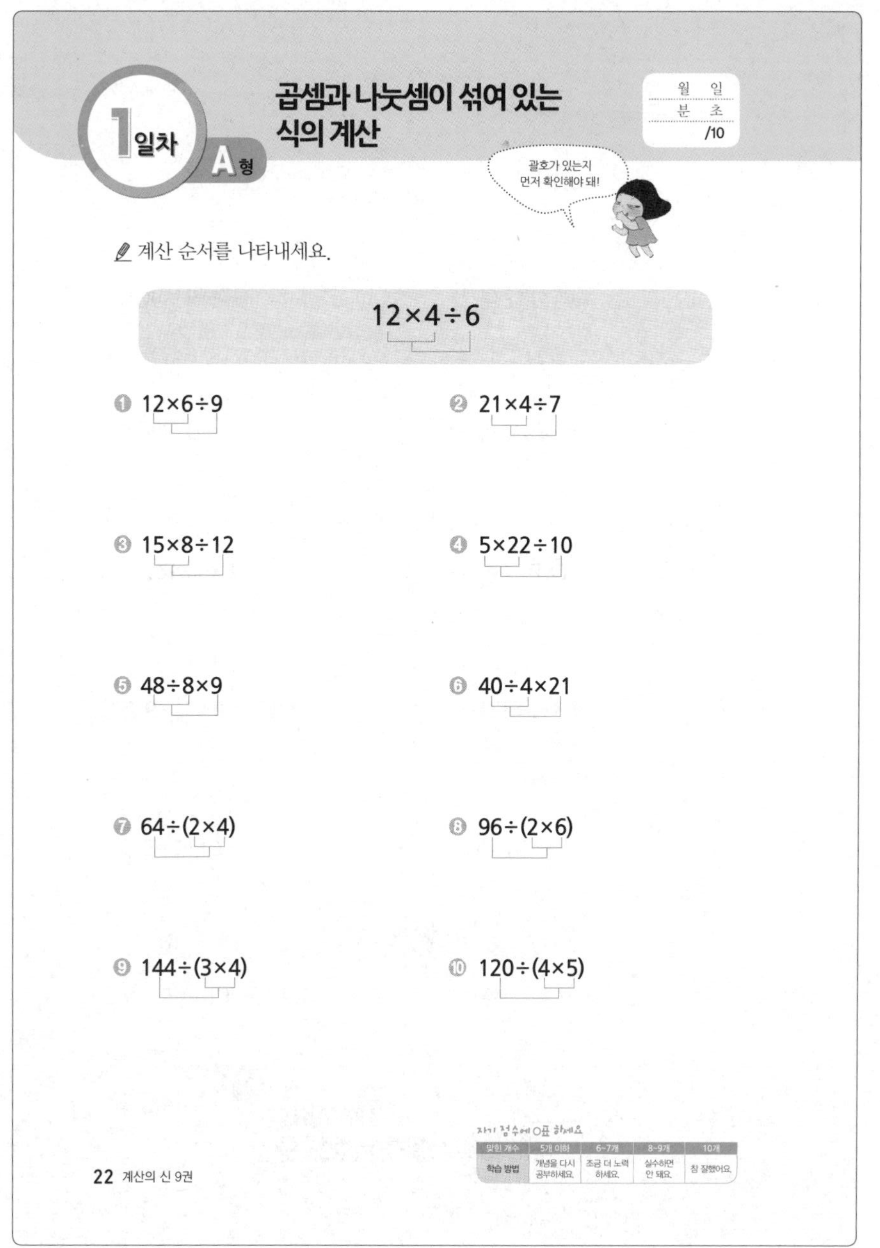

1일차 A형 곱셈과 나눗셈이 섞여 있는 식의 계산

월 일 / 분 초 / /10

괄호가 있는지 먼저 확인해야 돼!

계산 순서를 나타내세요.

$12\times4\div6$

1. $12\times6\div9$
2. $21\times4\div7$
3. $15\times8\div12$
4. $5\times22\div10$
5. $48\div8\times9$
6. $40\div4\times21$
7. $64\div(2\times4)$
8. $96\div(2\times6)$
9. $144\div(3\times4)$
10. $120\div(4\times5)$

자기 점수에 ○표 하세요

맞힌 개수	5개 이하	6~7개	8~9개	10개
학습 방법	개념을 다시 공부하세요.	조금 더 노력하세요.	실수하면 안 돼요.	참 잘했어요.

22 계산의 신 9권

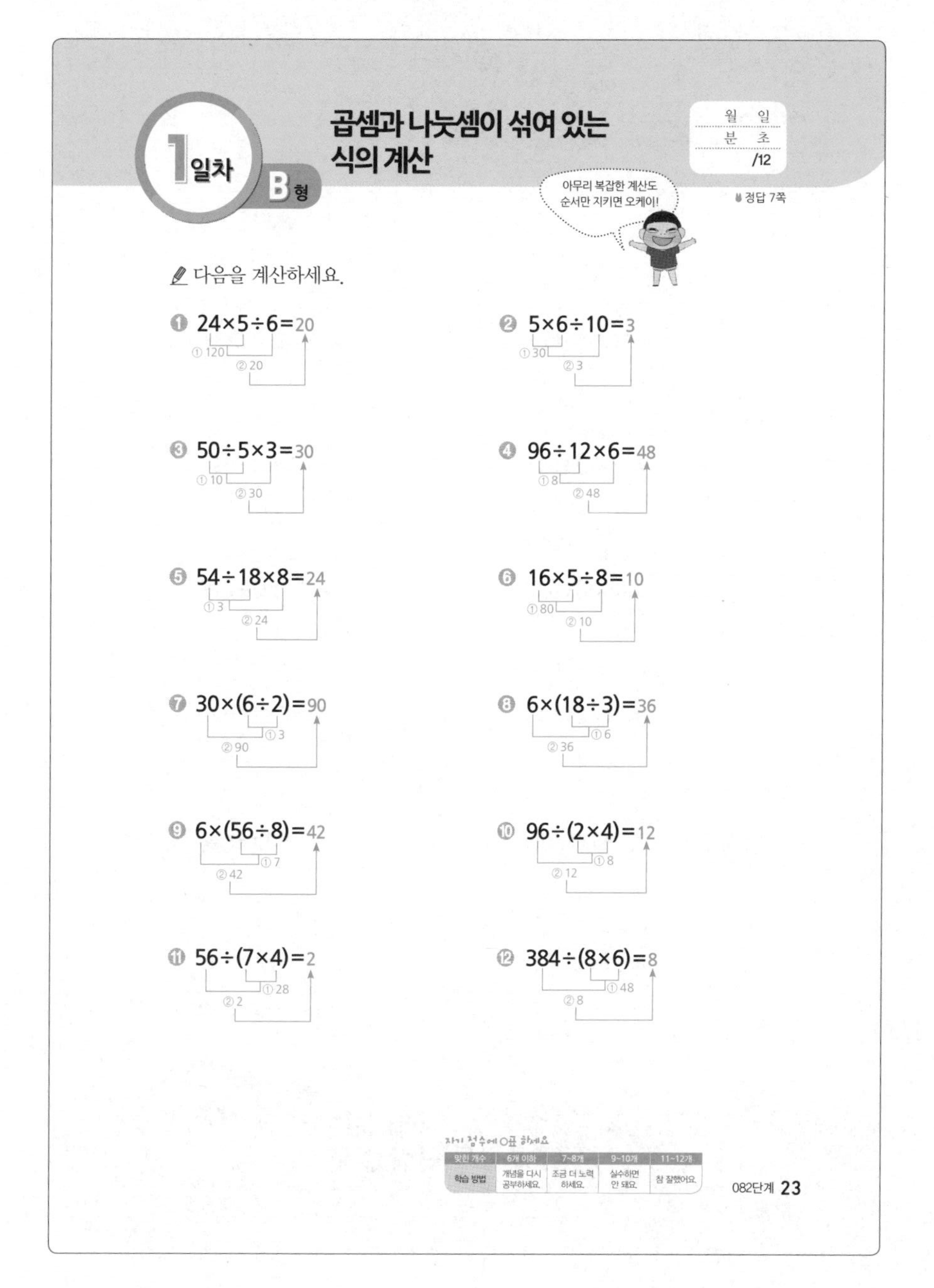

1일차 B형 곱셈과 나눗셈이 섞여 있는 식의 계산

월 일 / 분 초 / /12

아무리 복잡한 계산도 순서만 지키면 오케이!

정답 7쪽

다음을 계산하세요.

1. $24\times5\div6=20$ (① 120, ② 20)
2. $5\times6\div10=3$ (① 30, ② 3)
3. $50\div5\times3=30$ (① 10, ② 30)
4. $96\div12\times6=48$ (① 8, ② 48)
5. $54\div18\times8=24$ (① 3, ② 24)
6. $16\times5\div8=10$ (① 80, ② 10)
7. $30\times(6\div2)=90$ (① 3, ② 90)
8. $6\times(18\div3)=36$ (① 6, ② 36)
9. $6\times(56\div8)=42$ (① 7, ② 42)
10. $96\div(2\times4)=12$ (① 8, ② 12)
11. $56\div(7\times4)=2$ (① 28, ② 2)
12. $384\div(8\times6)=8$ (① 48, ② 8)

자기 점수에 ○표 하세요

맞힌 개수	6개 이하	7~8개	9~10개	11~12개
학습 방법	개념을 다시 공부하세요.	조금 더 노력하세요.	실수하면 안 돼요.	참 잘했어요.

082단계 23

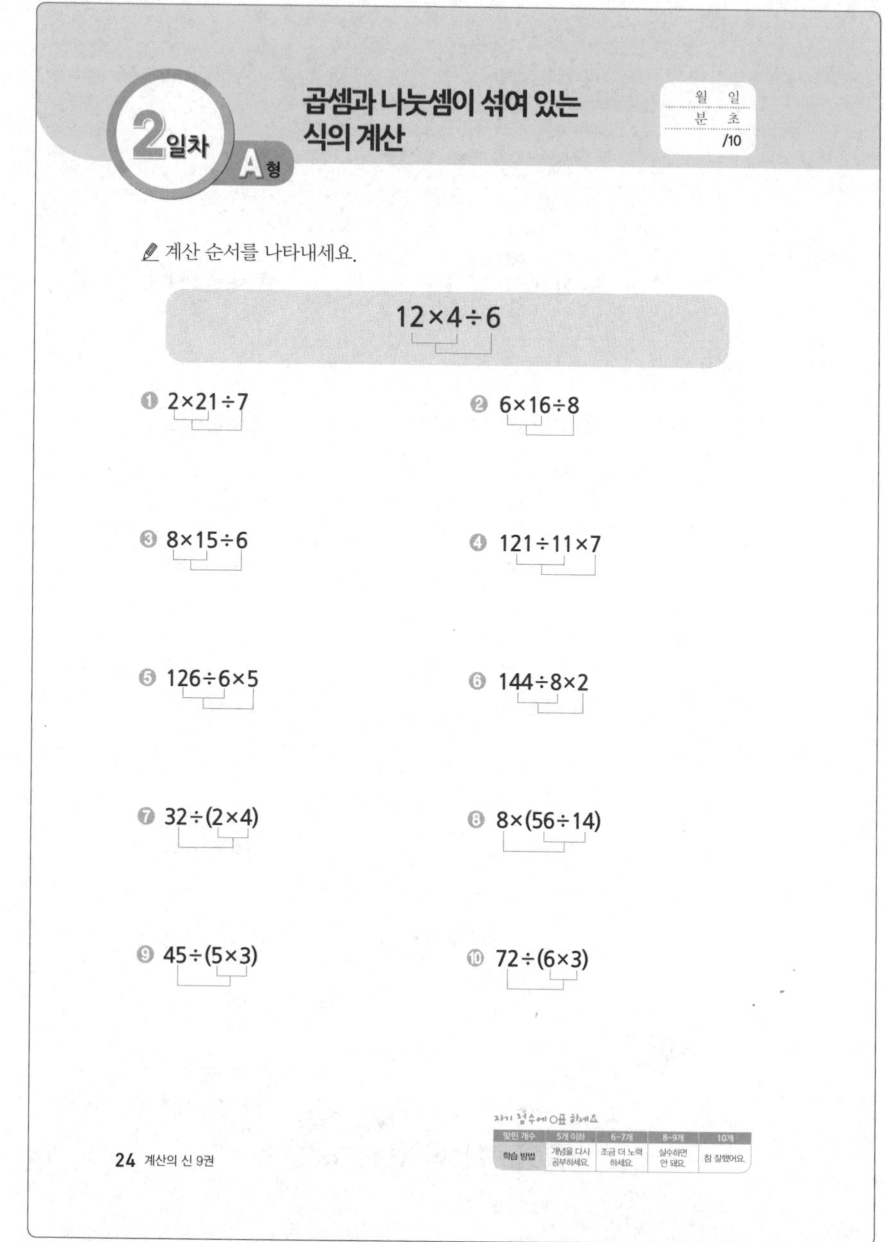

2일차 A형 곱셈과 나눗셈이 섞여 있는 식의 계산

월 일
분 초
/10

✎ 계산 순서를 나타내세요.

12×4÷6

❶ 2×21÷7

❷ 6×16÷8

❸ 8×15÷6

❹ 121÷11×7

❺ 126÷6×5

❻ 144÷8×2

❼ 32÷(2×4)

❽ 8×(56÷14)

❾ 45÷(5×3)

❿ 72÷(6×3)

자기 점수에 ○표 하세요

맞힌 개수	5개 이하	6~7개	8~9개	10개
학습 방법	개념을 다시 공부하세요.	조금 더 노력하세요.	실수하면 안 돼요.	참 잘했어요.

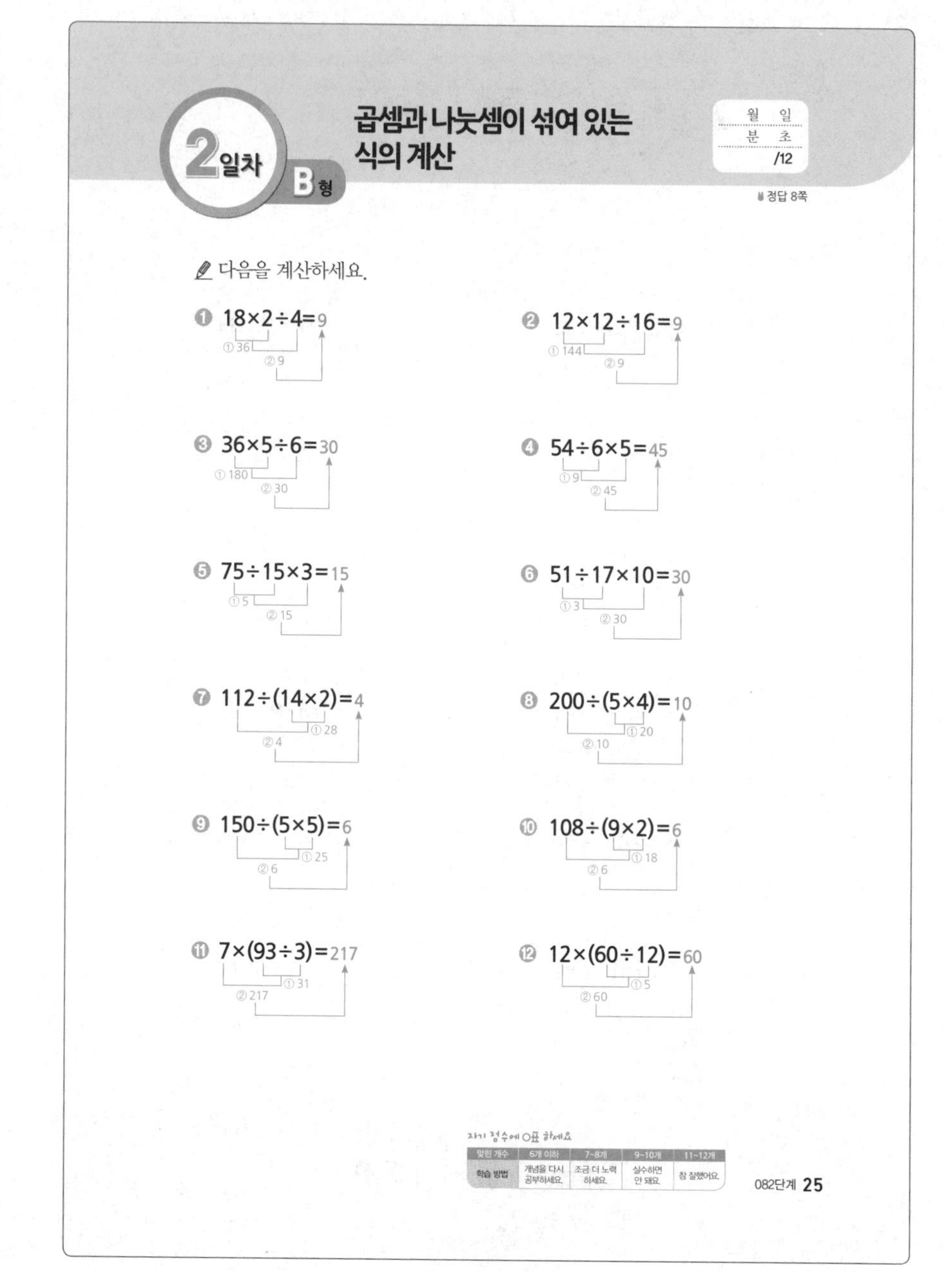

2일차 B형 곱셈과 나눗셈이 섞여 있는 식의 계산

월 일
분 초
/12

▮ 정답 8쪽

✎ 다음을 계산하세요.

❶ 18×2÷4=9 (① 36 ② 9)

❷ 12×12÷16=9 (① 144 ② 9)

❸ 36×5÷6=30 (① 180 ② 30)

❹ 54÷6×5=45 (① 9 ② 45)

❺ 75÷15×3=15 (① 5 ② 15)

❻ 51÷17×10=30 (① 3 ② 30)

❼ 112÷(14×2)=4 (① 28 ② 4)

❽ 200÷(5×4)=10 (① 20 ② 10)

❾ 150÷(5×5)=6 (① 25 ② 6)

❿ 108÷(9×2)=6 (① 18 ② 6)

⓫ 7×(93÷3)=217 (① 31 ② 217)

⓬ 12×(60÷12)=60 (① 5 ② 60)

자기 점수에 ○표 하세요

맞힌 개수	6개 이하	7~8개	9~10개	11~12개
학습 방법	개념을 다시 공부하세요.	조금 더 노력하세요.	실수하면 안 돼요.	참 잘했어요.

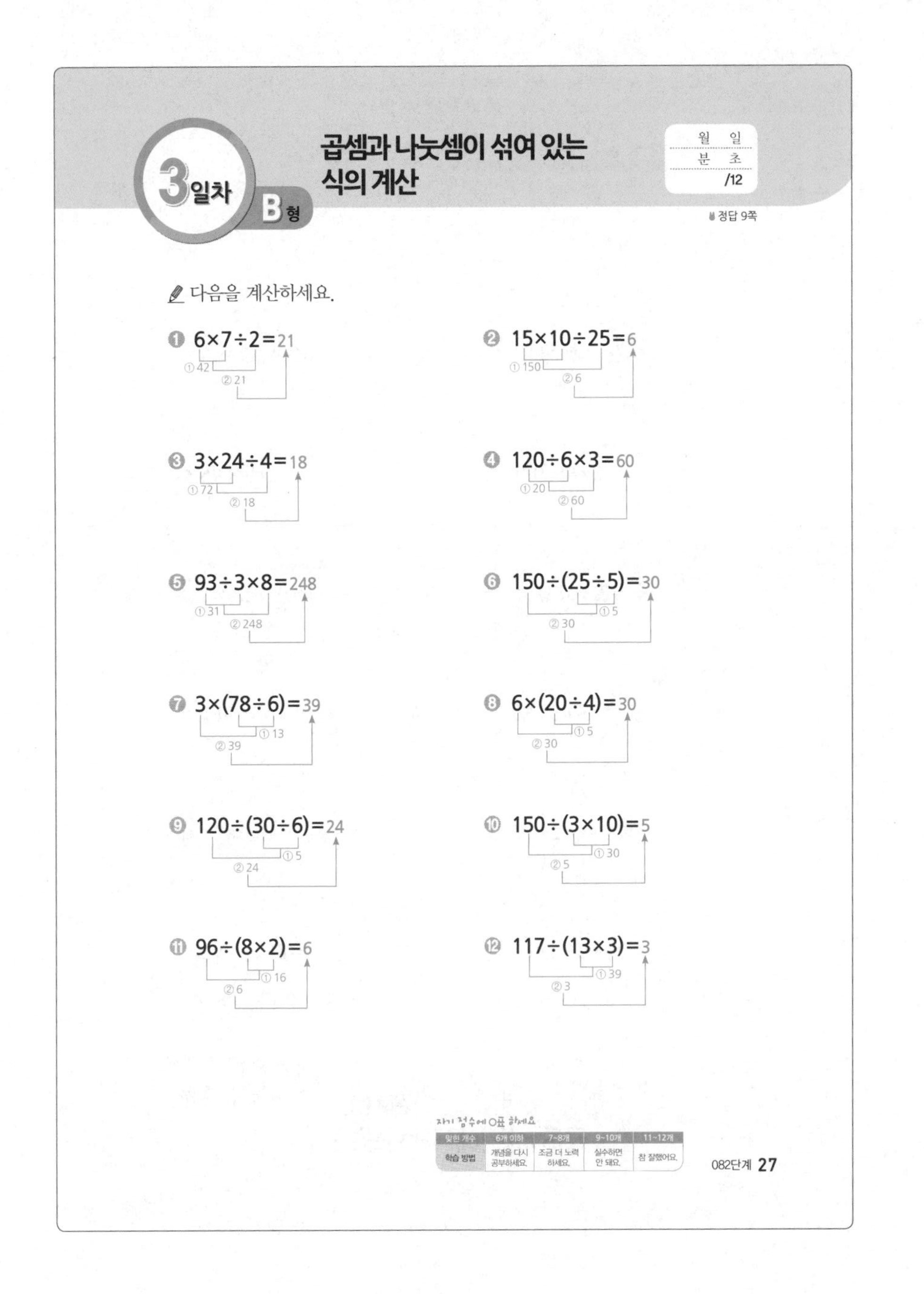
3일차 A형
곱셈과 나눗셈이 섞여 있는 식의 계산
월 일
분 초
/10
계산 순서를 나타내세요.
12×4÷6
① 12×4÷8
② 45÷5×3
③ 5×9÷3
④ 20÷4×6
⑤ 40×12÷24
⑥ 80÷4×5
⑦ 4×(80÷5)
⑧ 6×(44÷11)
⑨ 200÷(10×5)
⑩ 240÷(4×4)
자기 점수에 ○표 하세요
맞힌 개수 | 5개 이하 | 6~7개 | 8~9개 | 10개
학습 방법 | 개념을 다시 공부하세요. | 조금 더 노력하세요. | 실수하면 안 돼요. | 참 잘했어요.
26 계산의 신 9권

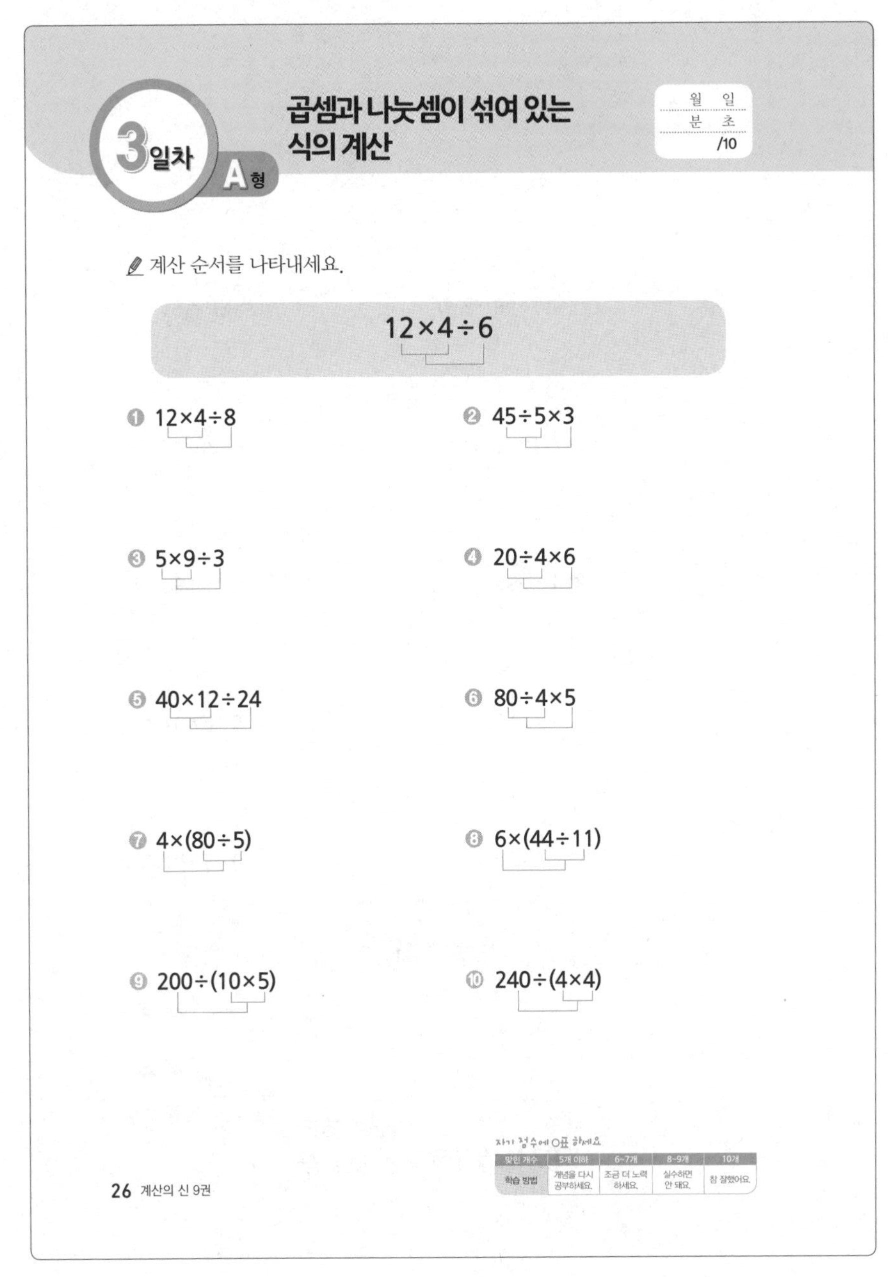
3일차 B형
곱셈과 나눗셈이 섞여 있는 식의 계산
월 일
분 초
/12
정답 9쪽
다음을 계산하세요.
① 6×7÷2=21
① 42 ② 21
② 15×10÷25=6
① 150 ② 6
③ 3×24÷4=18
① 72 ② 18
④ 120÷6×3=60
① 20 ② 60
⑤ 93÷3×8=248
① 31 ② 248
⑥ 150÷(25÷5)=30
① 5 ② 30
⑦ 3×(78÷6)=39
① 13 ② 39
⑧ 6×(20÷4)=30
① 5 ② 30
⑨ 120÷(30÷6)=24
① 5 ② 24
⑩ 150÷(3×10)=5
① 30 ② 5
⑪ 96÷(8×2)=6
① 16 ② 6
⑫ 117÷(13×3)=3
① 39 ② 3
자기 점수에 ○표 하세요
맞힌 개수 | 6개 이하 | 7~8개 | 9~10개 | 11~12개
학습 방법 | 개념을 다시 공부하세요. | 조금 더 노력하세요. | 실수하면 안 돼요. | 참 잘했어요.
082단계 27

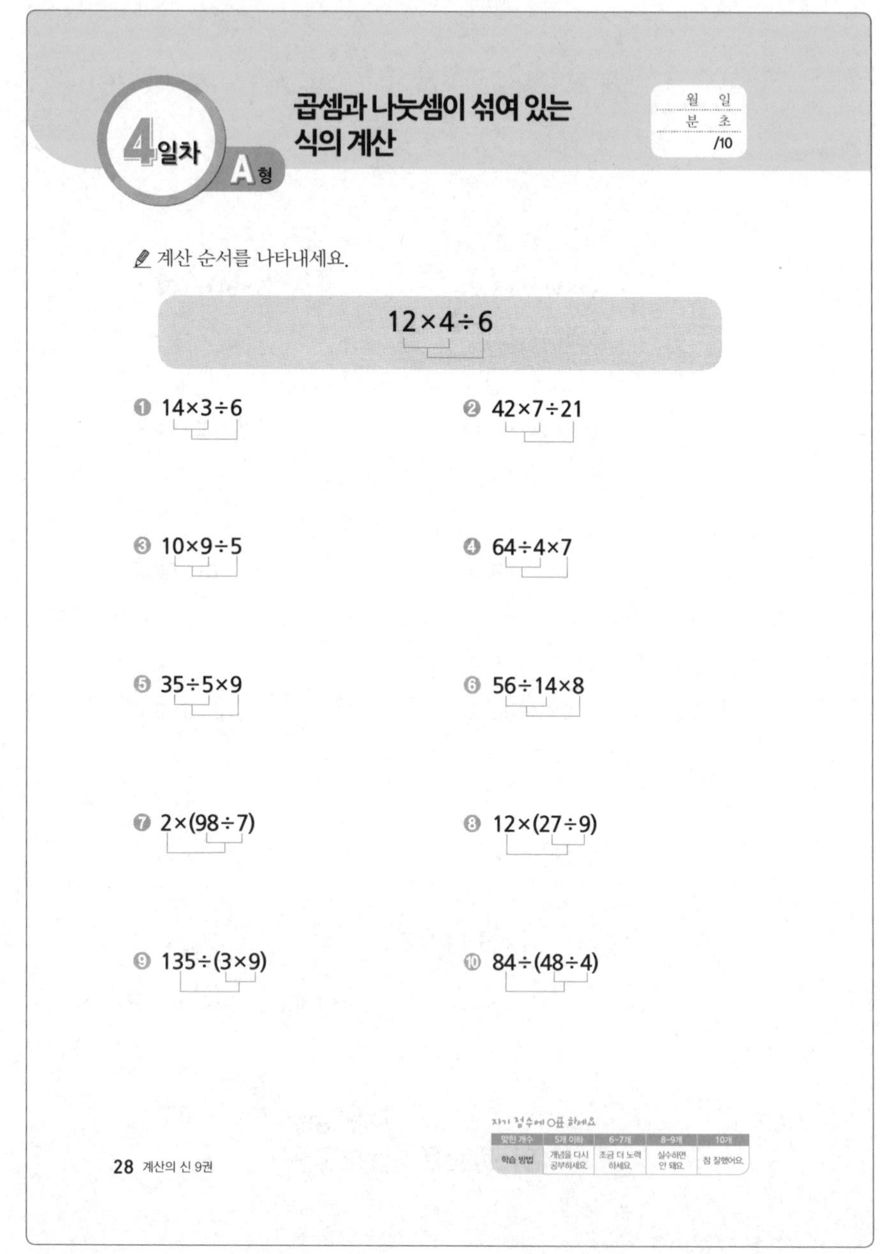

4일차 A형

곱셈과 나눗셈이 섞여 있는 식의 계산

월 일 / 분 초 / /10

계산 순서를 나타내세요.

12×4÷6

❶ 14×3÷6 ❷ 42×7÷21

❸ 10×9÷5 ❹ 64÷4×7

❺ 35÷5×9 ❻ 56÷14×8

❼ 2×(98÷7) ❽ 12×(27÷9)

❾ 135÷(3×9) ❿ 84÷(48÷4)

자기 점수에 ○표 하세요

맞힌 개수	5개 이하	6~7개	8~9개	10개
학습 방법	개념을 다시 공부하세요.	조금 더 노력하세요.	실수하면 안 돼요.	참 잘했어요.

28 계산의 신 9권

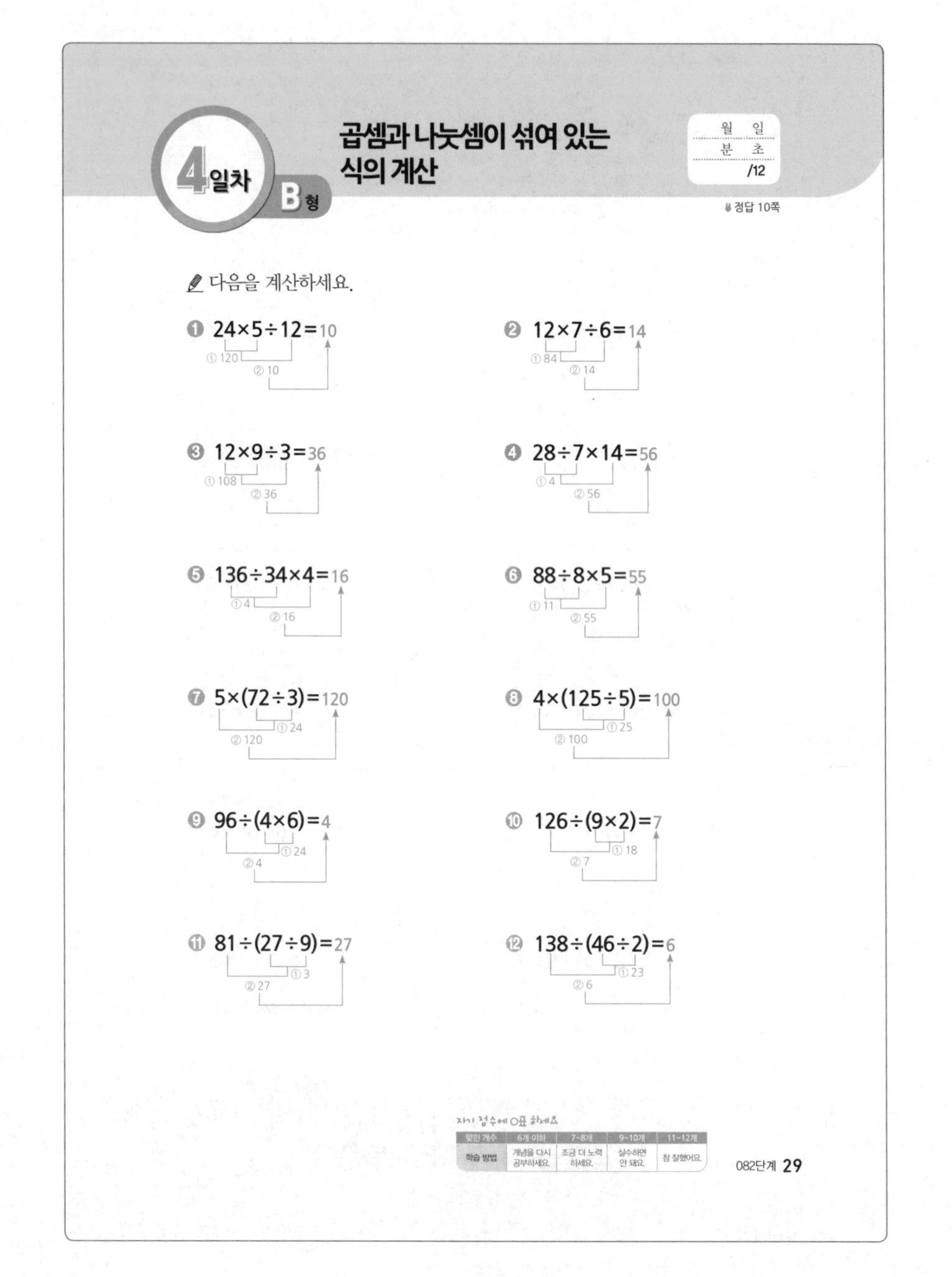

4일차 B형

곱셈과 나눗셈이 섞여 있는 식의 계산

월 일 / 분 초 / /12

정답 10쪽

다음을 계산하세요.

❶ 24×5÷12=10 (① 120 ② 10)

❷ 12×7÷6=14 (① 84 ② 14)

❸ 12×9÷3=36 (① 108 ② 36)

❹ 28÷7×14=56 (① 4 ② 56)

❺ 136÷34×4=16 (① 4 ② 16)

❻ 88÷8×5=55 (① 11 ② 55)

❼ 5×(72÷3)=120 (① 24 ② 120)

❽ 4×(125÷5)=100 (① 25 ② 100)

❾ 96÷(4×6)=4 (① 24 ② 4)

❿ 126÷(9×2)=7 (① 18 ② 7)

⓫ 81÷(27÷9)=27 (① 3 ② 27)

⓬ 138÷(46÷2)=6 (① 23 ② 6)

자기 점수에 ○표 하세요

맞힌 개수	6개 이하	7~8개	9~10개	11~12개
학습 방법	개념을 다시 공부하세요.	조금 더 노력하세요.	실수하면 안 돼요.	참 잘했어요.

082단계 29

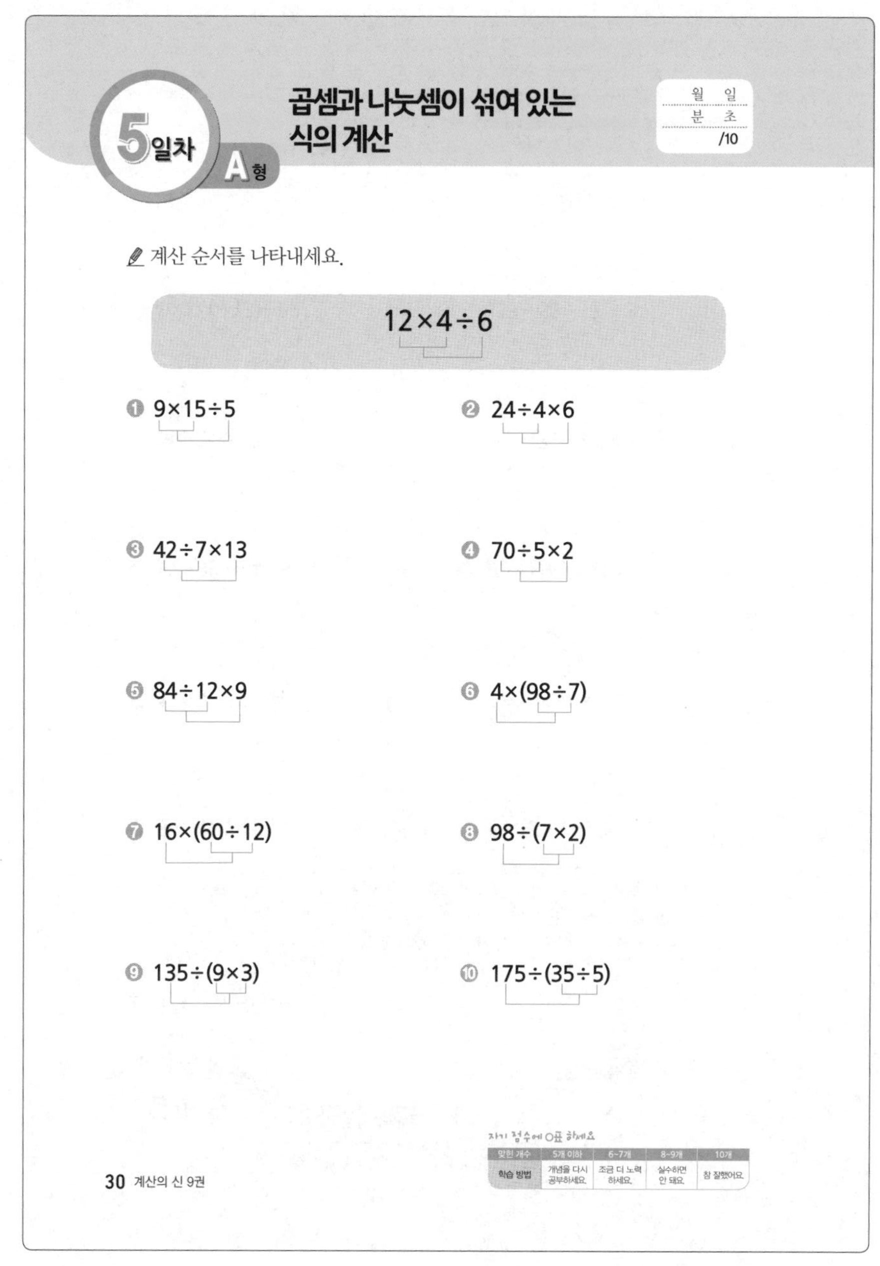

5일차 A형

곱셈과 나눗셈이 섞여 있는 식의 계산

월 일 / 분 초 / /10

✎ 계산 순서를 나타내세요.

$12\times4\div6$

❶ $9\times15\div5$

❷ $24\div4\times6$

❸ $42\div7\times13$

❹ $70\div5\times2$

❺ $84\div12\times9$

❻ $4\times(98\div7)$

❼ $16\times(60\div12)$

❽ $98\div(7\times2)$

❾ $135\div(9\times3)$

❿ $175\div(35\div5)$

자기 점수에 ○표 하세요

맞힌 개수	5개 이하	6~7개	8~9개	10개
학습 방법	개념을 다시 공부하세요.	조금 더 노력 하세요.	실수하면 안 돼요.	참 잘했어요.

30 계산의 신 9권

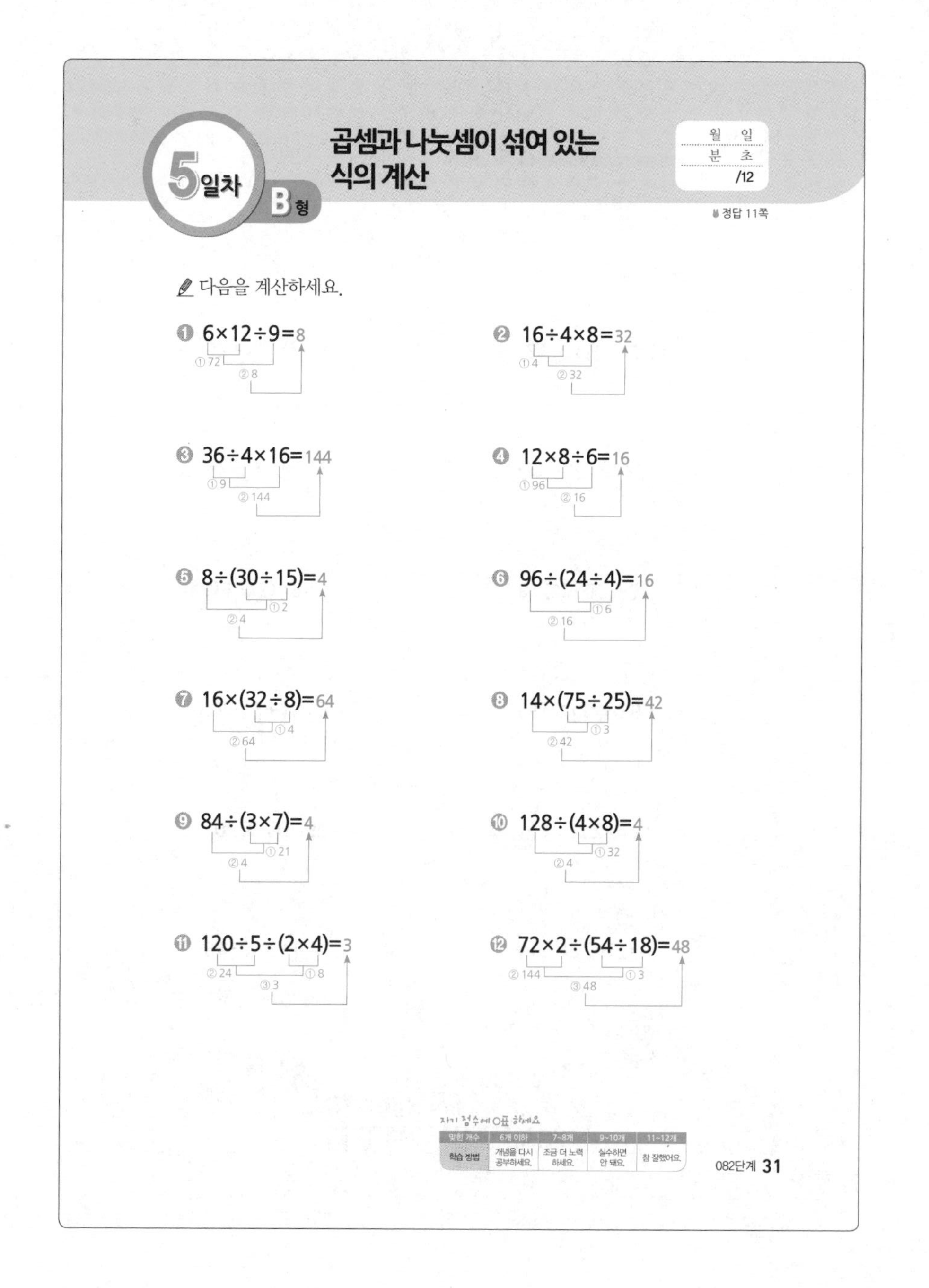

5일차 B형

곱셈과 나눗셈이 섞여 있는 식의 계산

월 일 / 분 초 / /12

정답 11쪽

✎ 다음을 계산하세요.

❶ $6\times12\div9=8$ (① 72 ② 8)

❷ $16\div4\times8=32$ (① 4 ② 32)

❸ $36\div4\times16=144$ (① 9 ② 144)

❹ $12\times8\div6=16$ (① 96 ② 16)

❺ $8\div(30\div15)=4$ (① 2 ② 4)

❻ $96\div(24\div4)=16$ (① 6 ② 16)

❼ $16\times(32\div8)=64$ (① 4 ② 64)

❽ $14\times(75\div25)=42$ (① 3 ② 42)

❾ $84\div(3\times7)=4$ (① 21 ② 4)

❿ $128\div(4\times8)=4$ (① 32 ② 4)

⓫ $120\div5\div(2\times4)=3$ (① 8 ② 24 ③ 3)

⓬ $72\times2\div(54\div18)=48$ (① 3 ② 144 ③ 48)

자기 점수에 ○표 하세요

맞힌 개수	6개 이하	7~8개	9~10개	11~12개
학습 방법	개념을 다시 공부하세요.	조금 더 노력 하세요.	실수하면 안 돼요.	참 잘했어요.

082단계 31

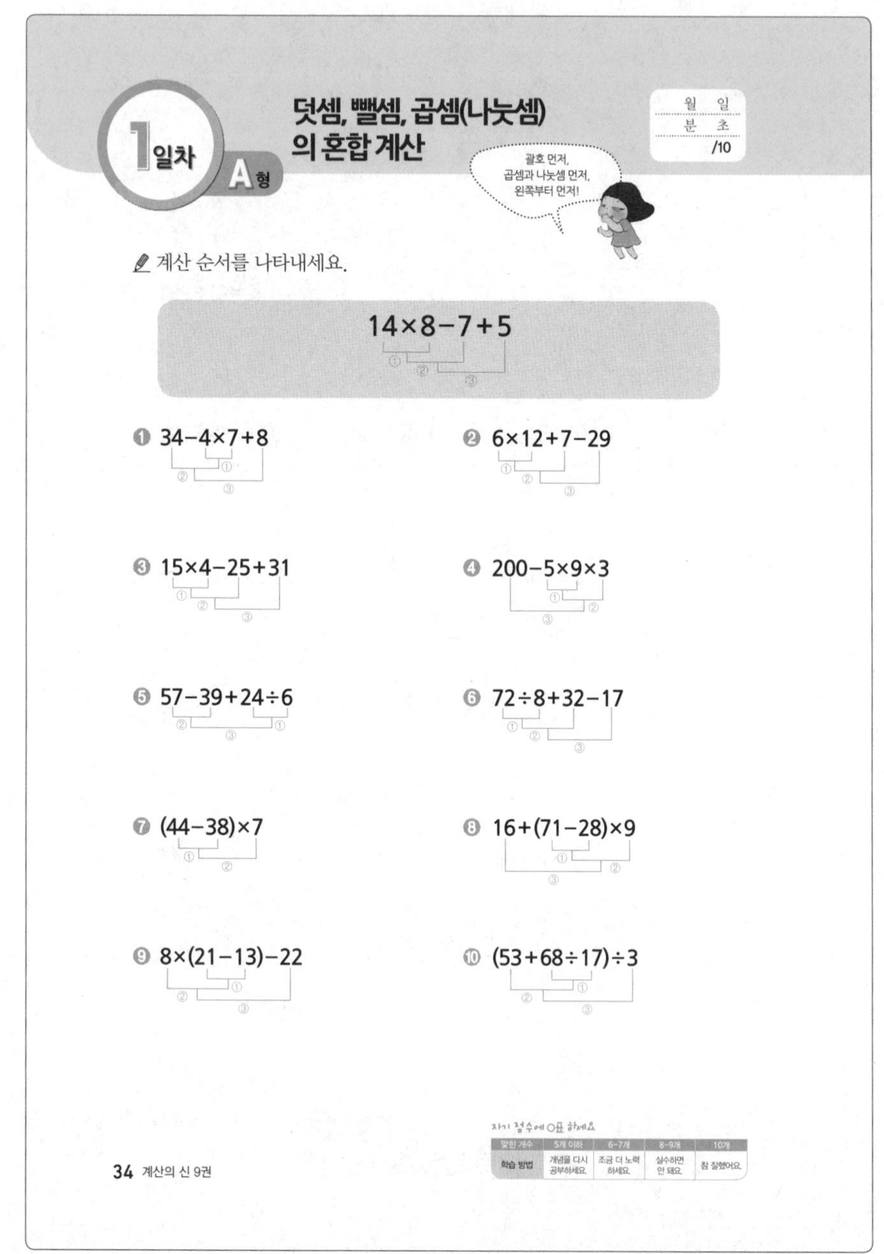

1일차 A형 덧셈, 뺄셈, 곱셈(나눗셈)의 혼합 계산

월 일 / 분 초 / /10

괄호 먼저,
곱셈과 나눗셈 먼저,
왼쪽부터 먼저!

계산 순서를 나타내세요.

$14\times8-7+5$ ① ② ③

❶ $34-4\times7+8$ ① ② ③

❷ $6\times12+7-29$ ① ② ③

❸ $15\times4-25+31$ ① ② ③

❹ $200-5\times9\times3$ ① ② ③

❺ $57-39+24\div6$ ① ② ③

❻ $72\div8+32-17$ ① ② ③

❼ $(44-38)\times7$ ① ②

❽ $16+(71-28)\times9$ ① ② ③

❾ $8\times(21-13)-22$ ① ② ③

❿ $(53+68\div17)\div3$ ① ② ③

자기 점수에 ○표 하세요

맞힌 개수	5개 이하	6~7개	8~9개	10개
학습 방법	개념을 다시 공부하세요.	조금 더 노력 하세요.	실수하면 안 돼요.	참 잘했어요.

34 계산의 신 9권

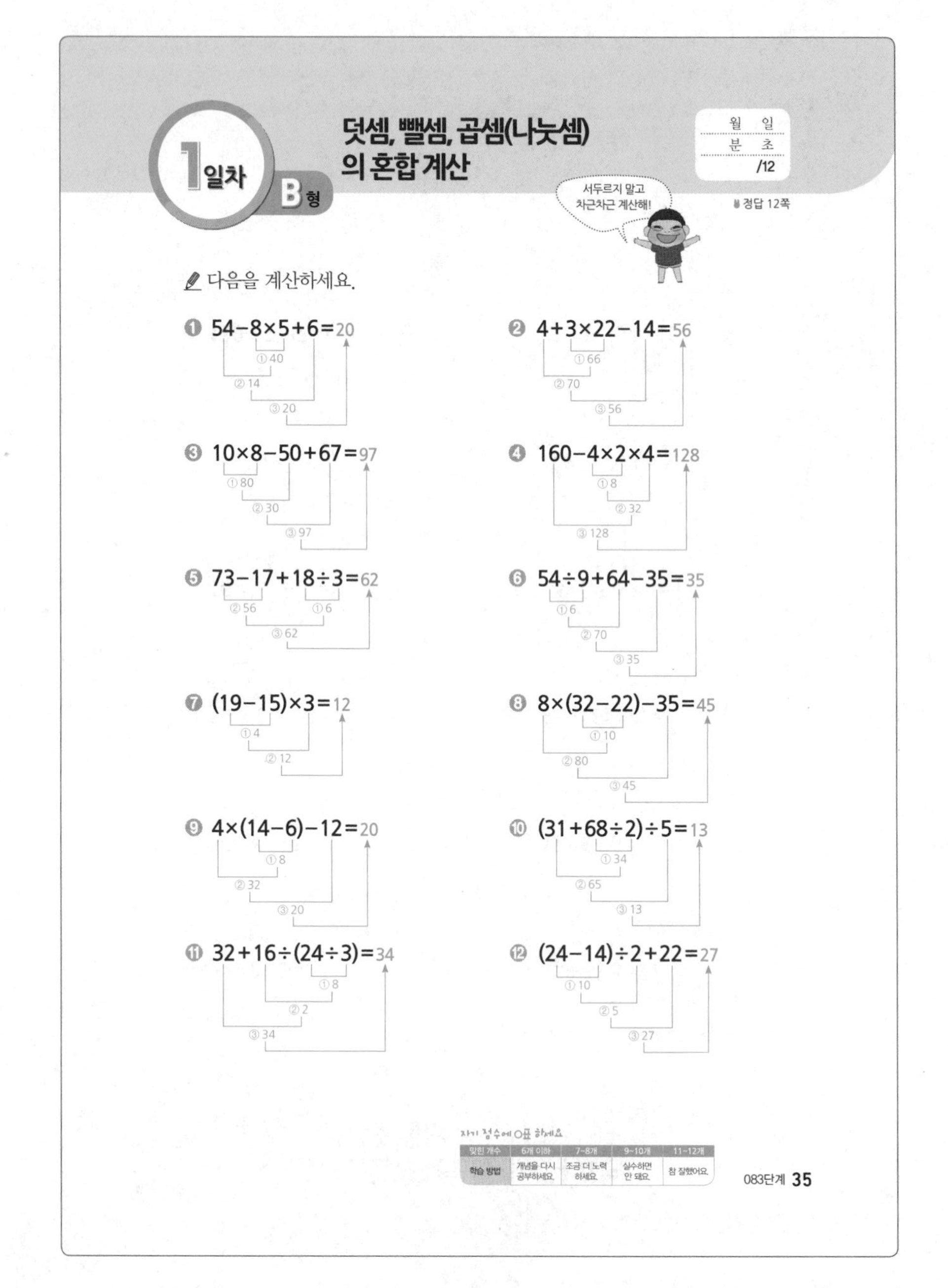

1일차 B형 덧셈, 뺄셈, 곱셈(나눗셈)의 혼합 계산

월 일 / 분 초 / /12

정답 12쪽

서두르지 말고
차근차근 계산해!

다음을 계산하세요.

❶ $54-8\times5+6=20$ (①40 ②14 ③20)

❷ $4+3\times22-14=56$ (①66 ②70 ③56)

❸ $10\times8-50+67=97$ (①80 ②30 ③97)

❹ $160-4\times2\times4=128$ (①8 ②32 ③128)

❺ $73-17+18\div3=62$ (①6 ②56 ③62)

❻ $54\div9+64-35=35$ (①6 ②70 ③35)

❼ $(19-15)\times3=12$ (①4 ②12)

❽ $8\times(32-22)-35=45$ (①10 ②80 ③45)

❾ $4\times(14-6)-12=20$ (①8 ②32 ③20)

❿ $(31+68\div2)\div5=13$ (①34 ②65 ③13)

⓫ $32+16\div(24\div3)=34$ (①8 ②2 ③34)

⓬ $(24-14)\div2+22=27$ (①10 ②5 ③27)

자기 점수에 ○표 하세요

맞힌 개수	6개 이하	7~8개	9~10개	11~12개
학습 방법	개념을 다시 공부하세요.	조금 더 노력 하세요.	실수하면 안 돼요.	참 잘했어요.

083단계 35

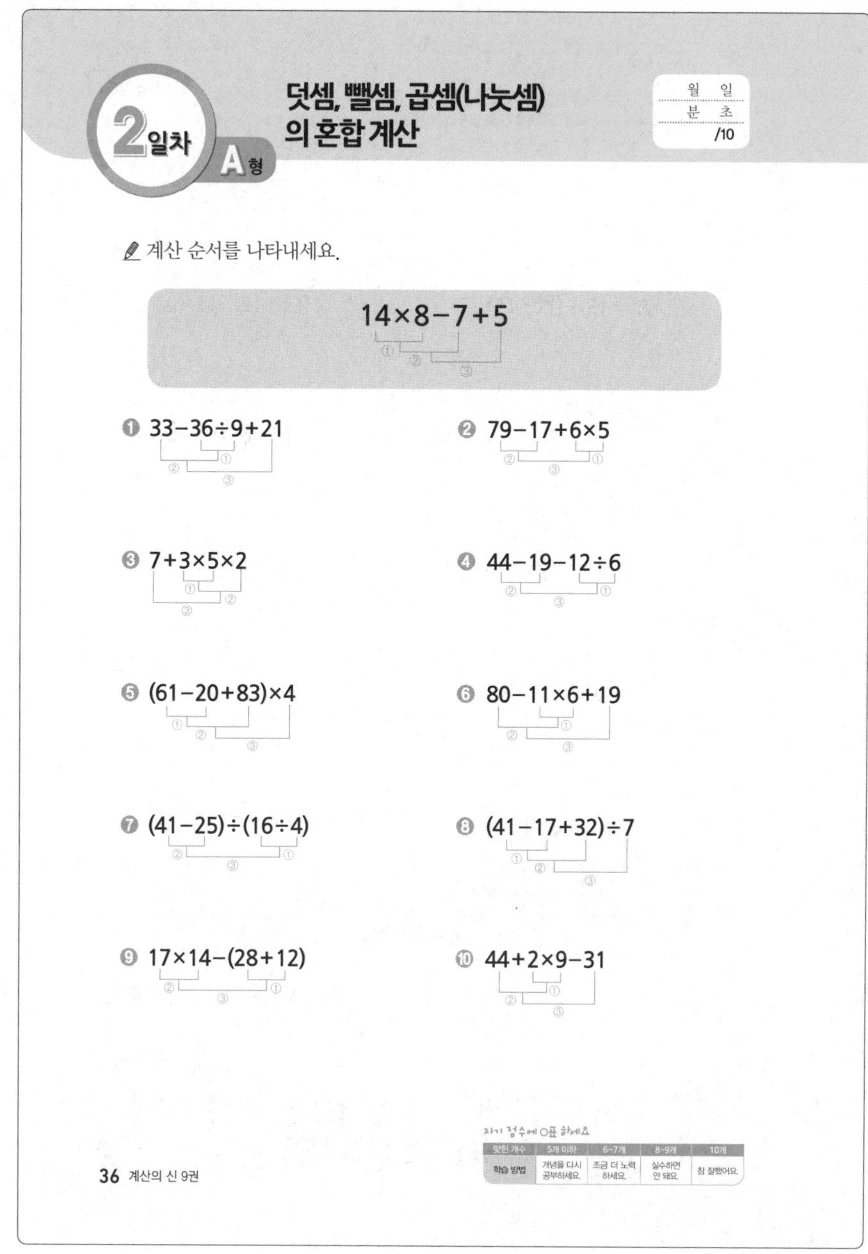

2일차 A형 덧셈, 뺄셈, 곱셈(나눗셈)의 혼합 계산

월 일 / 분 초 / /10

✎ 계산 순서를 나타내세요.

14×8−7+5 (①, ②, ③)

❶ 33−36÷9+21 (②, ①, ③)

❷ 79−17+6×5 (②, ③, ①)

❸ 7+3×5×2 (③, ①, ②)

❹ 44−19−12÷6 (②, ③, ①)

❺ (61−20+83)×4 (①, ②, ③)

❻ 80−11×6+19 (②, ①, ③)

❼ (41−25)÷(16÷4) (②, ③, ①)

❽ (41−17+32)÷7 (①, ②, ③)

❾ 17×14−(28+12) (②, ③, ①)

❿ 44+2×9−31 (②, ①, ③)

자기 점수에 ○표 하세요

맞힌 개수	5개 이하	6~7개	8~9개	10개
학습 방법	개념을 다시 공부하세요.	조금 더 노력 하세요.	실수하면 안 돼요.	참 잘했어요.

36 계산의 신 9권

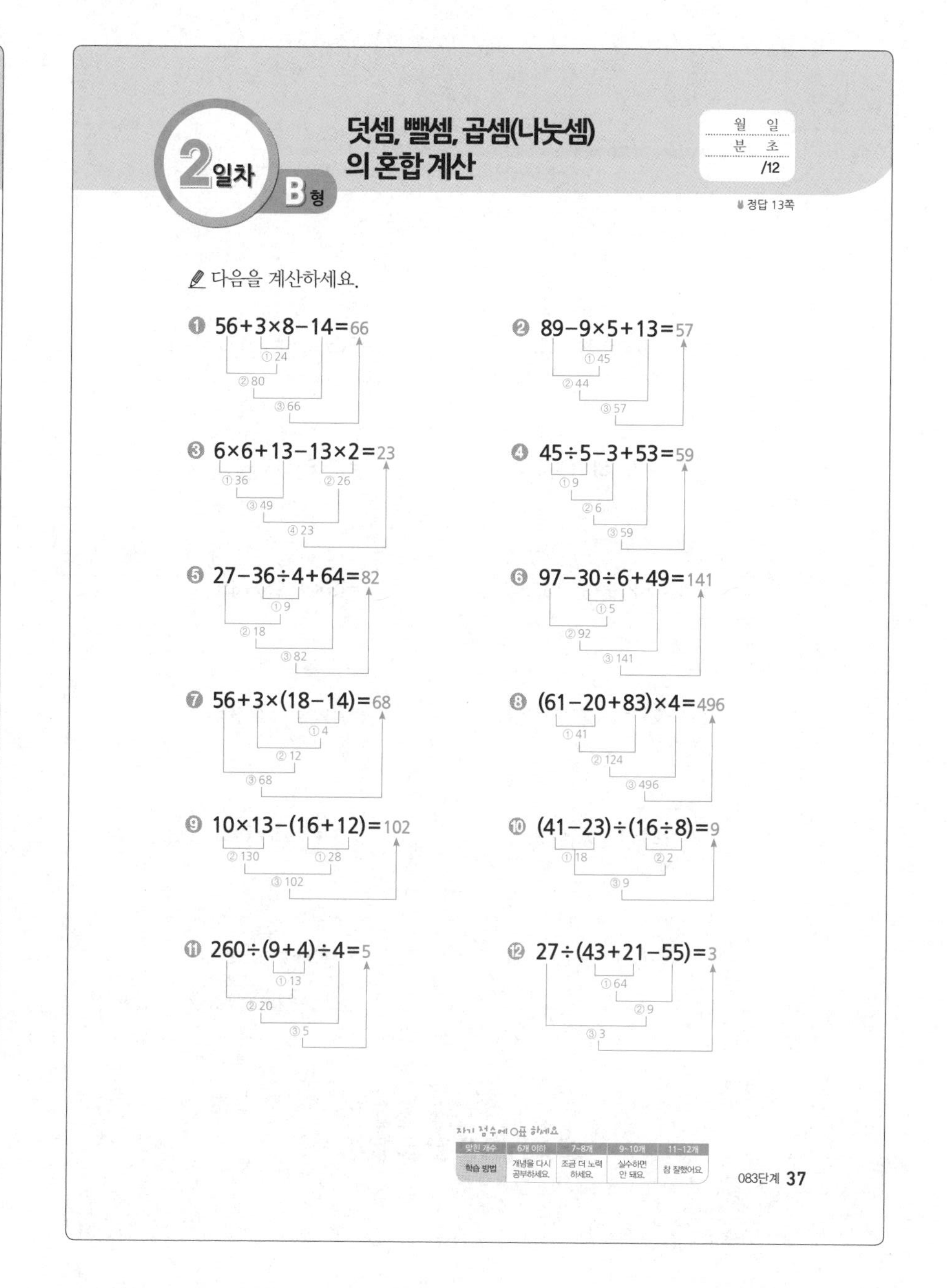

2일차 B형 덧셈, 뺄셈, 곱셈(나눗셈)의 혼합 계산

월 일 / 분 초 / /12

정답 13쪽

✎ 다음을 계산하세요.

❶ 56+3×8−14=66 (① 24, ② 80, ③ 66)

❷ 89−9×5+13=57 (① 45, ② 44, ③ 57)

❸ 6×6+13−13×2=23 (① 36, ② 26, ③ 49, ④ 23)

❹ 45÷5−3+53=59 (① 9, ② 6, ③ 59)

❺ 27−36÷4+64=82 (① 9, ② 18, ③ 82)

❻ 97−30÷6+49=141 (① 5, ② 92, ③ 141)

❼ 56+3×(18−14)=68 (① 4, ② 12, ③ 68)

❽ (61−20+83)×4=496 (① 41, ② 124, ③ 496)

❾ 10×13−(16+12)=102 (② 130, ① 28, ③ 102)

❿ (41−23)÷(16÷8)=9 (① 18, ② 2, ③ 9)

⓫ 260÷(9+4)÷4=5 (① 13, ② 20, ③ 5)

⓬ 27÷(43+21−55)=3 (① 64, ② 9, ③ 3)

자기 점수에 ○표 하세요

맞힌 개수	6개 이하	7~8개	9~10개	11~12개
학습 방법	개념을 다시 공부하세요.	조금 더 노력 하세요.	실수하면 안 돼요.	참 잘했어요.

083단계 37

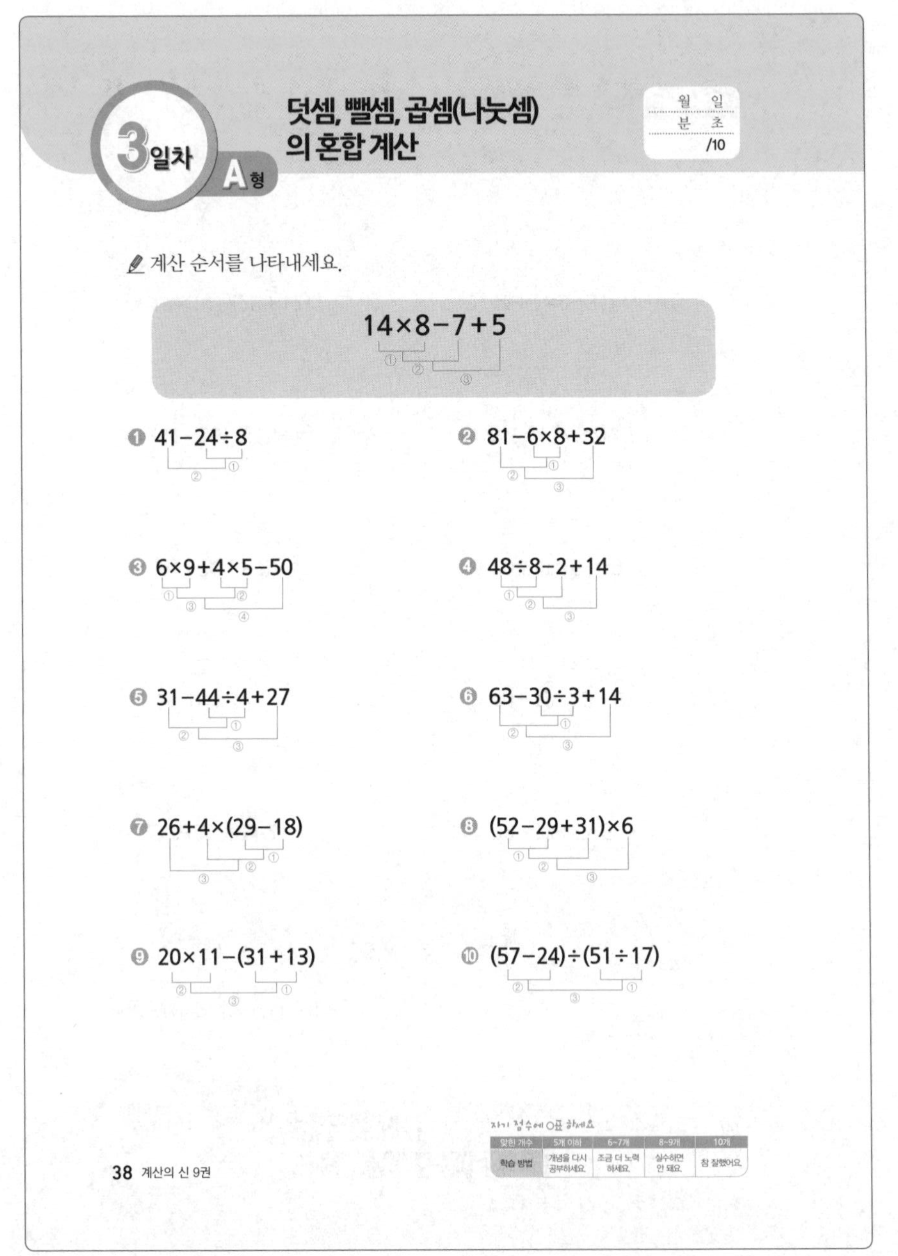

3일차 A형 덧셈, 뺄셈, 곱셈(나눗셈)의 혼합 계산

월 일 / 분 초 / /10

계산 순서를 나타내세요.

$14\times8-7+5$ (① ② ③)

❶ $41-24\div8$

❷ $81-6\times8+32$

❸ $6\times9+4\times5-50$

❹ $48\div8-2+14$

❺ $31-44\div4+27$

❻ $63-30\div3+14$

❼ $26+4\times(29-18)$

❽ $(52-29+31)\times6$

❾ $20\times11-(31+13)$

❿ $(57-24)\div(51\div17)$

자기 점수에 ○표 하세요.

맞힌 개수	5개 이하	6~7개	8~9개	10개
학습 방법	개념을 다시 공부하세요.	조금 더 노력 하세요.	실수하면 안 돼요.	참 잘했어요.

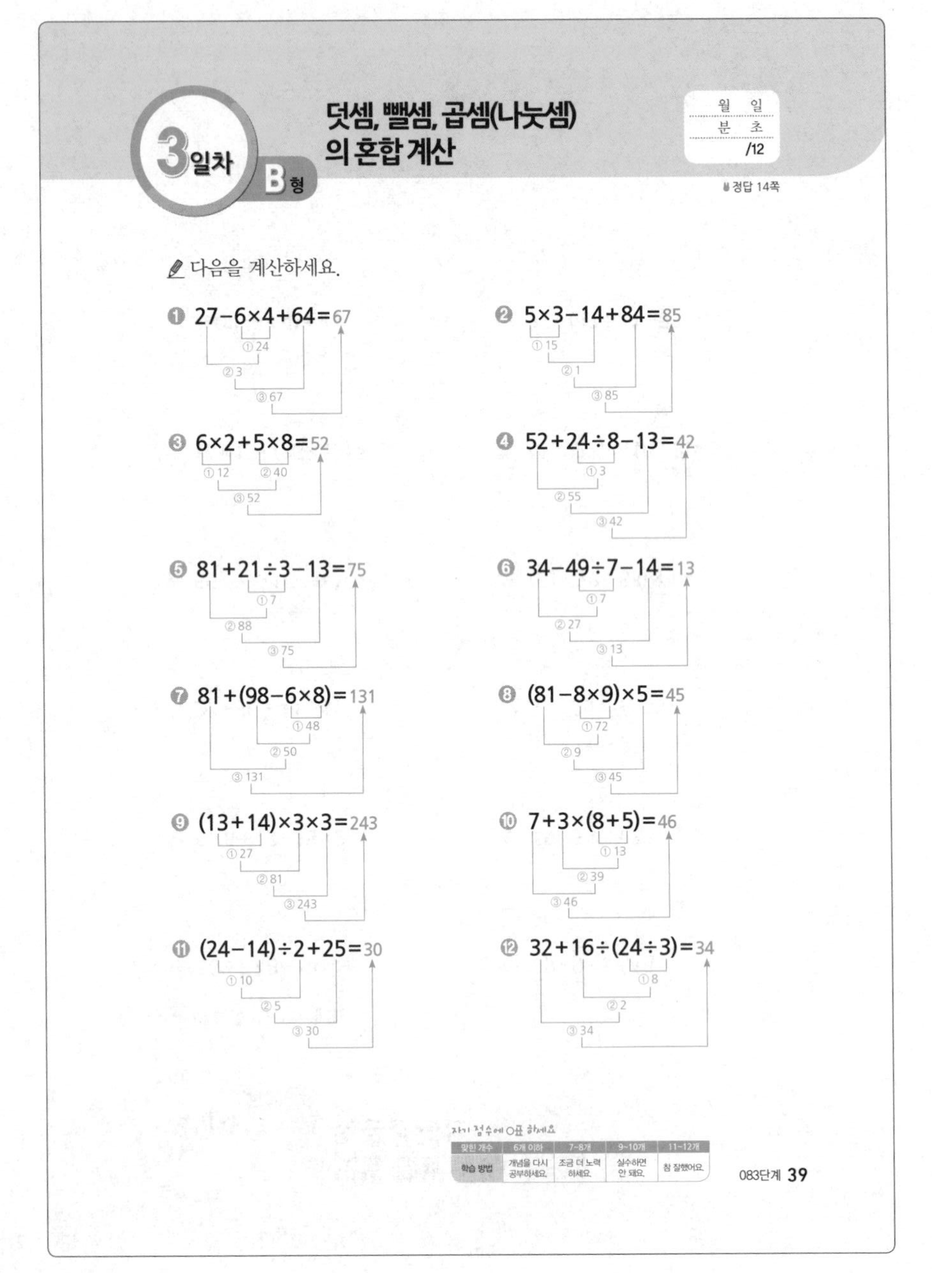

3일차 B형 덧셈, 뺄셈, 곱셈(나눗셈)의 혼합 계산

월 일 / 분 초 / /12

정답 14쪽

다음을 계산하세요.

❶ $27-6\times4+64=67$ (① 24, ② 3, ③ 67)

❷ $5\times3-14+84=85$ (① 15, ② 1, ③ 85)

❸ $6\times2+5\times8=52$ (① 12, ② 40, ③ 52)

❹ $52+24\div8-13=42$ (① 3, ② 55, ③ 42)

❺ $81+21\div3-13=75$ (① 7, ② 88, ③ 75)

❻ $34-49\div7-14=13$ (① 7, ② 27, ③ 13)

❼ $81+(98-6\times8)=131$ (① 48, ② 50, ③ 131)

❽ $(81-8\times9)\times5=45$ (① 72, ② 9, ③ 45)

❾ $(13+14)\times3\times3=243$ (① 27, ② 81, ③ 243)

❿ $7+3\times(8+5)=46$ (① 13, ② 39, ③ 46)

⓫ $(24-14)\div2+25=30$ (① 10, ② 5, ③ 30)

⓬ $32+16\div(24\div3)=34$ (① 8, ② 2, ③ 34)

자기 점수에 ○표 하세요.

맞힌 개수	6개 이하	7~8개	9~10개	11~12개
학습 방법	개념을 다시 공부하세요.	조금 더 노력 하세요.	실수하면 안 돼요.	참 잘했어요.

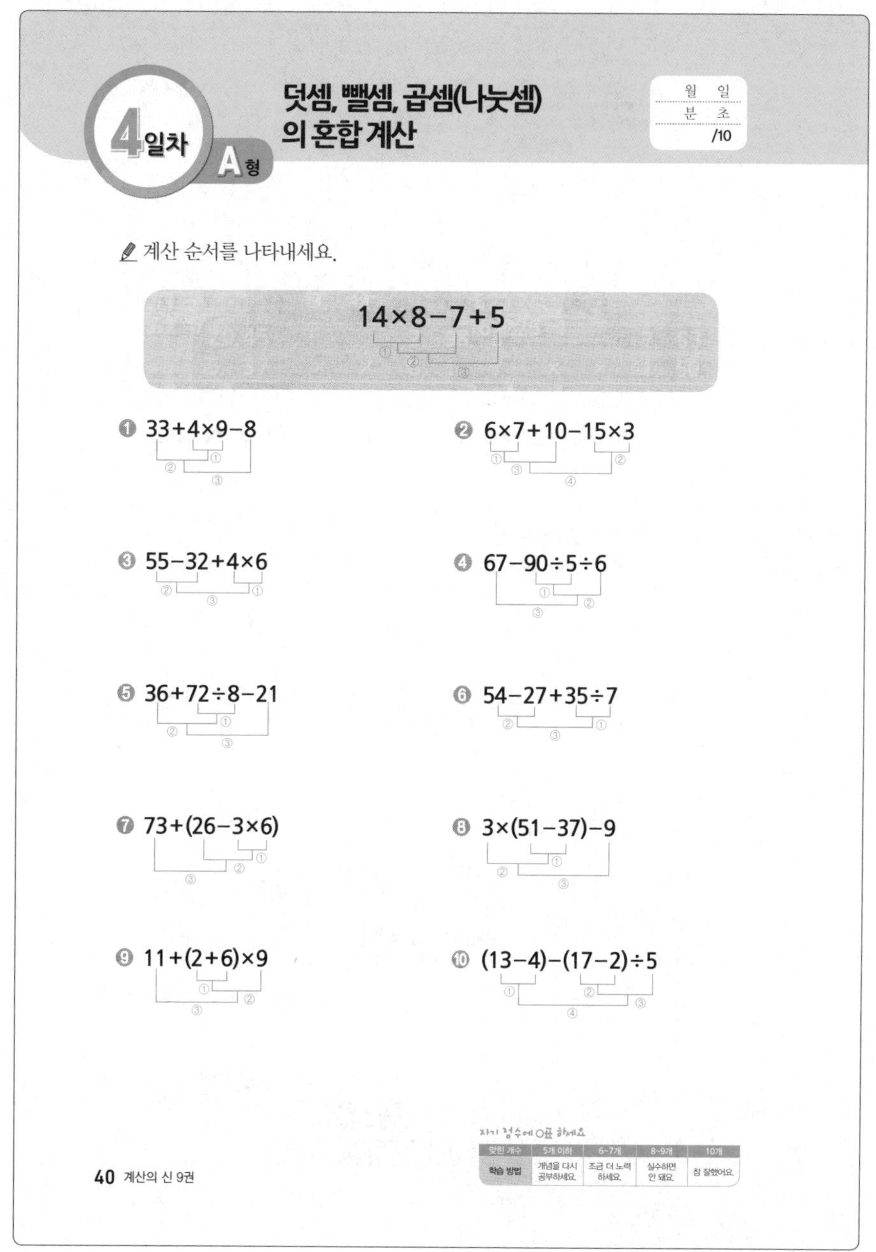

4일차 A형

덧셈, 뺄셈, 곱셈(나눗셈)의 혼합 계산

월 일
분 초
/10

✐ 계산 순서를 나타내세요.

14×8−7+5 (① 14×8, ② −7, ③ +5)

❶ 33+4×9−8

❷ 6×7+10−15×3

❸ 55−32+4×6

❹ 67−90÷5÷6

❺ 36+72÷8−21

❻ 54−27+35÷7

❼ 73+(26−3×6)

❽ 3×(51−37)−9

❾ 11+(2+6)×9

❿ (13−4)−(17−2)÷5

자기 점수에 ○표 하세요.

맞힌 개수	5개 이하	6~7개	8~9개	10개
학습 방법	개념을 다시 공부하세요.	조금 더 노력하세요.	실수하면 안 돼요.	참 잘했어요.

40 계산의 신 9권

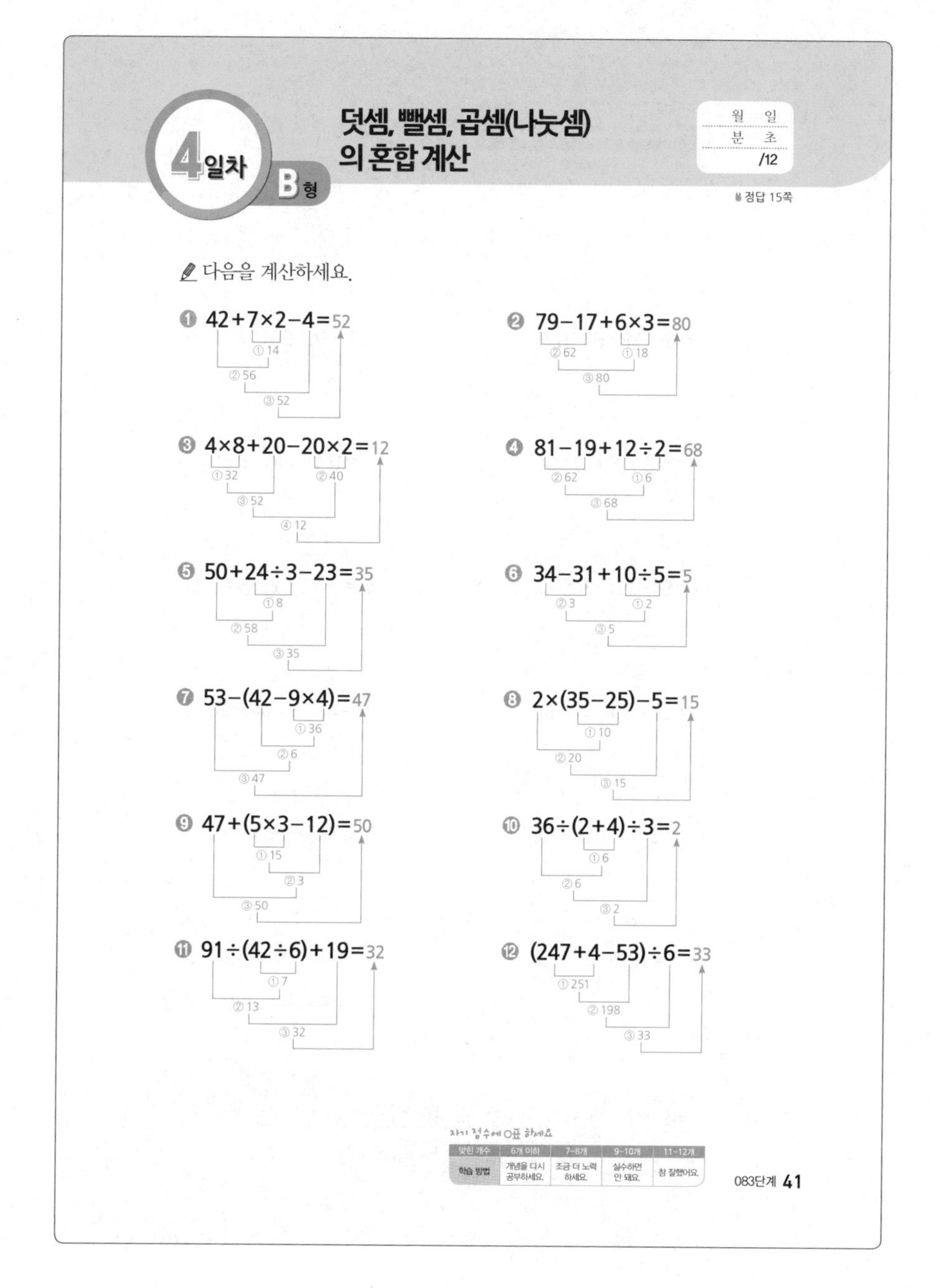

4일차 B형

덧셈, 뺄셈, 곱셈(나눗셈)의 혼합 계산

월 일
분 초
/12

정답 15쪽

✐ 다음을 계산하세요.

❶ 42+7×2−4=52 (① 14, ② 56, ③ 52)

❷ 79−17+6×3=80 (① 18, ② 62, ③ 80)

❸ 4×8+20−20×2=12 (① 32, ② 40, ③ 52, ④ 12)

❹ 81−19+12÷2=68 (① 6, ② 62, ③ 68)

❺ 50+24÷3−23=35 (① 8, ② 58, ③ 35)

❻ 34−31+10÷5=5 (① 2, ② 3, ③ 5)

❼ 53−(42−9×4)=47 (① 36, ② 6, ③ 47)

❽ 2×(35−25)−5=15 (① 10, ② 20, ③ 15)

❾ 47+(5×3−12)=50 (① 15, ② 3, ③ 50)

❿ 36÷(2+4)÷3=2 (① 6, ② 6, ③ 2)

⓫ 91÷(42÷6)+19=32 (① 7, ② 13, ③ 32)

⓬ (247+4−53)÷6=33 (① 251, ② 198, ③ 33)

자기 점수에 ○표 하세요.

맞힌 개수	6개 이하	7~8개	9~10개	11~12개
학습 방법	개념을 다시 공부하세요.	조금 더 노력하세요.	실수하면 안 돼요.	참 잘했어요.

083단계 41

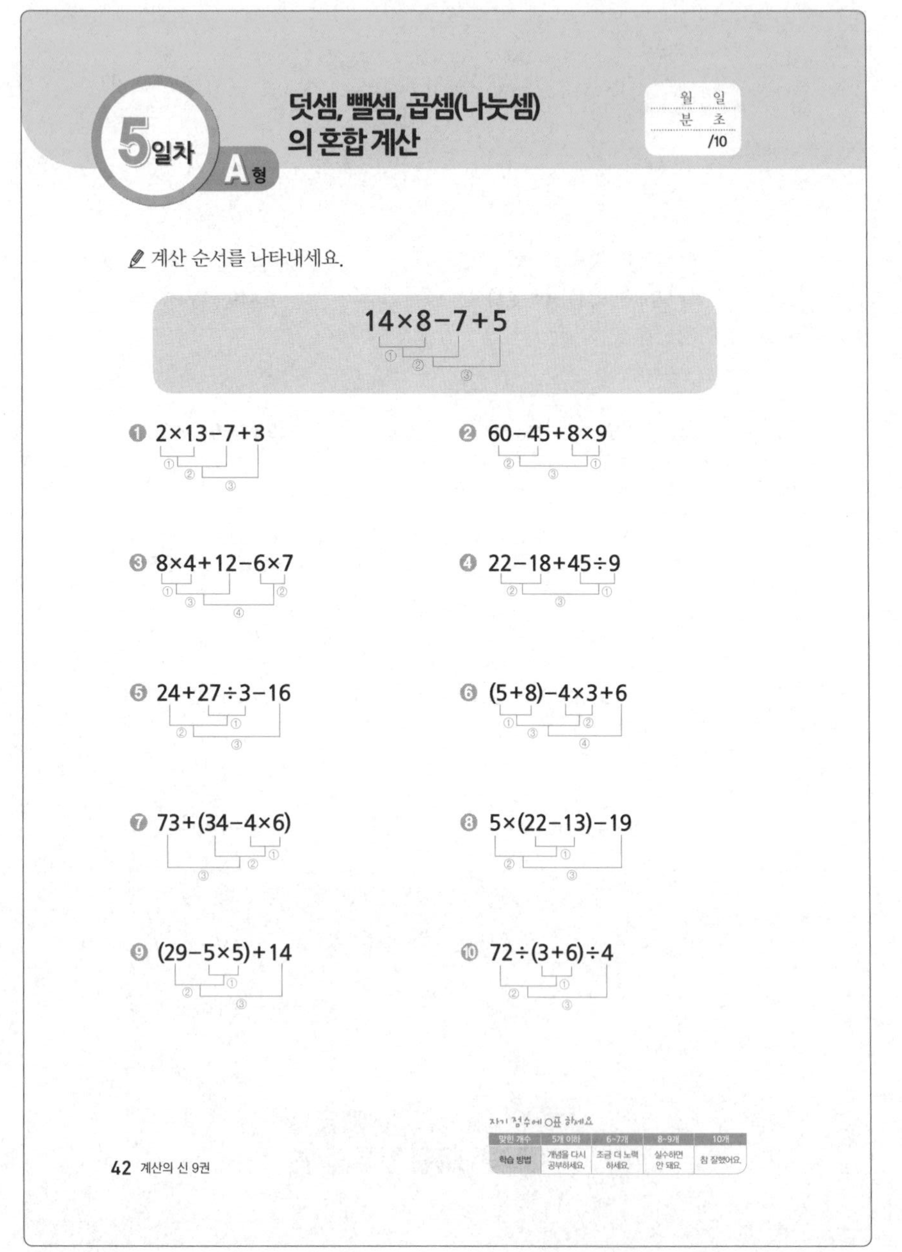

5일차 A형

덧셈, 뺄셈, 곱셈(나눗셈)의 혼합 계산

월 일 / 분 초 / /10

✎ 계산 순서를 나타내세요.

14×8−7+5

❶ 2×13−7+3

❷ 60−45+8×9

❸ 8×4+12−6×7

❹ 22−18+45÷9

❺ 24+27÷3−16

❻ (5+8)−4×3+6

❼ 73+(34−4×6)

❽ 5×(22−13)−19

❾ (29−5×5)+14

❿ 72÷(3+6)÷4

자기 점수에 ○표 하세요

맞힌 개수	5개 이하	6~7개	8~9개	10개
학습 방법	개념을 다시 공부하세요.	조금 더 노력 하세요.	실수하면 안 돼요.	참 잘했어요.

42 계산의 신 9권

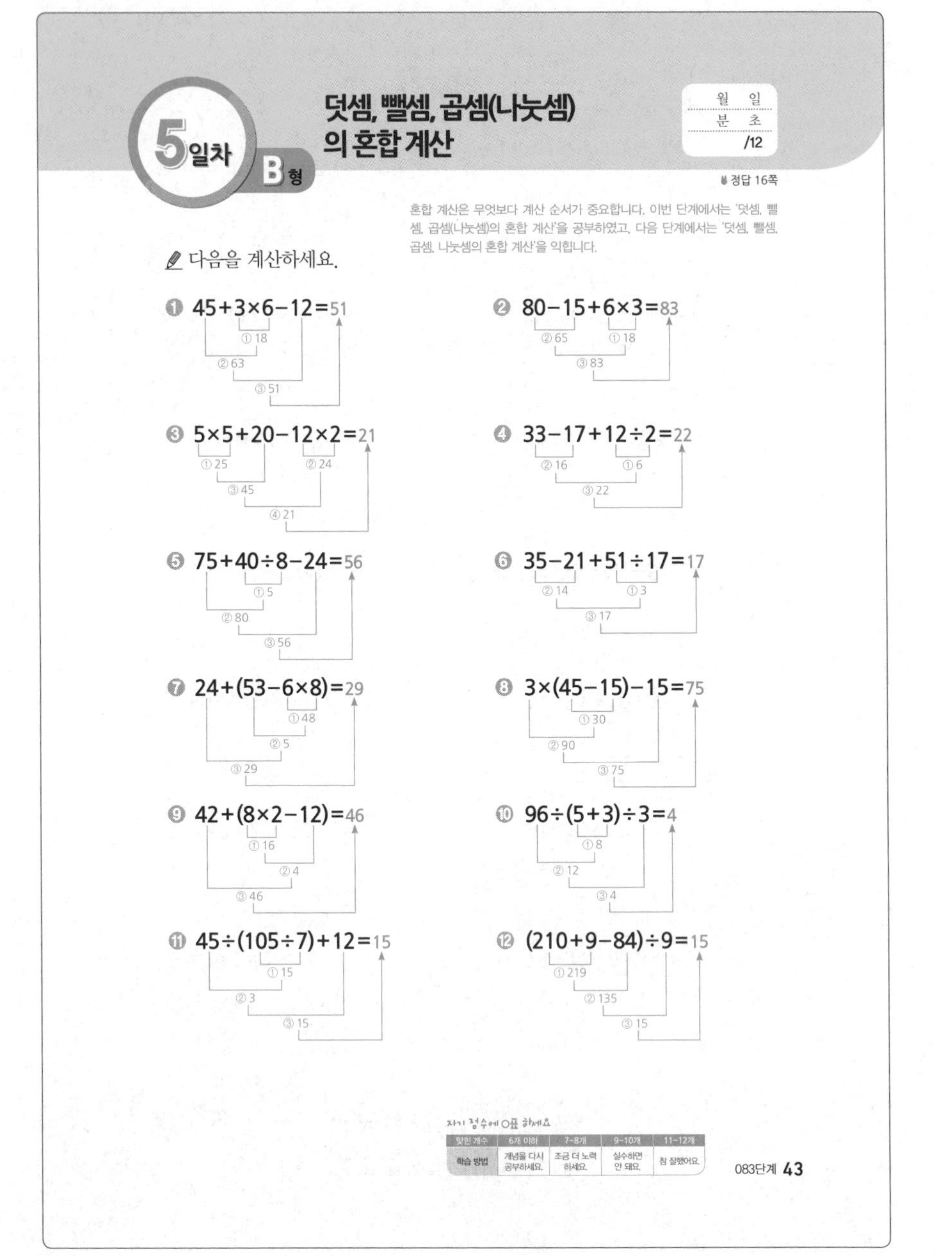

5일차 B형

덧셈, 뺄셈, 곱셈(나눗셈)의 혼합 계산

월 일 / 분 초 / /12

정답 16쪽

혼합 계산은 무엇보다 계산 순서가 중요합니다. 이번 단계에서는 '덧셈, 뺄셈, 곱셈(나눗셈)의 혼합 계산'을 공부하였고, 다음 단계에서는 '덧셈, 뺄셈, 곱셈, 나눗셈의 혼합 계산'을 익힙니다.

✎ 다음을 계산하세요.

❶ 45+3×6−12=51

❷ 80−15+6×3=83

❸ 5×5+20−12×2=21

❹ 33−17+12÷2=22

❺ 75+40÷8−24=56

❻ 35−21+51÷17=17

❼ 24+(53−6×8)=29

❽ 3×(45−15)−15=75

❾ 42+(8×2−12)=46

❿ 96÷(5+3)÷3=4

⓫ 45÷(105÷7)+12=15

⓬ (210+9−84)÷9=15

자기 점수에 ○표 하세요

맞힌 개수	6개 이하	7~8개	9~10개	11~12개
학습 방법	개념을 다시 공부하세요.	조금 더 노력 하세요.	실수하면 안 돼요.	참 잘했어요.

083단계 43

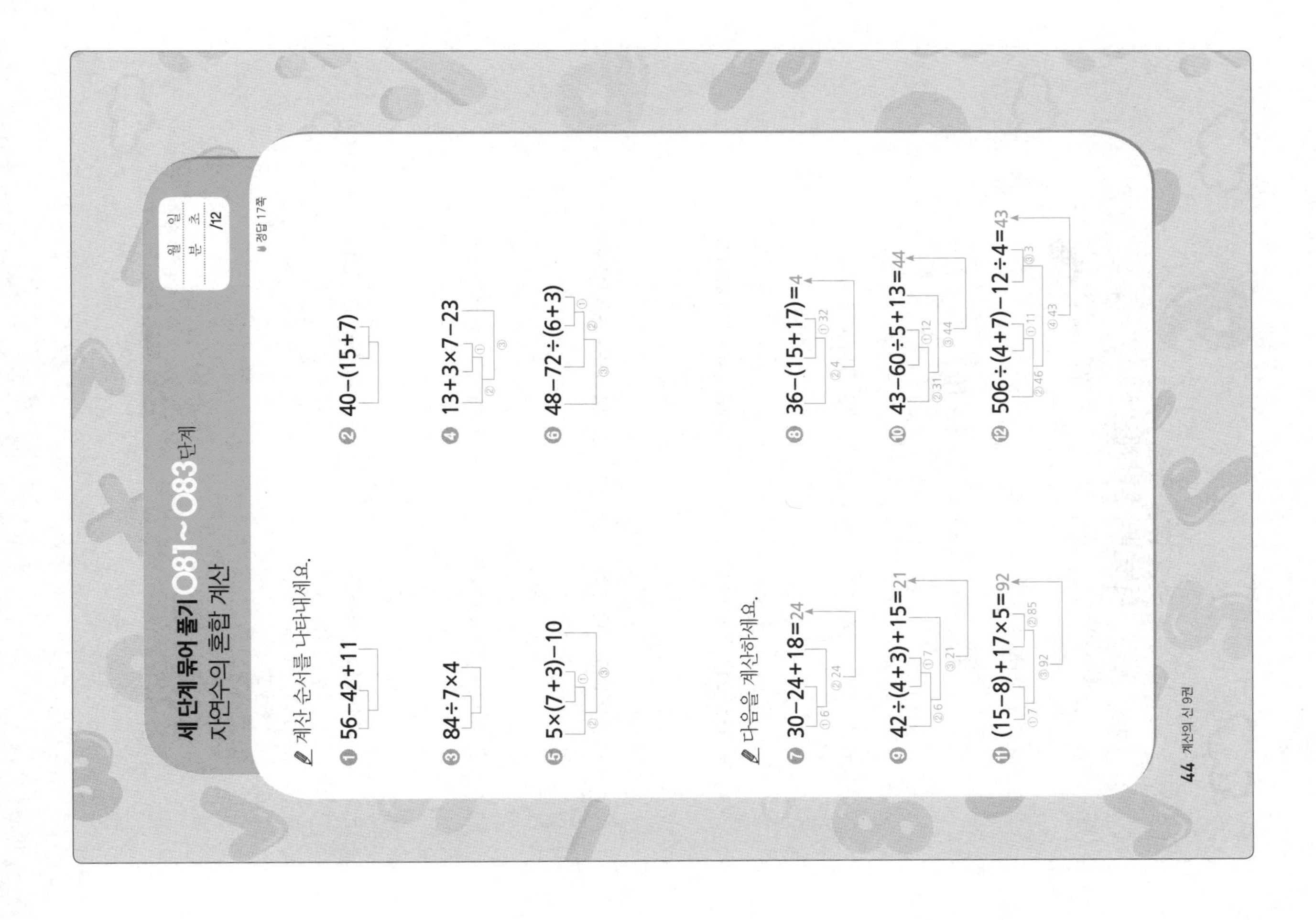

세 단계 묶어 풀기 O81~O83단계
자연수의 혼합 계산

월 일
분 초
/12

정답 17쪽

계산 순서를 나타내세요.

❶ 56−42+11

❷ 40−(15+7)

❸ 84÷7×4

❹ 13+3×7−23 (① ② ③)

❺ 5×(7+3)−10 (① ② ③)

❻ 48−72÷(6+3) (① ② ③)

다음을 계산하세요.

❼ 30−24+18=24 (① 6, ② 24)

❽ 36−(15+17)=4 (① 32, ② 4)

❾ 42÷(4+3)+15=21 (① 7, ② 6, ③ 21)

❿ 43−60÷5+13=44 (① 12, ② 31, ③ 44)

⓫ (15−8)+17×5=92 (① 7, ② 85, ③ 92)

⓬ 506÷(4+7)−12÷4=43 (① 11, ② 46, ③ 3, ④ 43)

44 계산의 신 9권

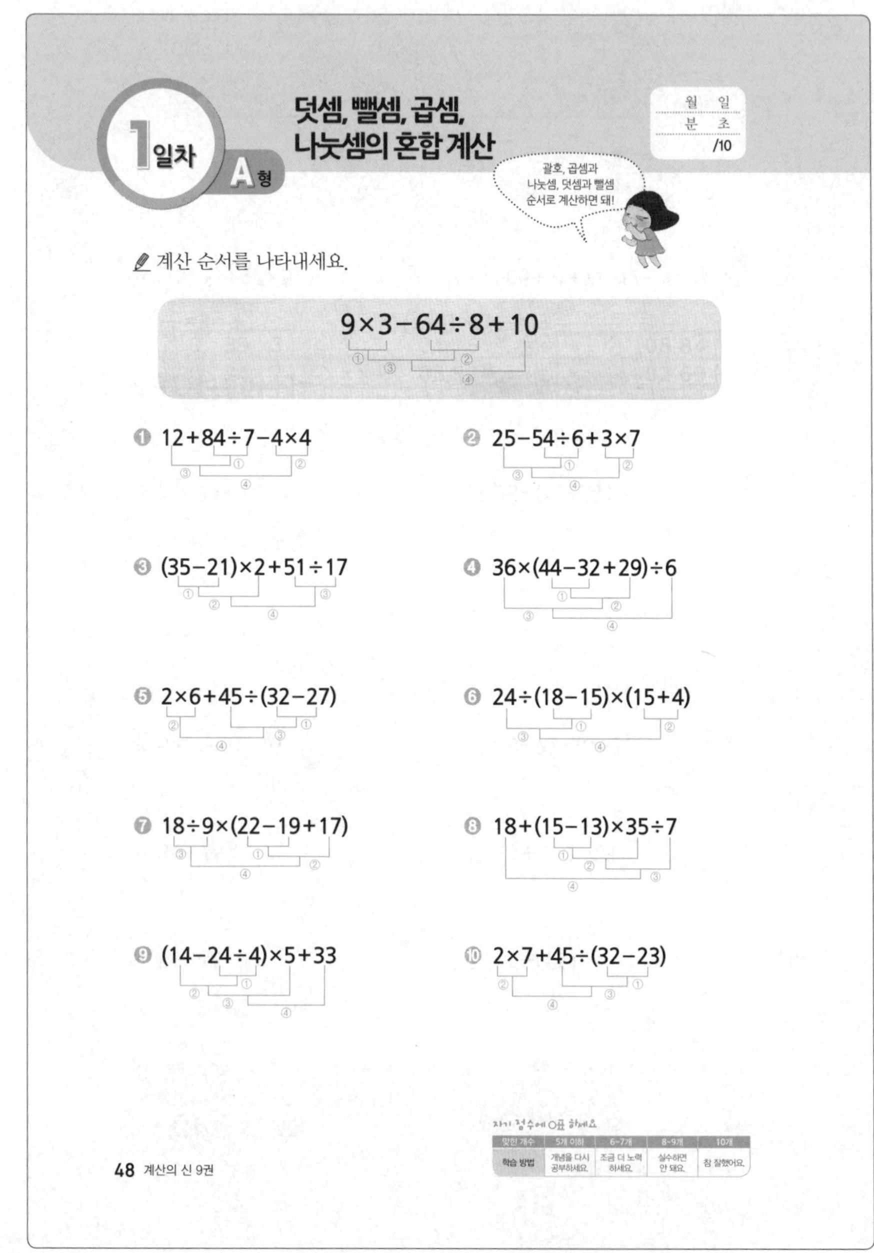

1일차 A형

덧셈, 뺄셈, 곱셈, 나눗셈의 혼합 계산

월 일 / 분 초 / /10

괄호, 곱셈과 나눗셈, 덧셈과 뺄셈 순서로 계산하면 돼!

계산 순서를 나타내세요.

$9\times3-64\div8+10$

❶ $12+84\div7-4\times4$

❷ $25-54\div6+3\times7$

❸ $(35-21)\times2+51\div17$

❹ $36\times(44-32+29)\div6$

❺ $2\times6+45\div(32-27)$

❻ $24\div(18-15)\times(15+4)$

❼ $18\div9\times(22-19+17)$

❽ $18+(15-13)\times35\div7$

❾ $(14-24\div4)\times5+33$

❿ $2\times7+45\div(32-23)$

자기 점수에 ○표 하세요

맞힌 개수	5개 이하	6~7개	8~9개	10개
학습 방법	개념을 다시 공부하세요.	조금 더 노력 하세요.	실수하면 안 돼요.	참 잘했어요.

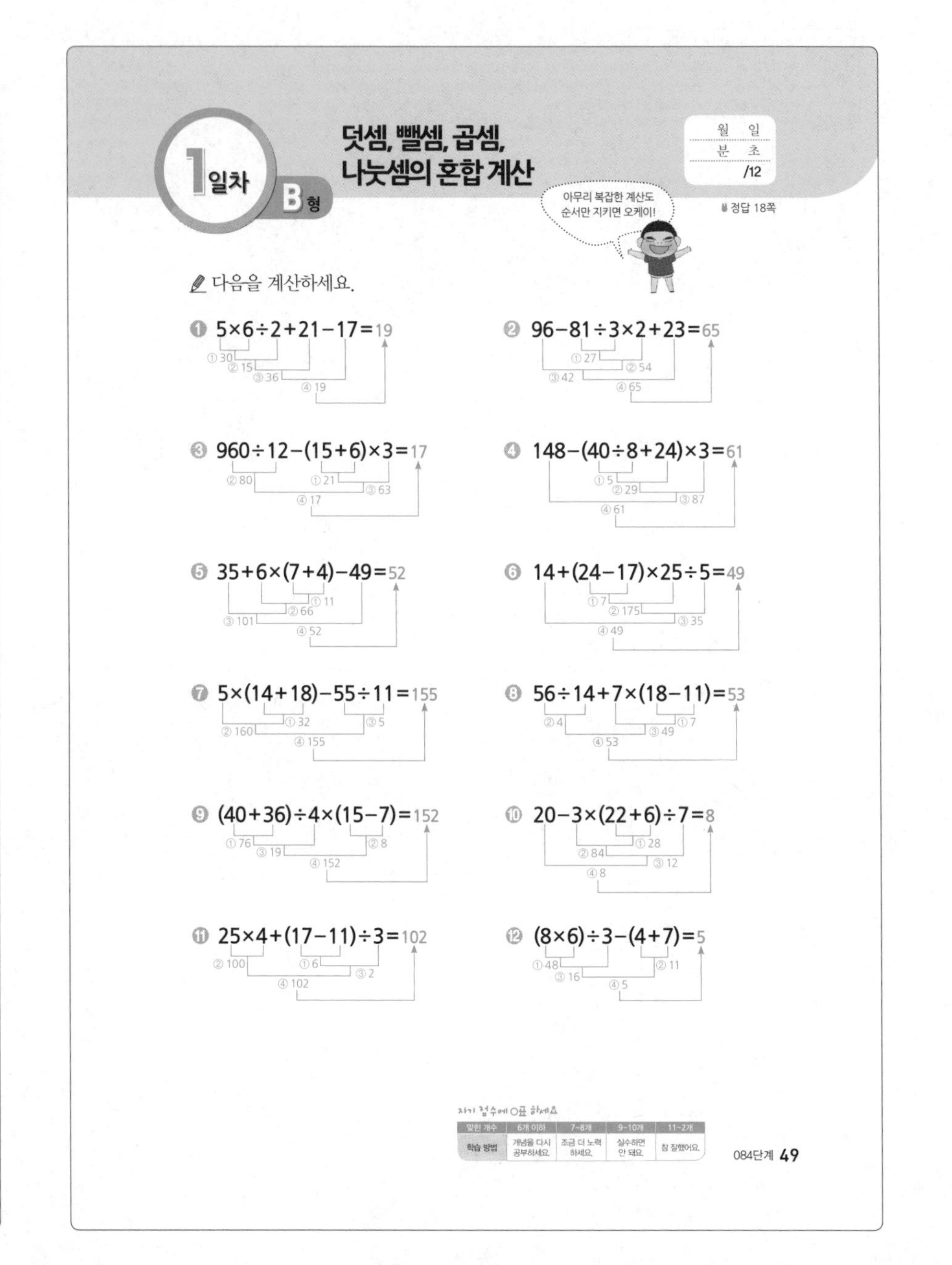

1일차 B형

덧셈, 뺄셈, 곱셈, 나눗셈의 혼합 계산

월 일 / 분 초 / /12

아무리 복잡한 계산도 순서만 지키면 오케이!

정답 18쪽

다음을 계산하세요.

❶ $5\times6\div2+21-17=19$

❷ $96-81\div3\times2+23=65$

❸ $960\div12-(15+6)\times3=17$

❹ $148-(40\div8+24)\times3=61$

❺ $35+6\times(7+4)-49=52$

❻ $14+(24-17)\times25\div5=49$

❼ $5\times(14+18)-55\div11=155$

❽ $56\div14+7\times(18-11)=53$

❾ $(40+36)\div4\times(15-7)=152$

❿ $20-3\times(22+6)\div7=8$

⓫ $25\times4+(17-11)\div3=102$

⓬ $(8\times6)\div3-(4+7)=5$

자기 점수에 ○표 하세요

맞힌 개수	6개 이하	7~8개	9~10개	11~12개
학습 방법	개념을 다시 공부하세요.	조금 더 노력 하세요.	실수하면 안 돼요.	참 잘했어요.

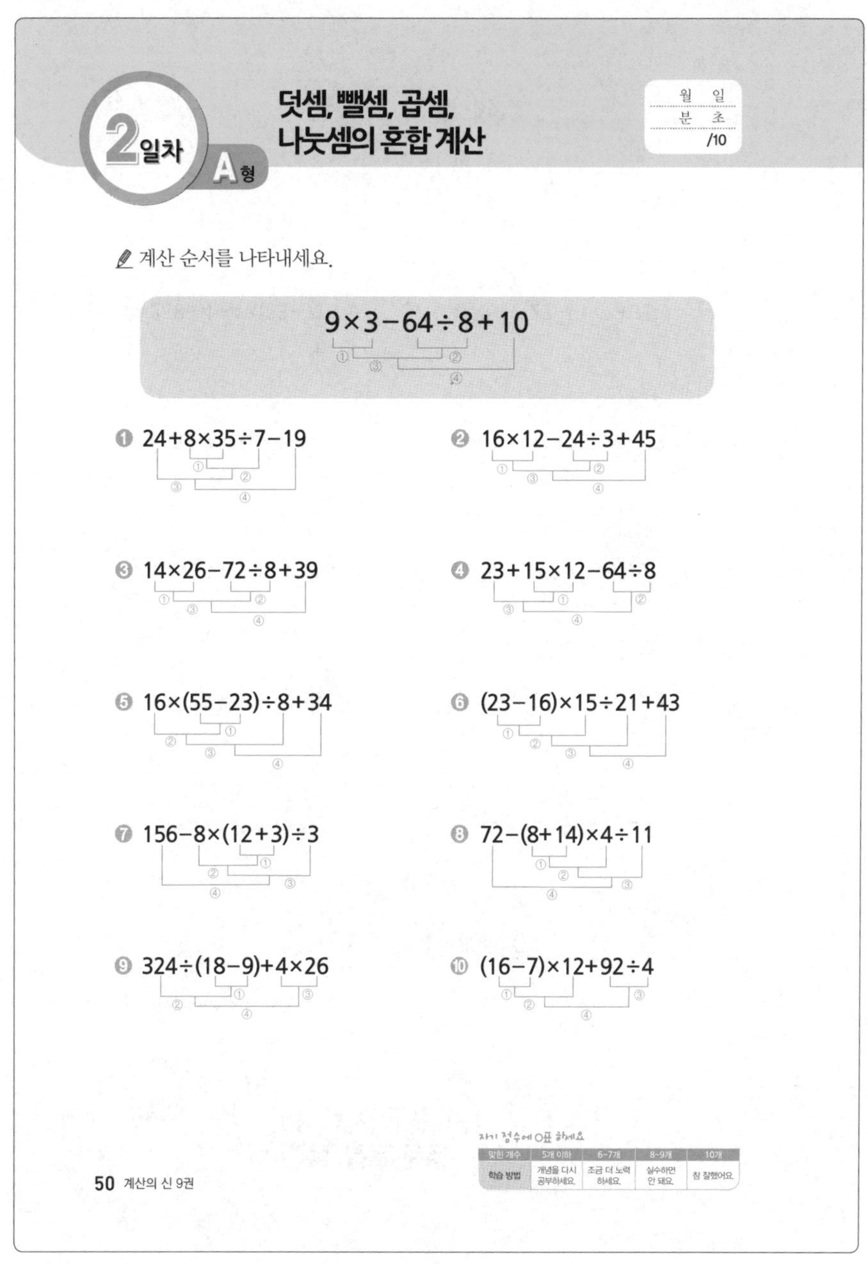

2일차 A형

덧셈, 뺄셈, 곱셈, 나눗셈의 혼합 계산

월 일 / 분 초 / /10

계산 순서를 나타내세요.

$9\times3-64\div8+10$

❶ $24+8\times35\div7-19$

❷ $16\times12-24\div3+45$

❸ $14\times26-72\div8+39$

❹ $23+15\times12-64\div8$

❺ $16\times(55-23)\div8+34$

❻ $(23-16)\times15\div21+43$

❼ $156-8\times(12+3)\div3$

❽ $72-(8+14)\times4\div11$

❾ $324\div(18-9)+4\times26$

❿ $(16-7)\times12+92\div4$

자기 점수에 ○표 하세요

맞힌 개수	5개 이하	6~7개	8~9개	10개
학습 방법	개념을 다시 공부하세요.	조금 더 노력 하세요.	실수하면 안 돼요.	참 잘했어요.

50 계산의 신 9권

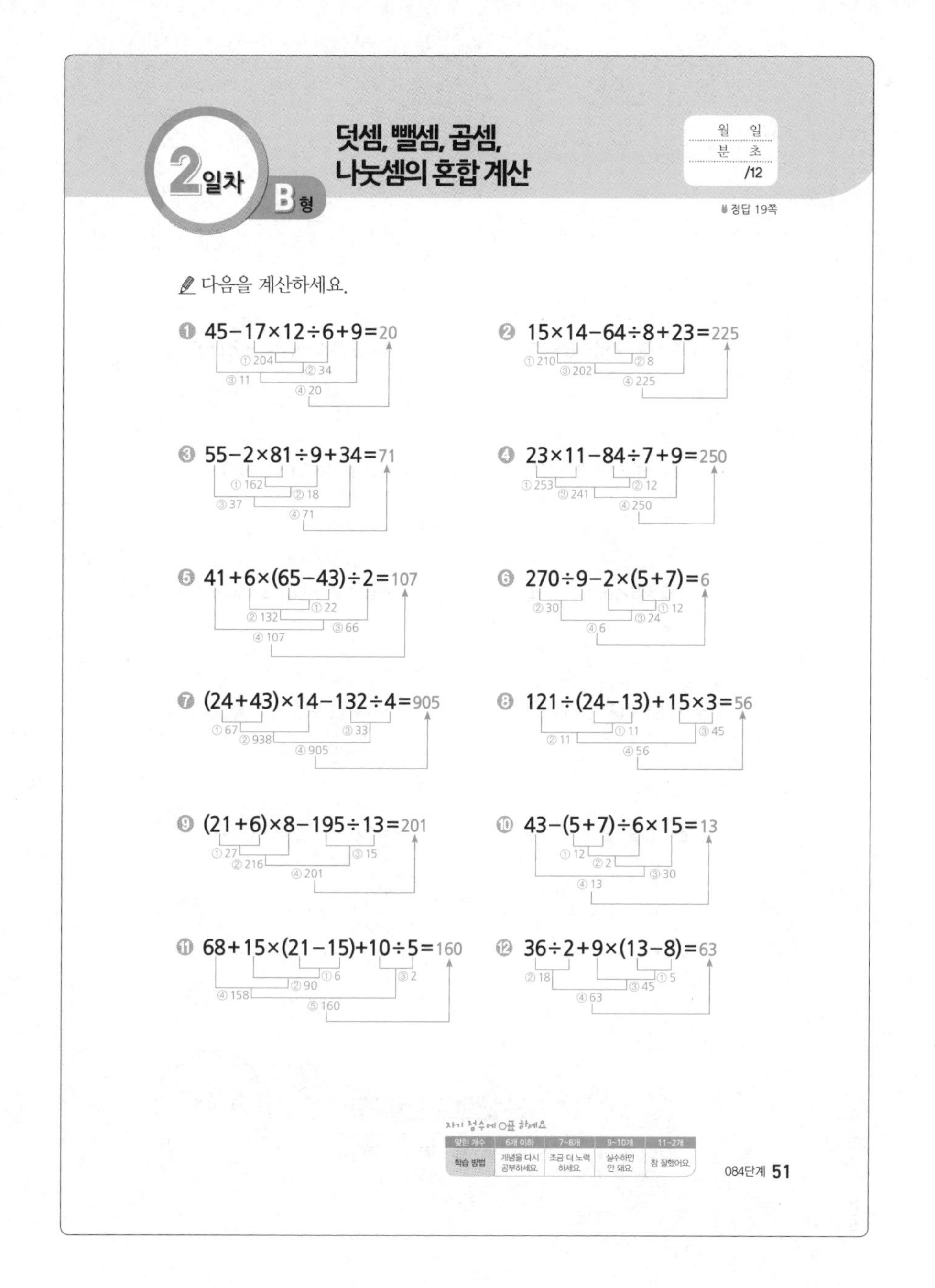

2일차 B형

덧셈, 뺄셈, 곱셈, 나눗셈의 혼합 계산

월 일 / 분 초 / /12

정답 19쪽

다음을 계산하세요.

❶ $45-17\times12\div6+9=20$ (① 204 ② 34 ③ 11 ④ 20)

❷ $15\times14-64\div8+23=225$ (① 210 ② 8 ③ 202 ④ 225)

❸ $55-2\times81\div9+34=71$ (① 162 ② 18 ③ 37 ④ 71)

❹ $23\times11-84\div7+9=250$ (① 253 ② 12 ③ 241 ④ 250)

❺ $41+6\times(65-43)\div2=107$ (① 22 ② 132 ③ 66 ④ 107)

❻ $270\div9-2\times(5+7)=6$ (① 12 ② 30 ③ 24 ④ 6)

❼ $(24+43)\times14-132\div4=905$ (① 67 ② 938 ③ 33 ④ 905)

❽ $121\div(24-13)+15\times3=56$ (① 11 ② 11 ③ 45 ④ 56)

❾ $(21+6)\times8-195\div13=201$ (① 27 ② 216 ③ 15 ④ 201)

❿ $43-(5+7)\div6\times15=13$ (① 12 ② 2 ③ 30 ④ 13)

⓫ $68+15\times(21-15)+10\div5=160$ (① 6 ② 90 ③ 2 ④ 158 ⑤ 160)

⓬ $36\div2+9\times(13-8)=63$ (① 5 ② 18 ③ 45 ④ 63)

자기 점수에 ○표 하세요

맞힌 개수	6개 이하	7~8개	9~10개	11~12개
학습 방법	개념을 다시 공부하세요.	조금 더 노력 하세요.	실수하면 안 돼요.	참 잘했어요.

084단계 51

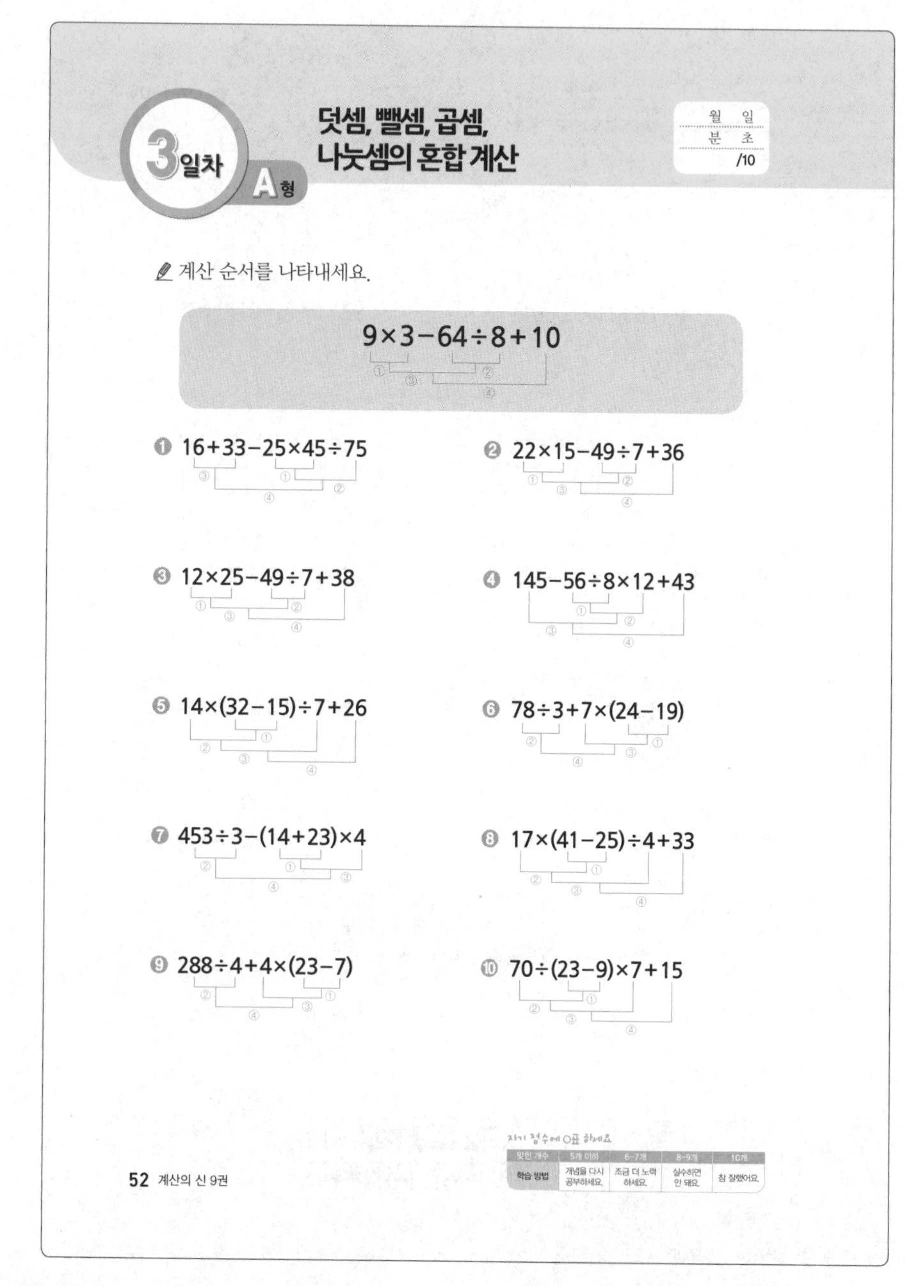

3일차 A형

덧셈, 뺄셈, 곱셈, 나눗셈의 혼합 계산

월 일
분 초
/10

✎ 계산 순서를 나타내세요.

9×3−64÷8+10

❶ 16+33−25×45÷75

❷ 22×15−49÷7+36

❸ 12×25−49÷7+38

❹ 145−56÷8×12+43

❺ 14×(32−15)÷7+26

❻ 78÷3+7×(24−19)

❼ 453÷3−(14+23)×4

❽ 17×(41−25)÷4+33

❾ 288÷4+4×(23−7)

❿ 70÷(23−9)×7+15

자기 점수에 ○표 하세요

맞힌 개수	5개 이하	6~7개	8~9개	10개
학습 방법	개념을 다시 공부하세요.	조금 더 노력하세요.	실수하면 안 돼요.	참 잘했어요.

52 계산의 신 9권

3일차 B형

덧셈, 뺄셈, 곱셈, 나눗셈의 혼합 계산

월 일
분 초
/12

정답 20쪽

✎ 다음을 계산하세요.

❶ 25+12×13−66÷6=170

❷ 24×5−78÷13+9=123

❸ 15×12−65÷5+33=200

❹ 6+25×18−546÷21=430

❺ 22×(21−5)÷11+4=36

❻ 99÷(17−8)+15×4=71

❼ 975÷5−3×(14+7)=132

❽ 7+(12−3)×8÷6=19

❾ 588÷6−13×(4+1)=33

❿ (83−8)×5÷3+48=173

⓫ (12+7)×8−112÷4=124

⓬ 54÷9+(52−4)×3=150

자기 점수에 ○표 하세요

맞힌 개수	6개 이하	7~8개	9~10개	11~12개
학습 방법	개념을 다시 공부하세요.	조금 더 노력하세요.	실수하면 안 돼요.	참 잘했어요.

084단계 53

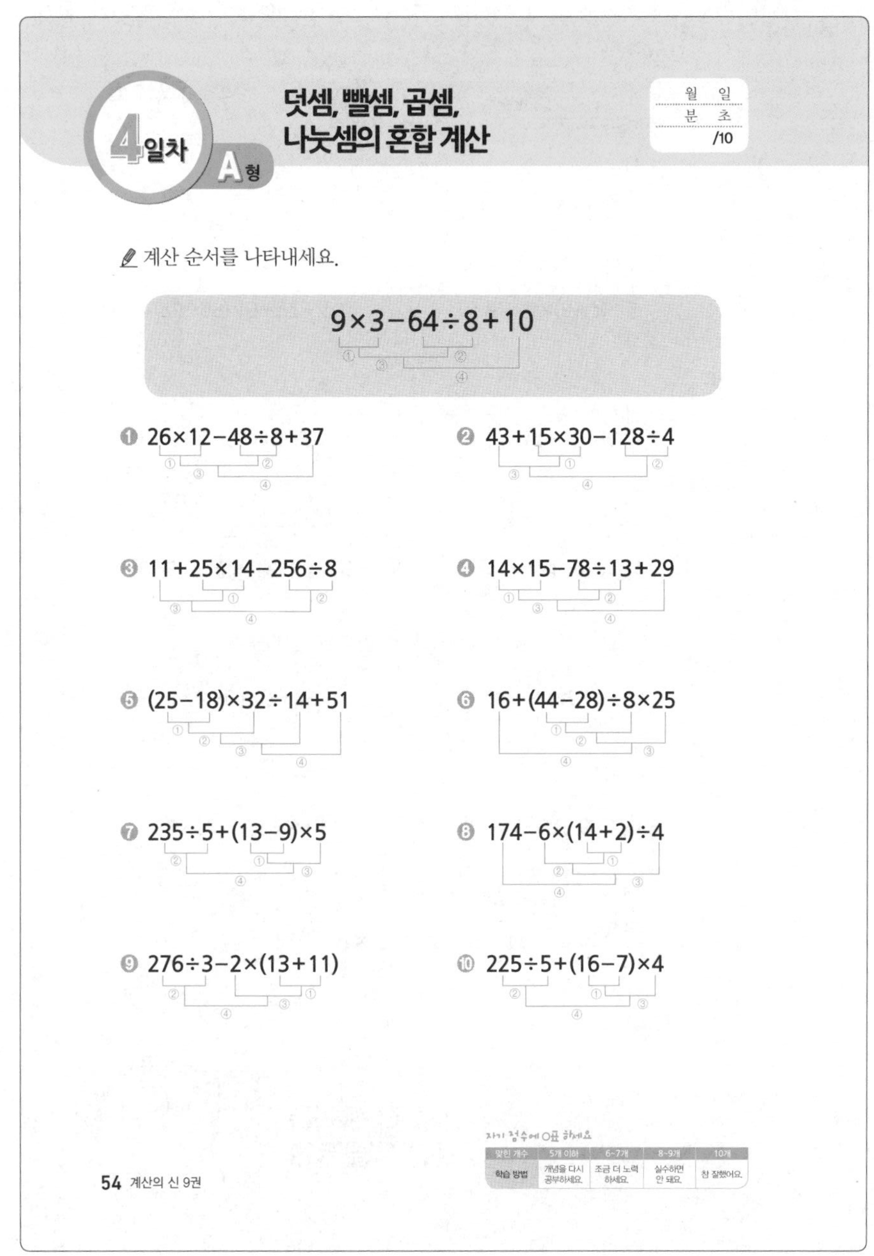

4일차 A형 덧셈, 뺄셈, 곱셈, 나눗셈의 혼합 계산

월 일 / 분 초 / /10

계산 순서를 나타내세요.

$9\times3-64\div8+10$

❶ $26\times12-48\div8+37$

❷ $43+15\times30-128\div4$

❸ $11+25\times14-256\div8$

❹ $14\times15-78\div13+29$

❺ $(25-18)\times32\div14+51$

❻ $16+(44-28)\div8\times25$

❼ $235\div5+(13-9)\times5$

❽ $174-6\times(14+2)\div4$

❾ $276\div3-2\times(13+11)$

❿ $225\div5+(16-7)\times4$

자기 점수에 ○표 하세요

맞힌 개수	5개 이하	6~7개	8~9개	10개
학습 방법	개념을 다시 공부하세요.	조금 더 노력하세요.	실수하면 안 돼요.	참 잘했어요.

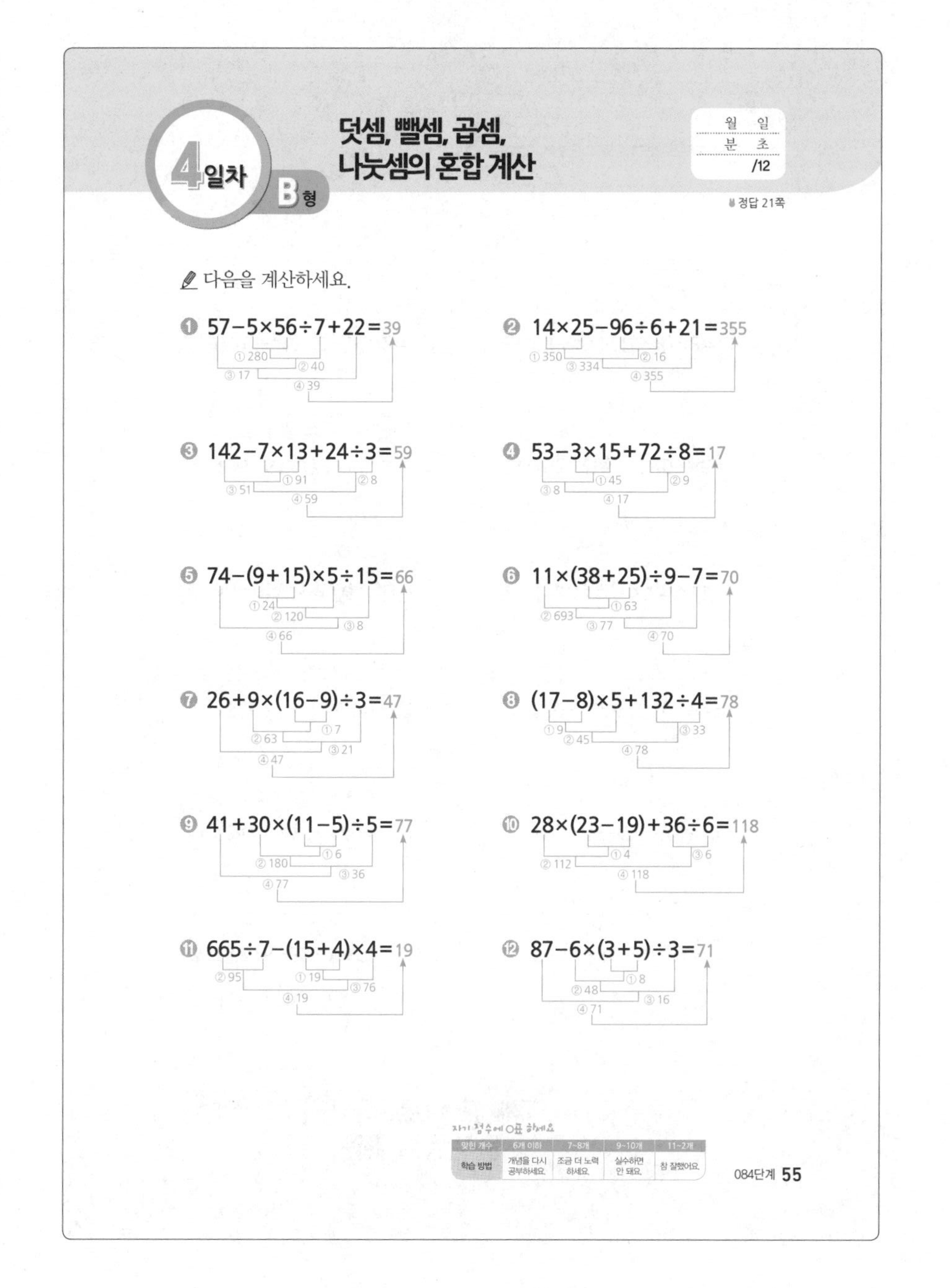

4일차 B형 덧셈, 뺄셈, 곱셈, 나눗셈의 혼합 계산

월 일 / 분 초 / /12

정답 21쪽

다음을 계산하세요.

❶ $57-5\times56\div7+22=39$

❷ $14\times25-96\div6+21=355$

❸ $142-7\times13+24\div3=59$

❹ $53-3\times15+72\div8=17$

❺ $74-(9+15)\times5\div15=66$

❻ $11\times(38+25)\div9-7=70$

❼ $26+9\times(16-9)\div3=47$

❽ $(17-8)\times5+132\div4=78$

❾ $41+30\times(11-5)\div5=77$

❿ $28\times(23-19)+36\div6=118$

⓫ $665\div7-(15+4)\times4=19$

⓬ $87-6\times(3+5)\div3=71$

자기 점수에 ○표 하세요

맞힌 개수	6개 이하	7~8개	9~10개	11~12개
학습 방법	개념을 다시 공부하세요.	조금 더 노력하세요.	실수하면 안 돼요.	참 잘했어요.

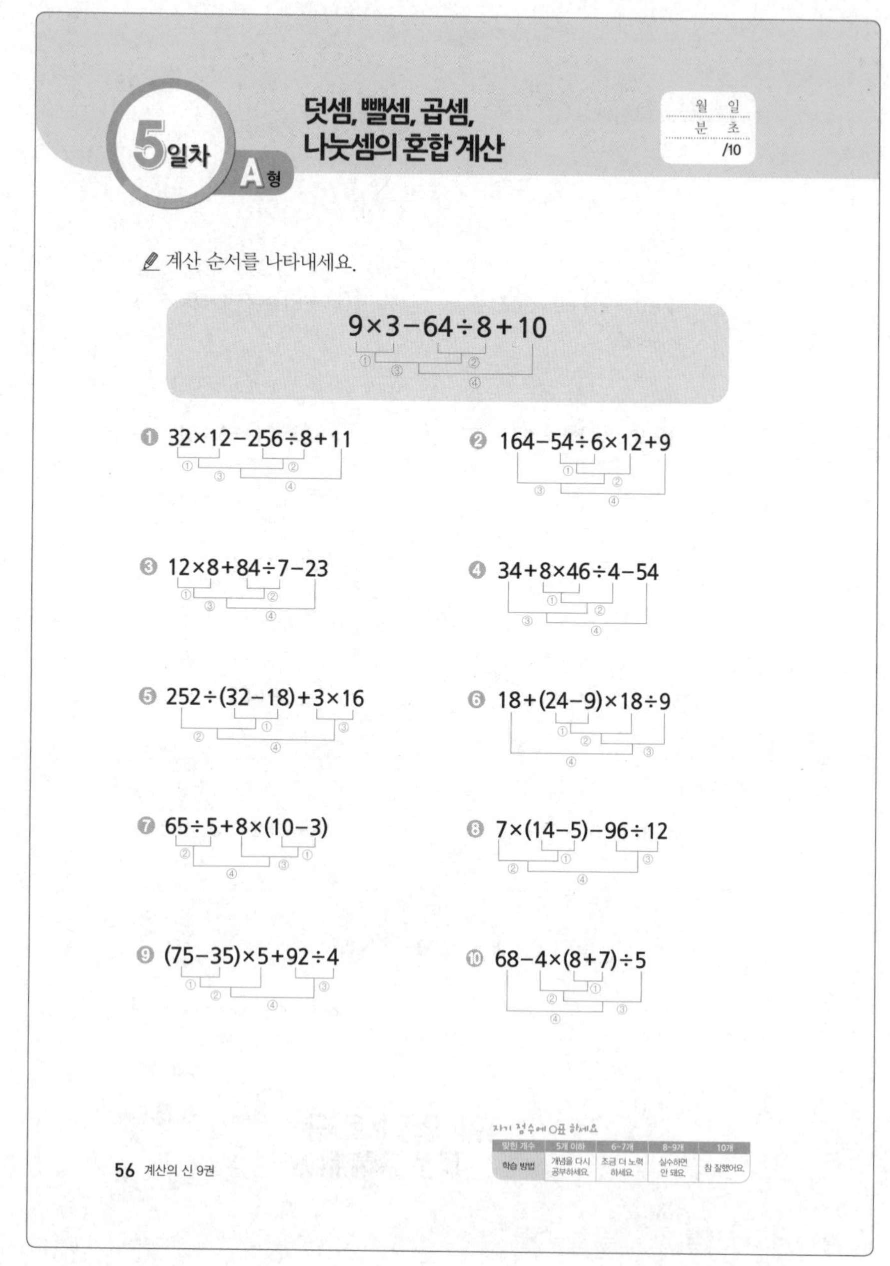

5일차 A형 덧셈, 뺄셈, 곱셈, 나눗셈의 혼합 계산

월 일 / 분 초 / /10

계산 순서를 나타내세요.

9×3−64÷8+10 (① 9×3, ② 64÷8, ③ −, ④ +10)

❶ 32×12−256÷8+11

❷ 164−54÷6×12+9

❸ 12×8+84÷7−23

❹ 34+8×46÷4−54

❺ 252÷(32−18)+3×16

❻ 18+(24−9)×18÷9

❼ 65÷5+8×(10−3)

❽ 7×(14−5)−96÷12

❾ (75−35)×5+92÷4

❿ 68−4×(8+7)÷5

자기 점수에 ○표 하세요.

맞힌 개수	5개 이하	6~7개	8~9개	10개
학습 방법	개념을 다시 공부하세요.	조금 더 노력하세요.	실수하면 안 돼요.	참 잘했어요.

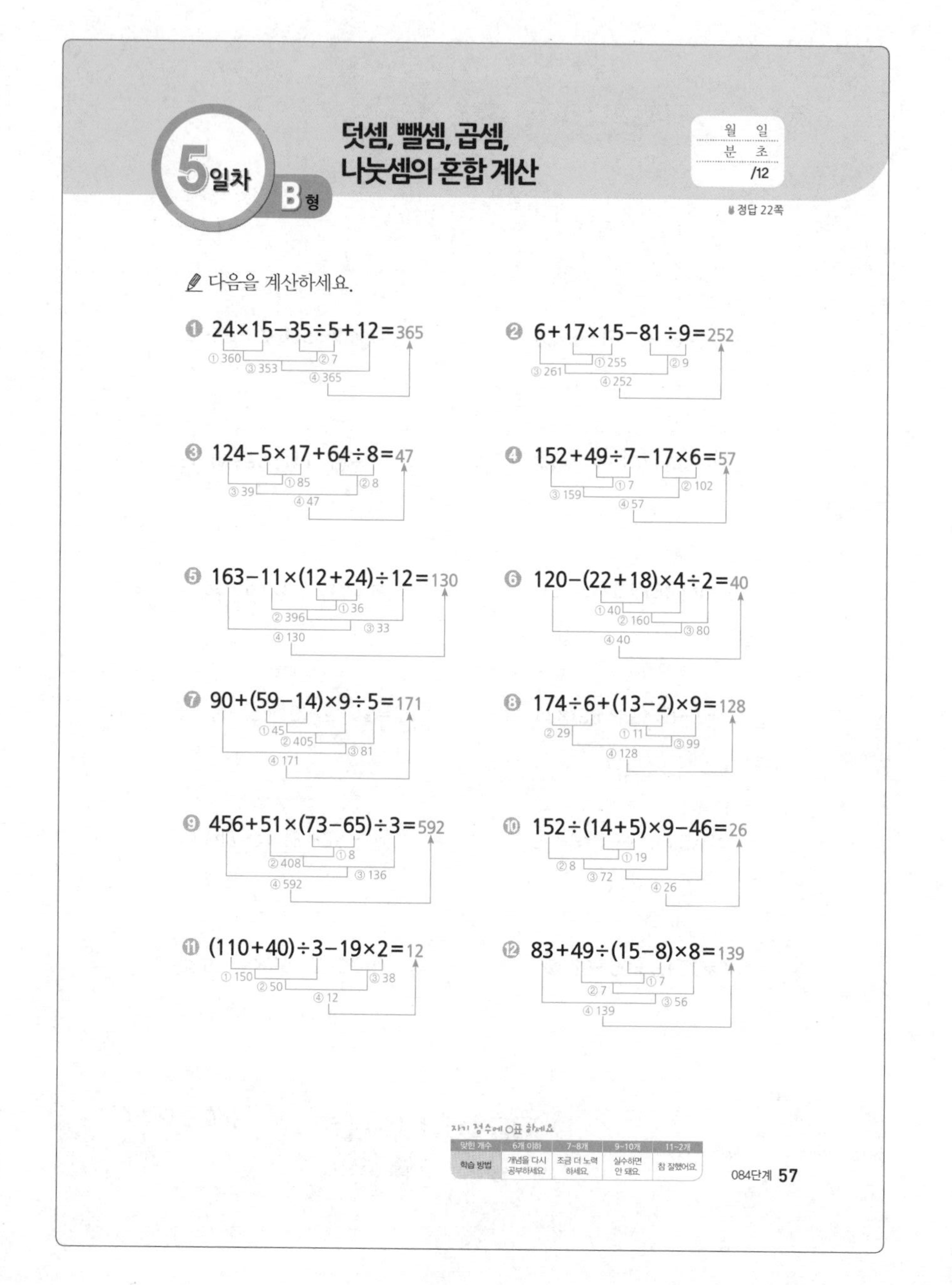

5일차 B형 덧셈, 뺄셈, 곱셈, 나눗셈의 혼합 계산

월 일 / 분 초 / /12

정답 22쪽

다음을 계산하세요.

❶ 24×15−35÷5+12=365 (① 360, ② 7, ③ 353, ④ 365)

❷ 6+17×15−81÷9=252 (① 255, ② 9, ③ 261, ④ 252)

❸ 124−5×17+64÷8=47 (① 85, ② 8, ③ 39, ④ 47)

❹ 152+49÷7−17×6=57 (① 7, ② 102, ③ 159, ④ 57)

❺ 163−11×(12+24)÷12=130 (① 36, ② 396, ③ 33, ④ 130)

❻ 120−(22+18)×4÷2=40 (① 40, ② 160, ③ 80, ④ 40)

❼ 90+(59−14)×9÷5=171 (① 45, ② 405, ③ 81, ④ 171)

❽ 174÷6+(13−2)×9=128 (① 11, ② 29, ③ 99, ④ 128)

❾ 456+51×(73−65)÷3=592 (① 8, ② 408, ③ 136, ④ 592)

❿ 152÷(14+5)×9−46=26 (① 19, ② 8, ③ 72, ④ 26)

⓫ (110+40)÷3−19×2=12 (① 150, ② 50, ③ 38, ④ 12)

⓬ 83+49÷(15−8)×8=139 (① 7, ② 7, ③ 56, ④ 139)

자기 점수에 ○표 하세요.

맞힌 개수	6개 이하	7~8개	9~10개	11~2개
학습 방법	개념을 다시 공부하세요.	조금 더 노력하세요.	실수하면 안 돼요.	참 잘했어요.

1일차 A형 약수와 배수

월 일 / 분 초 / /10

4, 36, 49, 81, 100은 모두 약수의 개수가 홀수네!

곱셈식을 이용하여 약수를 구하세요.

4의 약수 ➡ 4=1×4=2×2 ➡ 1, 2, 4

1. 10의 약수 ➡ 10=1×10=2×5 ➡ 1, 2, 5, 10
2. 12의 약수 ➡ 12=1×12=2×6=3×4 ➡ 1, 2, 3, 4, 6, 12
3. 22의 약수 ➡ 22=1×22=2×11 ➡ 1, 2, 11, 22
4. 27의 약수 ➡ 27=1×27=3×9 ➡ 1, 3, 9, 27
5. 36의 약수 ➡ 36=1×36=2×18=3×12=4×9=6×6 ➡ 1, 2, 3, 4, 6, 9, 12, 18, 36
6. 42의 약수 ➡ 42=1×42=2×21=3×14=6×7 ➡ 1, 2, 3, 6, 7, 14, 21, 42
7. 49의 약수 ➡ 49=1×49=7×7 ➡ 1, 7, 49
8. 75의 약수 ➡ 75=1×75=3×25=5×15 ➡ 1, 3, 5, 15, 25, 75
9. 81의 약수 ➡ 81=1×81=3×27=9×9 ➡ 1, 3, 9, 27, 81
10. 100의 약수 ➡ 100=1×100=2×50=4×25=5×20=10×10 ➡ 1, 2, 4, 5, 10, 20, 25, 50, 100

자기 점수에 ○표 하세요.

맞힌 개수	5개 이하	6~7개	8~9개	10개
학습 방법	개념을 다시 공부하세요.	조금 더 노력하세요.	실수하면 안 돼요.	참 잘했어요.

60 계산의 신 9권

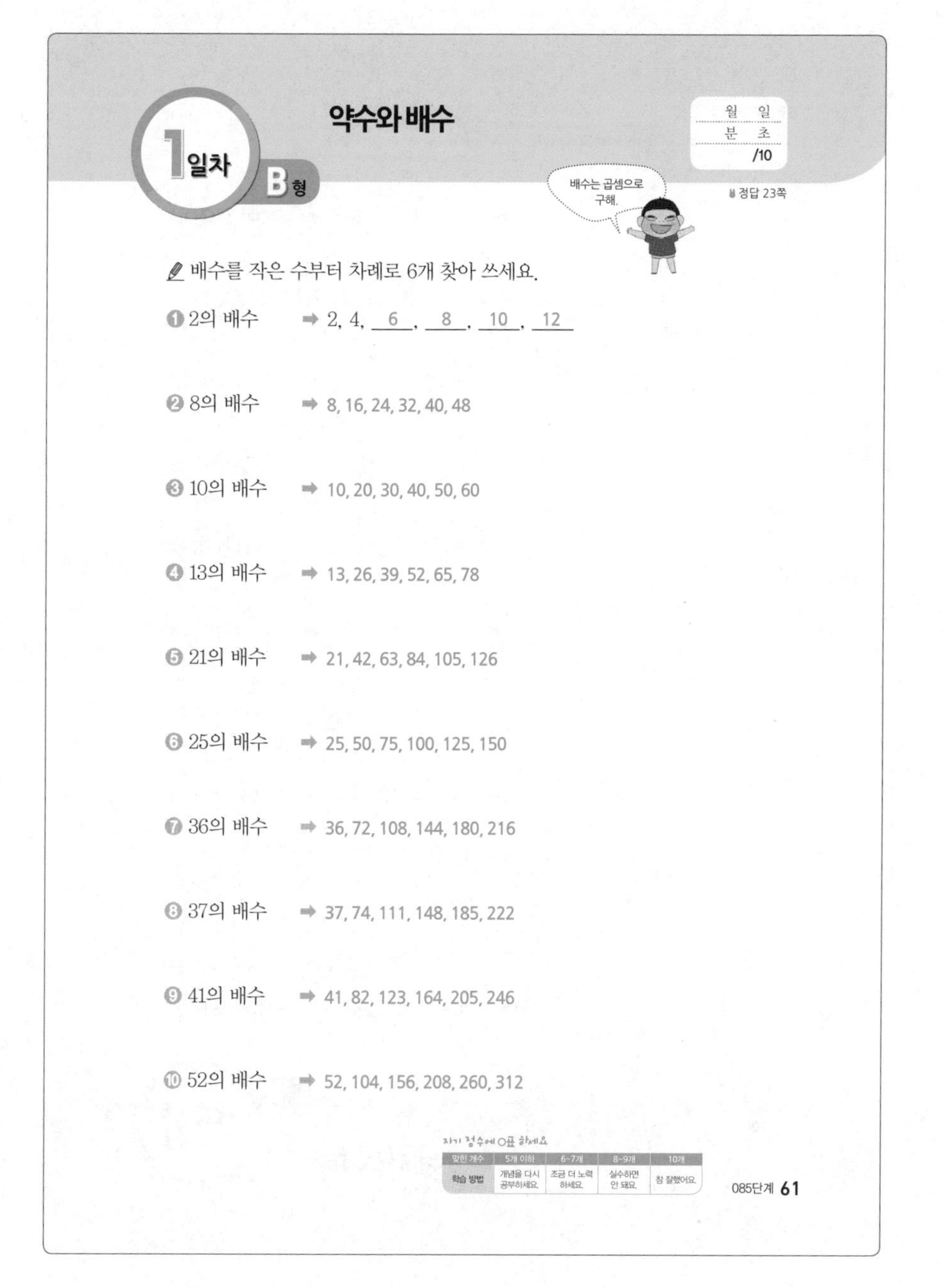

1일차 B형 약수와 배수

월 일 / 분 초 / /10

배수는 곱셈으로 구해.

정답 23쪽

배수를 작은 수부터 차례로 6개 찾아 쓰세요.

1. 2의 배수 ➡ 2, 4, 6, 8, 10, 12
2. 8의 배수 ➡ 8, 16, 24, 32, 40, 48
3. 10의 배수 ➡ 10, 20, 30, 40, 50, 60
4. 13의 배수 ➡ 13, 26, 39, 52, 65, 78
5. 21의 배수 ➡ 21, 42, 63, 84, 105, 126
6. 25의 배수 ➡ 25, 50, 75, 100, 125, 150
7. 36의 배수 ➡ 36, 72, 108, 144, 180, 216
8. 37의 배수 ➡ 37, 74, 111, 148, 185, 222
9. 41의 배수 ➡ 41, 82, 123, 164, 205, 246
10. 52의 배수 ➡ 52, 104, 156, 208, 260, 312

자기 점수에 ○표 하세요.

맞힌 개수	5개 이하	6~7개	8~9개	10개
학습 방법	개념을 다시 공부하세요.	조금 더 노력하세요.	실수하면 안 돼요.	참 잘했어요.

085단계 61

2일차 A형 약수와 배수

월 일 / 분 초 / /10

곱셈식을 이용하여 약수를 구하세요.

6의 약수 ➡ 6=1×6=2×3 ➡ 1, 2, 3, 6

❶ 13의 약수 ➡ 13=1×13 ➡ 1, 13

❷ 15의 약수 ➡ 15=1×15=3×5 ➡ 1, 3, 5, 15

❸ 21의 약수 ➡ 21=1×21=3×7 ➡ 1, 3, 7, 21

❹ 24의 약수 ➡ 24=1×24=2×12=3×8=4×6 ➡ 1, 2, 3, 4, 6, 8, 12, 24

❺ 35의 약수 ➡ 35=1×35=5×7 ➡ 1, 5, 7, 35

❻ 44의 약수 ➡ 44=1×44=2×22=4×11 ➡ 1, 2, 4, 11, 22, 44

❼ 52의 약수 ➡ 52=1×52=2×26=4×13 ➡ 1, 2, 4, 13, 26, 52

❽ 78의 약수 ➡ 78=1×78=2×39=3×26=6×13 ➡ 1, 2, 3, 6, 13, 26, 39, 78

❾ 90의 약수 ➡ 90=1×90=2×45=3×30=5×18=6×15=9×10 ➡ 1, 2, 3, 5, 6, 9, 10, 15, 18, 30, 45, 90

❿ 108의 약수 ➡ 108=1×108=2×54=3×36=4×27=6×18=9×12 ➡ 1, 2, 3, 4, 6, 9, 12, 18, 27, 36, 54, 108

자기 점수에 ○표 하세요.

맞힌 개수	5개 이하	6~7개	8~9개	10개
학습 방법	개념을 다시 공부하세요.	조금 더 노력하세요.	실수하면 안 돼요.	참 잘했어요.

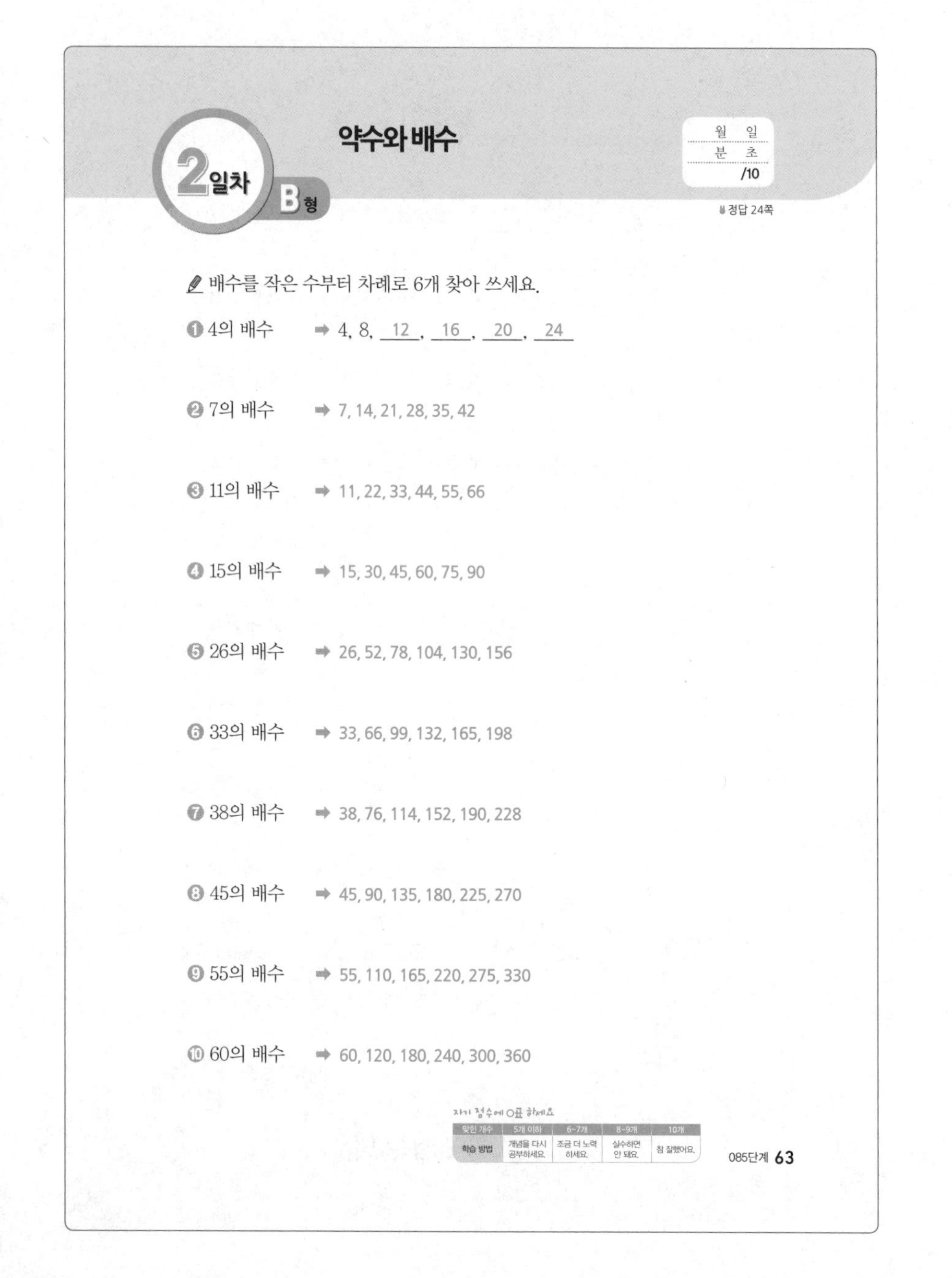

2일차 B형 약수와 배수

월 일 / 분 초 / /10

정답 24쪽

배수를 작은 수부터 차례로 6개 찾아 쓰세요.

❶ 4의 배수 ➡ 4, 8, 12, 16, 20, 24

❷ 7의 배수 ➡ 7, 14, 21, 28, 35, 42

❸ 11의 배수 ➡ 11, 22, 33, 44, 55, 66

❹ 15의 배수 ➡ 15, 30, 45, 60, 75, 90

❺ 26의 배수 ➡ 26, 52, 78, 104, 130, 156

❻ 33의 배수 ➡ 33, 66, 99, 132, 165, 198

❼ 38의 배수 ➡ 38, 76, 114, 152, 190, 228

❽ 45의 배수 ➡ 45, 90, 135, 180, 225, 270

❾ 55의 배수 ➡ 55, 110, 165, 220, 275, 330

❿ 60의 배수 ➡ 60, 120, 180, 240, 300, 360

자기 점수에 ○표 하세요.

맞힌 개수	5개 이하	6~7개	8~9개	10개
학습 방법	개념을 다시 공부하세요.	조금 더 노력하세요.	실수하면 안 돼요.	참 잘했어요.

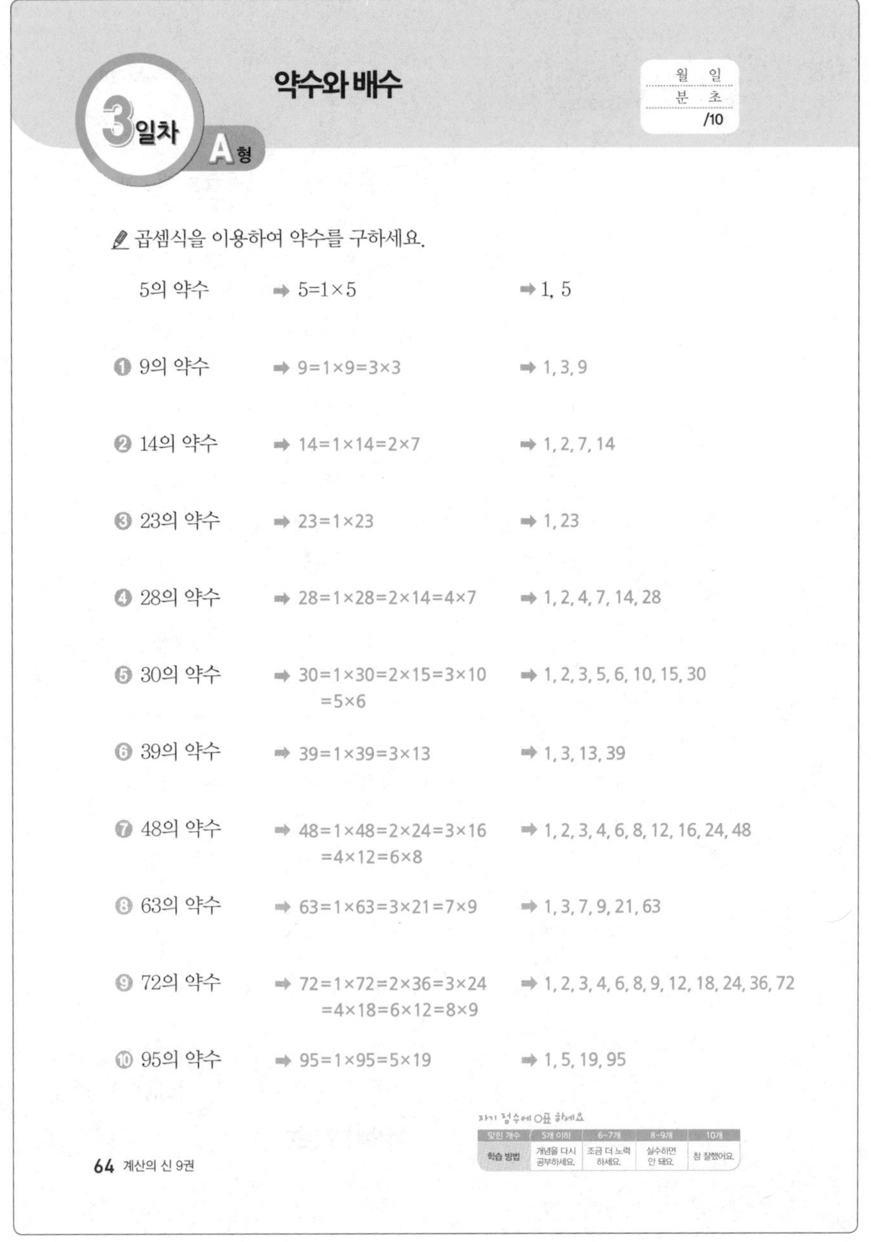

3일차 A형 약수와 배수

월 일 / 분 초 / /10

곱셈식을 이용하여 약수를 구하세요.

5의 약수 ➡ 5=1×5 ➡ 1, 5

❶ 9의 약수 ➡ 9=1×9=3×3 ➡ 1, 3, 9

❷ 14의 약수 ➡ 14=1×14=2×7 ➡ 1, 2, 7, 14

❸ 23의 약수 ➡ 23=1×23 ➡ 1, 23

❹ 28의 약수 ➡ 28=1×28=2×14=4×7 ➡ 1, 2, 4, 7, 14, 28

❺ 30의 약수 ➡ 30=1×30=2×15=3×10=5×6 ➡ 1, 2, 3, 5, 6, 10, 15, 30

❻ 39의 약수 ➡ 39=1×39=3×13 ➡ 1, 3, 13, 39

❼ 48의 약수 ➡ 48=1×48=2×24=3×16=4×12=6×8 ➡ 1, 2, 3, 4, 6, 8, 12, 16, 24, 48

❽ 63의 약수 ➡ 63=1×63=3×21=7×9 ➡ 1, 3, 7, 9, 21, 63

❾ 72의 약수 ➡ 72=1×72=2×36=3×24=4×18=6×12=8×9 ➡ 1, 2, 3, 4, 6, 8, 9, 12, 18, 24, 36, 72

❿ 95의 약수 ➡ 95=1×95=5×19 ➡ 1, 5, 19, 95

자기 점수에 ○표 하세요.

맞힌 개수	5개 이하	6~7개	8~9개	10개
학습 방법	개념을 다시 공부하세요.	조금 더 노력 하세요.	실수하면 안 돼요.	참 잘했어요.

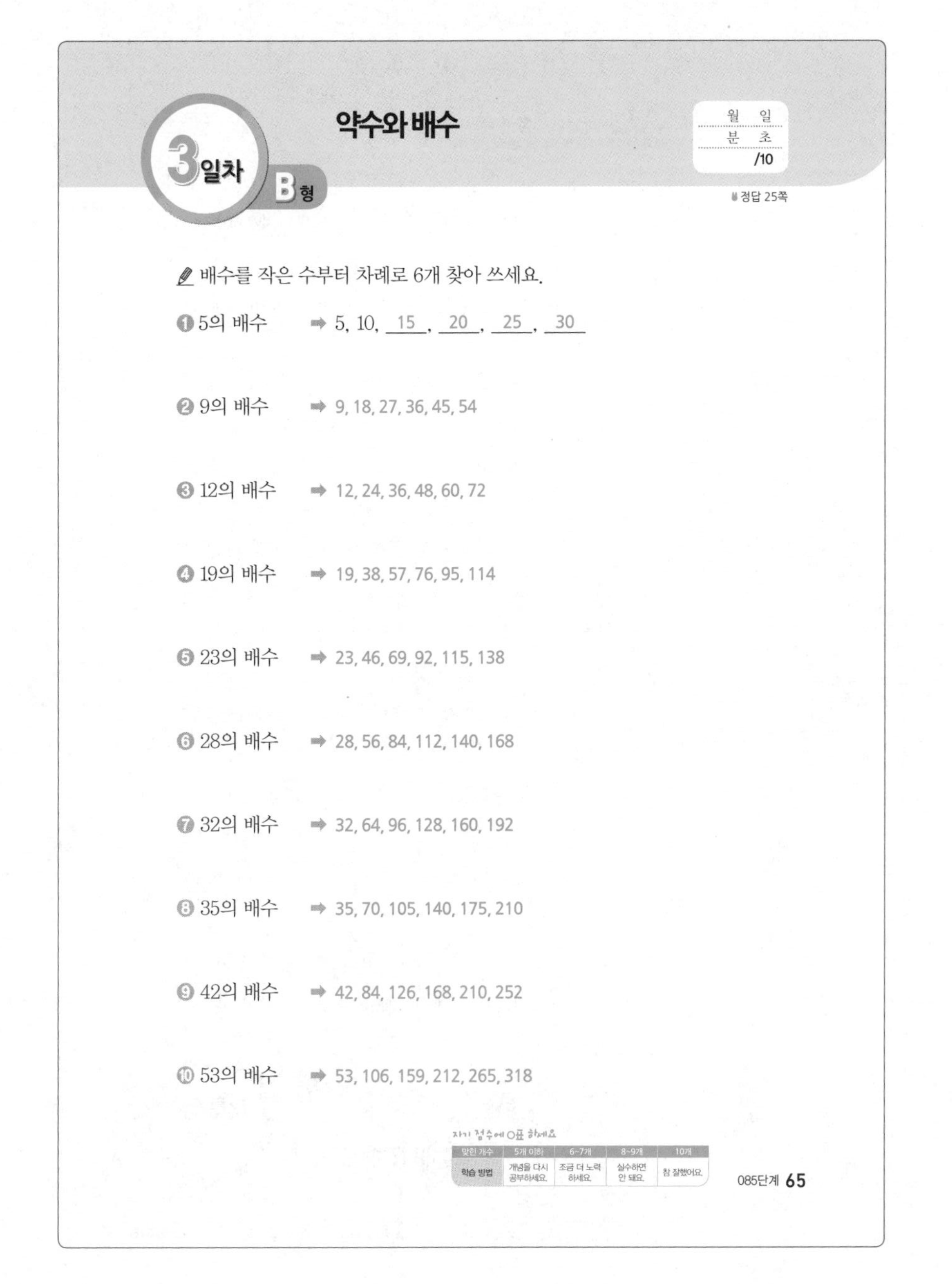

3일차 B형 약수와 배수

월 일 / 분 초 / /10

※ 정답 25쪽

배수를 작은 수부터 차례로 6개 찾아 쓰세요.

❶ 5의 배수 ➡ 5, 10, 15, 20, 25, 30

❷ 9의 배수 ➡ 9, 18, 27, 36, 45, 54

❸ 12의 배수 ➡ 12, 24, 36, 48, 60, 72

❹ 19의 배수 ➡ 19, 38, 57, 76, 95, 114

❺ 23의 배수 ➡ 23, 46, 69, 92, 115, 138

❻ 28의 배수 ➡ 28, 56, 84, 112, 140, 168

❼ 32의 배수 ➡ 32, 64, 96, 128, 160, 192

❽ 35의 배수 ➡ 35, 70, 105, 140, 175, 210

❾ 42의 배수 ➡ 42, 84, 126, 168, 210, 252

❿ 53의 배수 ➡ 53, 106, 159, 212, 265, 318

자기 점수에 ○표 하세요.

맞힌 개수	5개 이하	6~7개	8~9개	10개
학습 방법	개념을 다시 공부하세요.	조금 더 노력 하세요.	실수하면 안 돼요.	참 잘했어요.

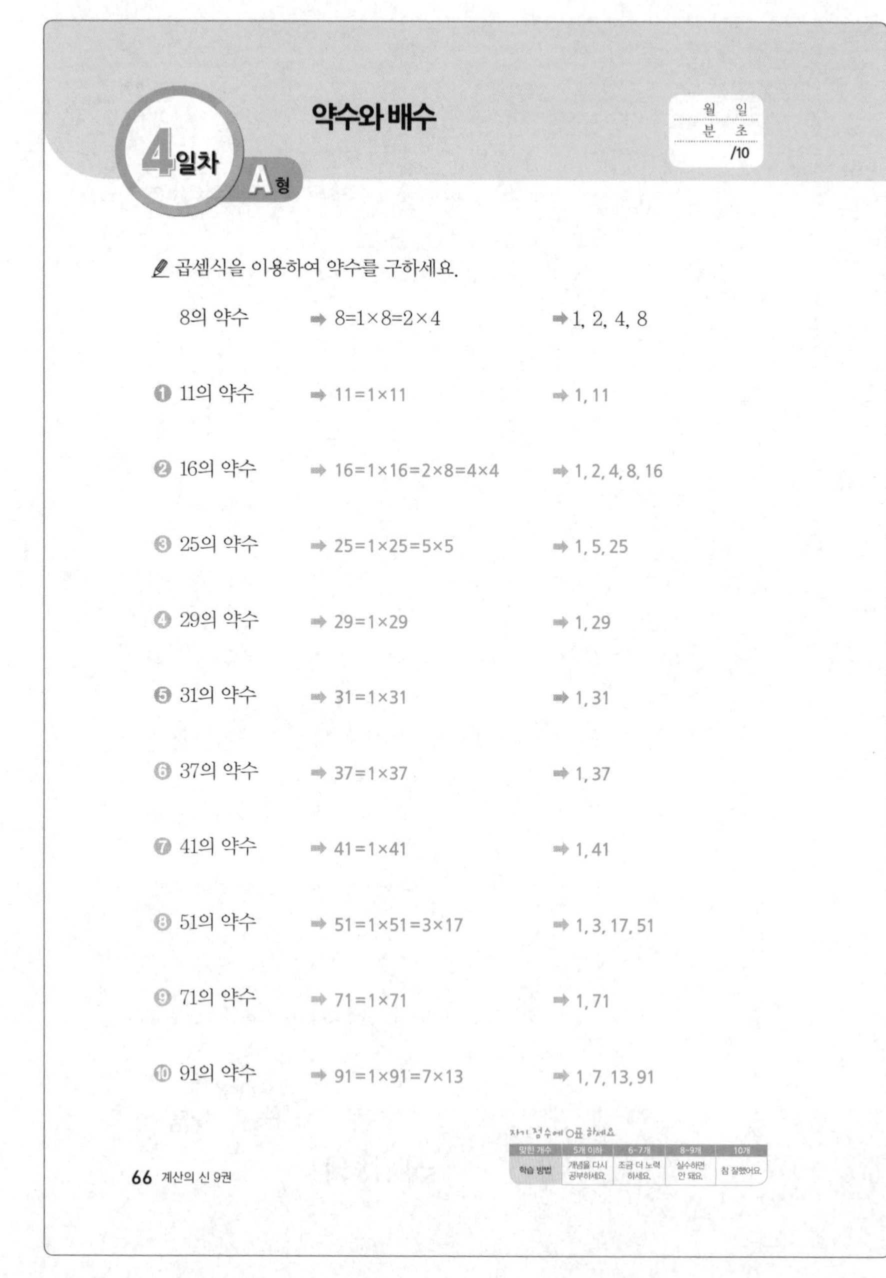

4일차 A형 약수와 배수

월 일
분 초
/10

곱셈식을 이용하여 약수를 구하세요.

8의 약수 ➡ $8=1\times8=2\times4$ ➡ 1, 2, 4, 8

❶ 11의 약수 ➡ $11=1\times11$ ➡ 1, 11

❷ 16의 약수 ➡ $16=1\times16=2\times8=4\times4$ ➡ 1, 2, 4, 8, 16

❸ 25의 약수 ➡ $25=1\times25=5\times5$ ➡ 1, 5, 25

❹ 29의 약수 ➡ $29=1\times29$ ➡ 1, 29

❺ 31의 약수 ➡ $31=1\times31$ ➡ 1, 31

❻ 37의 약수 ➡ $37=1\times37$ ➡ 1, 37

❼ 41의 약수 ➡ $41=1\times41$ ➡ 1, 41

❽ 51의 약수 ➡ $51=1\times51=3\times17$ ➡ 1, 3, 17, 51

❾ 71의 약수 ➡ $71=1\times71$ ➡ 1, 71

❿ 91의 약수 ➡ $91=1\times91=7\times13$ ➡ 1, 7, 13, 91

자기 점수에 ○표 하세요.

맞힌 개수	5개 이하	6~7개	8~9개	10개
학습 방법	개념을 다시 공부하세요.	조금 더 노력하세요.	실수하면 안 돼요.	참 잘했어요.

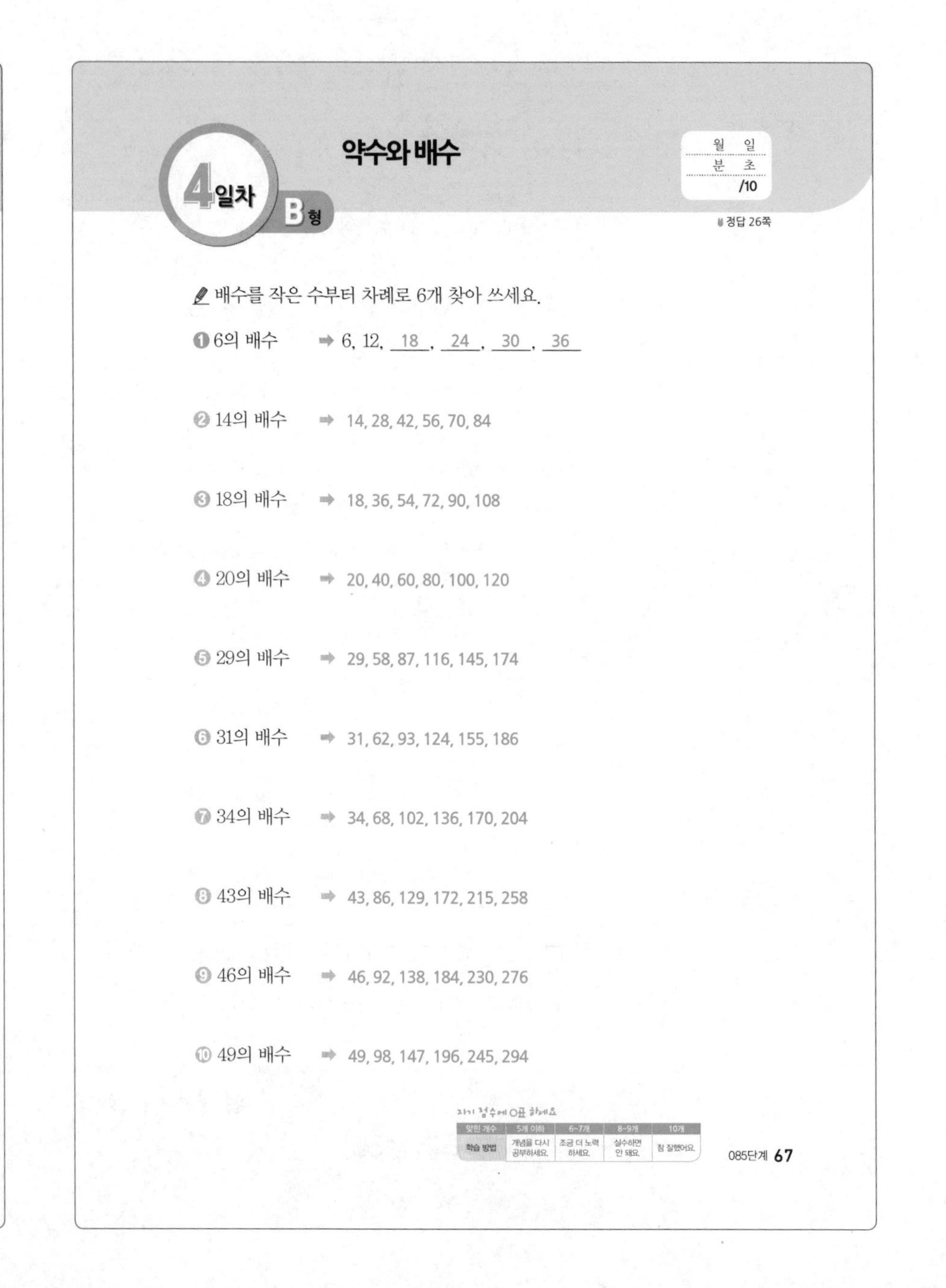

4일차 B형 약수와 배수

월 일
분 초
/10

정답 26쪽

배수를 작은 수부터 차례로 6개 찾아 쓰세요.

❶ 6의 배수 ➡ 6, 12, 18, 24, 30, 36

❷ 14의 배수 ➡ 14, 28, 42, 56, 70, 84

❸ 18의 배수 ➡ 18, 36, 54, 72, 90, 108

❹ 20의 배수 ➡ 20, 40, 60, 80, 100, 120

❺ 29의 배수 ➡ 29, 58, 87, 116, 145, 174

❻ 31의 배수 ➡ 31, 62, 93, 124, 155, 186

❼ 34의 배수 ➡ 34, 68, 102, 136, 170, 204

❽ 43의 배수 ➡ 43, 86, 129, 172, 215, 258

❾ 46의 배수 ➡ 46, 92, 138, 184, 230, 276

❿ 49의 배수 ➡ 49, 98, 147, 196, 245, 294

자기 점수에 ○표 하세요.

맞힌 개수	5개 이하	6~7개	8~9개	10개
학습 방법	개념을 다시 공부하세요.	조금 더 노력하세요.	실수하면 안 돼요.	참 잘했어요.

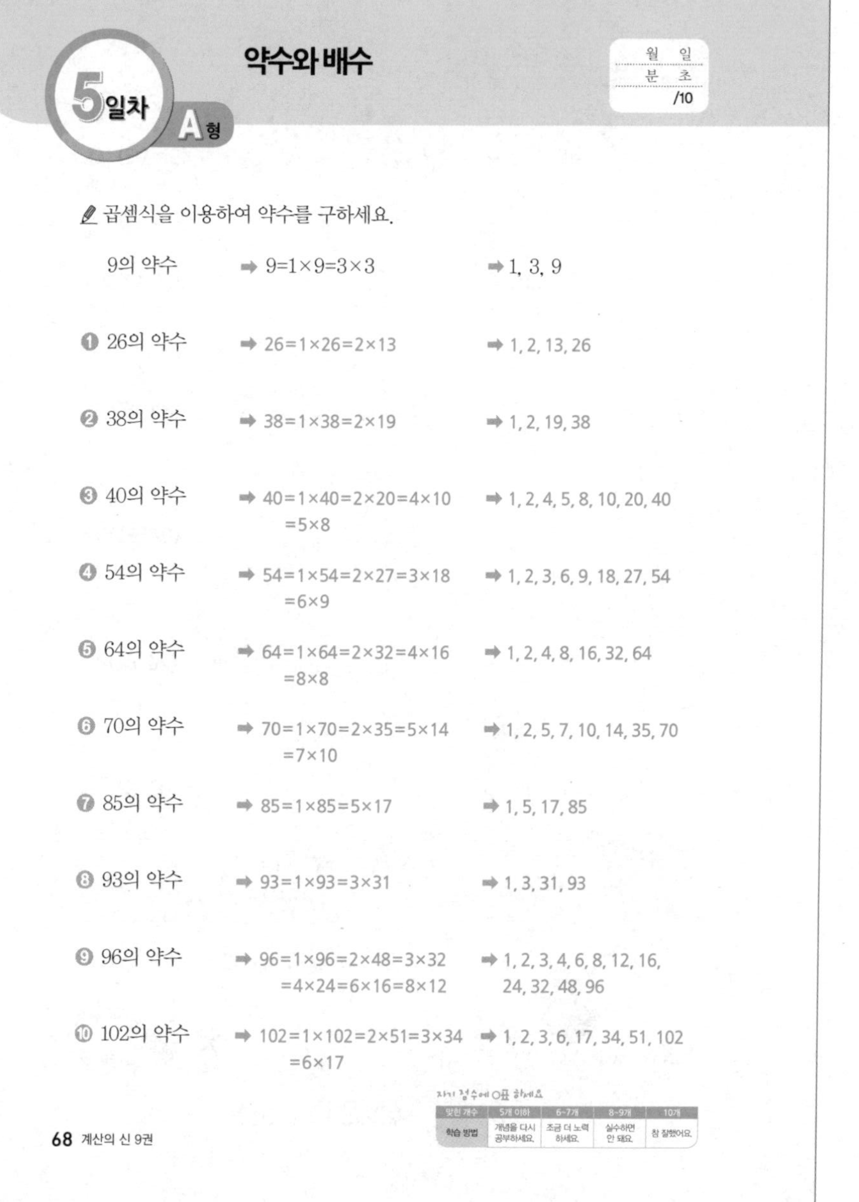

5일차 A형 약수와 배수

월 일
분 초
/10

곱셈식을 이용하여 약수를 구하세요.

9의 약수 ➡ 9=1×9=3×3 ➡ 1, 3, 9

❶ 26의 약수 ➡ 26=1×26=2×13 ➡ 1, 2, 13, 26

❷ 38의 약수 ➡ 38=1×38=2×19 ➡ 1, 2, 19, 38

❸ 40의 약수 ➡ 40=1×40=2×20=4×10=5×8 ➡ 1, 2, 4, 5, 8, 10, 20, 40

❹ 54의 약수 ➡ 54=1×54=2×27=3×18=6×9 ➡ 1, 2, 3, 6, 9, 18, 27, 54

❺ 64의 약수 ➡ 64=1×64=2×32=4×16=8×8 ➡ 1, 2, 4, 8, 16, 32, 64

❻ 70의 약수 ➡ 70=1×70=2×35=5×14=7×10 ➡ 1, 2, 5, 7, 10, 14, 35, 70

❼ 85의 약수 ➡ 85=1×85=5×17 ➡ 1, 5, 17, 85

❽ 93의 약수 ➡ 93=1×93=3×31 ➡ 1, 3, 31, 93

❾ 96의 약수 ➡ 96=1×96=2×48=3×32=4×24=6×16=8×12 ➡ 1, 2, 3, 4, 6, 8, 12, 16, 24, 32, 48, 96

❿ 102의 약수 ➡ 102=1×102=2×51=3×34=6×17 ➡ 1, 2, 3, 6, 17, 34, 51, 102

자기 점수에 ○표 하세요

맞힌 개수	5개 이하	6~7개	8~9개	10개
학습 방법	개념을 다시 공부하세요.	조금 더 노력하세요.	실수하면 안 돼요.	참 잘했어요.

68 계산의 신 9권

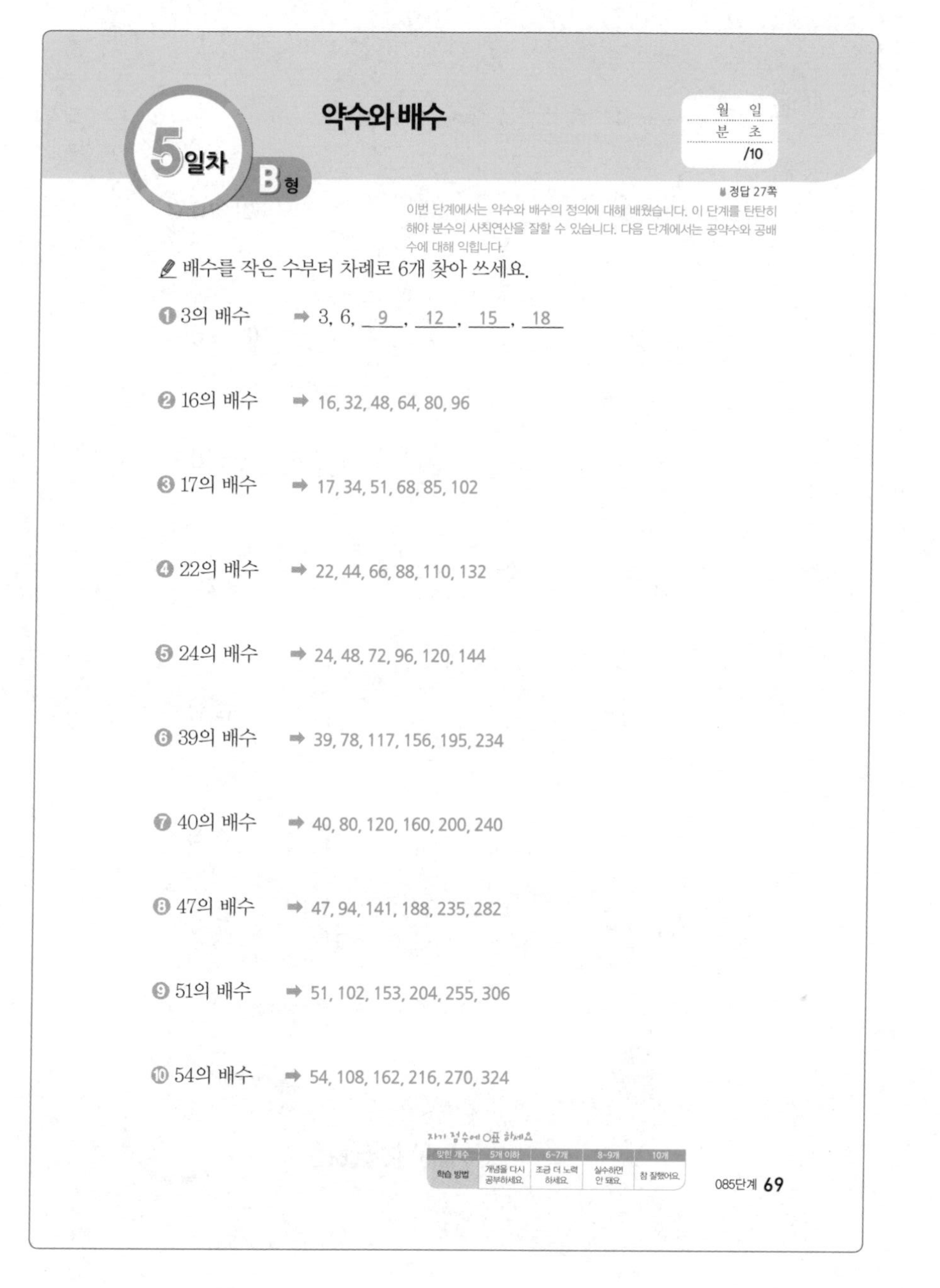

5일차 B형 약수와 배수

월 일
분 초
/10

정답 27쪽

이번 단계에서는 약수와 배수의 정의에 대해 배웠습니다. 이 단계를 탄탄히 해야 분수의 사칙연산을 잘할 수 있습니다. 다음 단계에서는 공약수와 공배수에 대해 익힙니다.

배수를 작은 수부터 차례로 6개 찾아 쓰세요.

❶ 3의 배수 ➡ 3, 6, 9, 12, 15, 18

❷ 16의 배수 ➡ 16, 32, 48, 64, 80, 96

❸ 17의 배수 ➡ 17, 34, 51, 68, 85, 102

❹ 22의 배수 ➡ 22, 44, 66, 88, 110, 132

❺ 24의 배수 ➡ 24, 48, 72, 96, 120, 144

❻ 39의 배수 ➡ 39, 78, 117, 156, 195, 234

❼ 40의 배수 ➡ 40, 80, 120, 160, 200, 240

❽ 47의 배수 ➡ 47, 94, 141, 188, 235, 282

❾ 51의 배수 ➡ 51, 102, 153, 204, 255, 306

❿ 54의 배수 ➡ 54, 108, 162, 216, 270, 324

자기 점수에 ○표 하세요

맞힌 개수	5개 이하	6~7개	8~9개	10개
학습 방법	개념을 다시 공부하세요.	조금 더 노력하세요.	실수하면 안 돼요.	참 잘했어요.

085단계 69

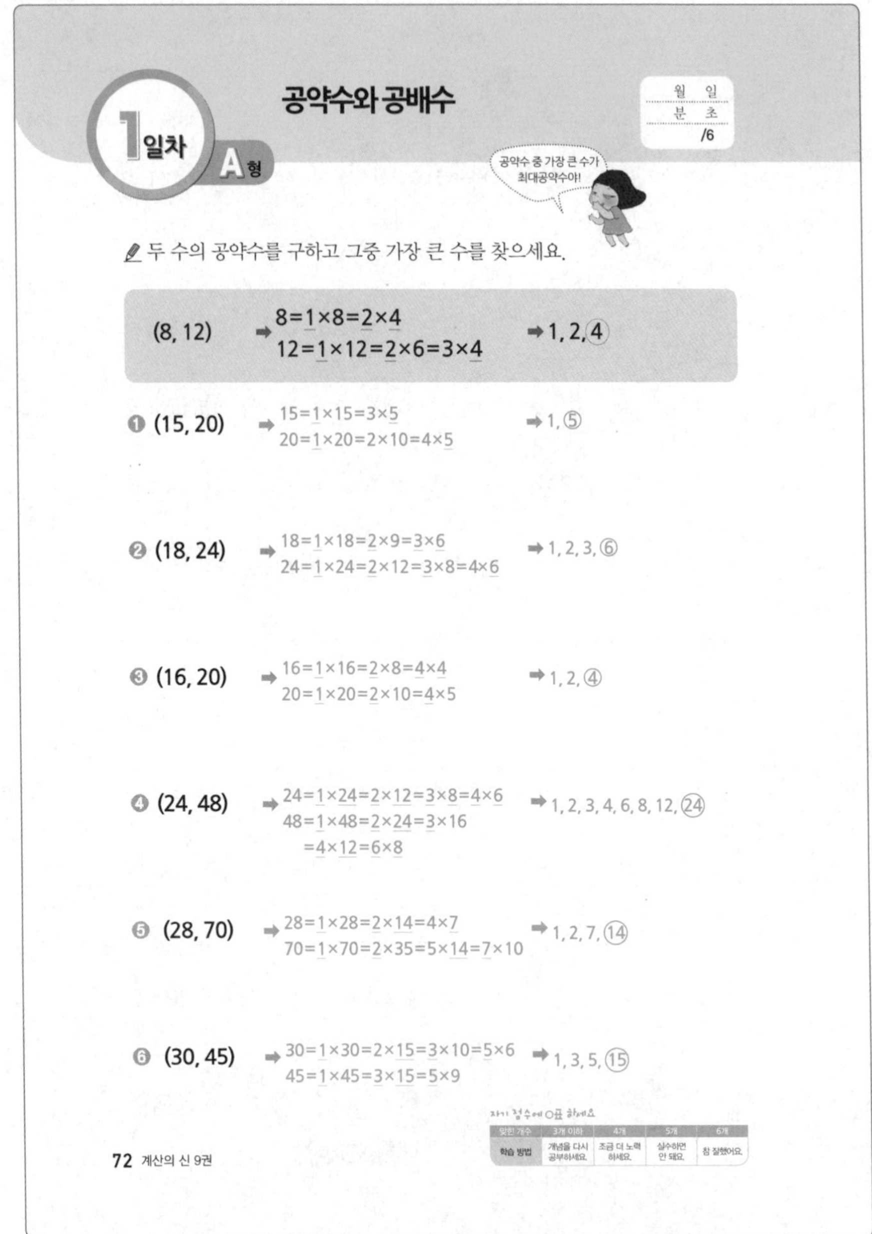

1일차 A형 공약수와 공배수

월 일 / 분 초 / /6

두 수의 공약수를 구하고 그중 가장 큰 수를 찾으세요.

(8, 12) ➡ 8=1×8=2×4, 12=1×12=2×6=3×4 ➡ 1, 2, ④

❶ (15, 20) ➡ 15=1×15=3×5, 20=1×20=2×10=4×5 ➡ 1, ⑤

❷ (18, 24) ➡ 18=1×18=2×9=3×6, 24=1×24=2×12=3×8=4×6 ➡ 1, 2, 3, ⑥

❸ (16, 20) ➡ 16=1×16=2×8=4×4, 20=1×20=2×10=4×5 ➡ 1, 2, ④

❹ (24, 48) ➡ 24=1×24=2×12=3×8=4×6, 48=1×48=2×24=3×16 =4×12=6×8 ➡ 1, 2, 3, 4, 6, 8, 12, ㉔

❺ (28, 70) ➡ 28=1×28=2×14=4×7, 70=1×70=2×35=5×14=7×10 ➡ 1, 2, 7, ⑭

❻ (30, 45) ➡ 30=1×30=2×15=3×10=5×6, 45=1×45=3×15=5×9 ➡ 1, 3, 5, ⑮

자기 점수에 ○표 하세요.

맞힌 개수	3개 이하	4개	5개	6개
학습 방법	개념을 다시 공부하세요.	조금 더 노력 하세요.	실수하면 안 돼요.	참 잘했어요.

72 계산의 신 9권

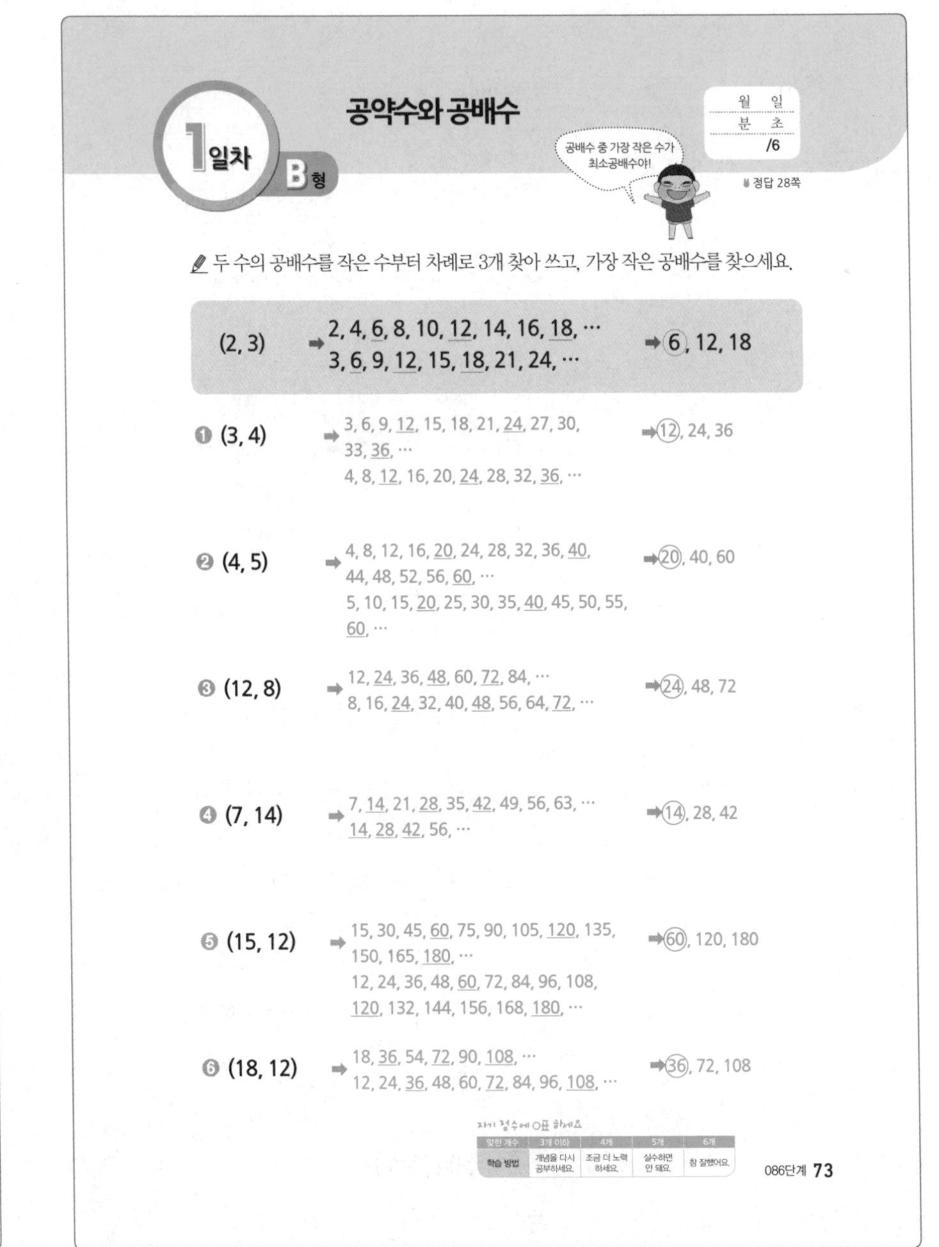

1일차 B형 공약수와 공배수

공배수 중 가장 작은 수가
최소공배수야!

월 일 / 분 초 / /6

정답 28쪽

두 수의 공배수를 작은 수부터 차례로 3개 찾아 쓰고, 가장 작은 공배수를 찾으세요.

(2, 3) ➡ 2, 4, 6, 8, 10, 12, 14, 16, 18, ⋯ / 3, 6, 9, 12, 15, 18, 21, 24, ⋯ ➡ ⑥, 12, 18

❶ (3, 4) ➡ 3, 6, 9, 12, 15, 18, 21, 24, 27, 30, 33, 36, ⋯ / 4, 8, 12, 16, 20, 24, 28, 32, 36, ⋯ ➡ ⑫, 24, 36

❷ (4, 5) ➡ 4, 8, 12, 16, 20, 24, 28, 32, 36, 40, 44, 48, 52, 56, 60, ⋯ / 5, 10, 15, 20, 25, 30, 35, 40, 45, 50, 55, 60, ⋯ ➡ ⑳, 40, 60

❸ (12, 8) ➡ 12, 24, 36, 48, 60, 72, 84, ⋯ / 8, 16, 24, 32, 40, 48, 56, 64, 72, ⋯ ➡ ㉔, 48, 72

❹ (7, 14) ➡ 7, 14, 21, 28, 35, 42, 49, 56, 63, ⋯ / 14, 28, 42, 56, ⋯ ➡ ⑭, 28, 42

❺ (15, 12) ➡ 15, 30, 45, 60, 75, 90, 105, 120, 135, 150, 165, 180, ⋯ / 12, 24, 36, 48, 60, 72, 84, 96, 108, 120, 132, 144, 156, 168, 180, ⋯ ➡ 60, 120, 180

❻ (18, 12) ➡ 18, 36, 54, 72, 90, 108, ⋯ / 12, 24, 36, 48, 60, 72, 84, 96, 108, ⋯ ➡ 36, 72, 108

자기 점수에 ○표 하세요.

맞힌 개수	3개 이하	4개	5개	6개
학습 방법	개념을 다시 공부하세요.	조금 더 노력 하세요.	실수하면 안 돼요.	참 잘했어요.

086단계 73

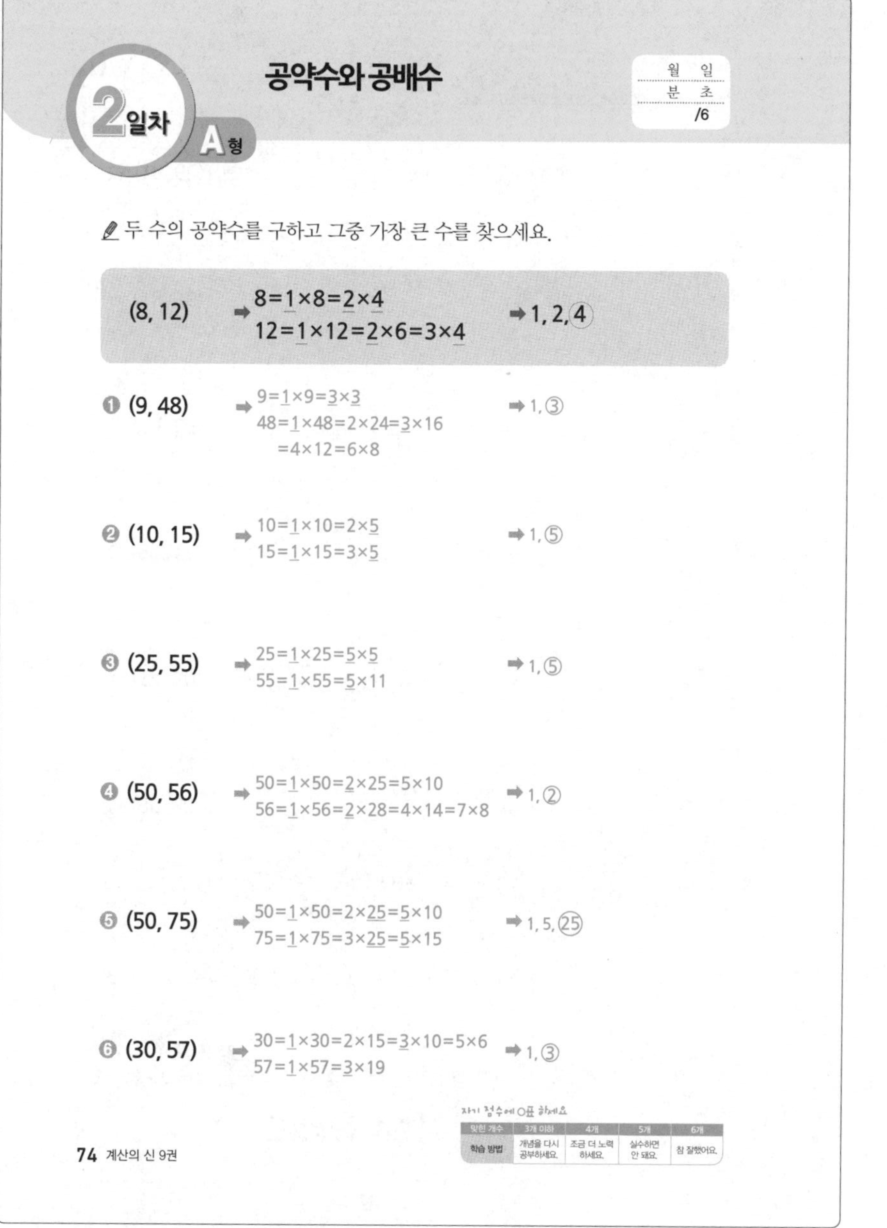

2일차 A형

공약수와 공배수

월 일 / 분 초 / /6

두 수의 공약수를 구하고 그중 가장 큰 수를 찾으세요.

(8, 12) ➡ 8=1×8=2×4, 12=1×12=2×6=3×4 ➡ 1, 2, ④

❶ (9, 48) ➡ 9=1×9=3×3, 48=1×48=2×24=3×16=4×12=6×8 ➡ 1, ③

❷ (10, 15) ➡ 10=1×10=2×5, 15=1×15=3×5 ➡ 1, ⑤

❸ (25, 55) ➡ 25=1×25=5×5, 55=1×55=5×11 ➡ 1, ⑤

❹ (50, 56) ➡ 50=1×50=2×25=5×10, 56=1×56=2×28=4×14=7×8 ➡ 1, ②

❺ (50, 75) ➡ 50=1×50=2×25=5×10, 75=1×75=3×25=5×15 ➡ 1, 5, ㉕

❻ (30, 57) ➡ 30=1×30=2×15=3×10=5×6, 57=1×57=3×19 ➡ 1, ③

자기 점수에 ○표 하세요.

맞힌 개수	3개 이하	4개	5개	6개
학습 방법	개념을 다시 공부하세요.	조금 더 노력 하세요.	실수하면 안 돼요.	참 잘했어요.

74 계산의 신 9권

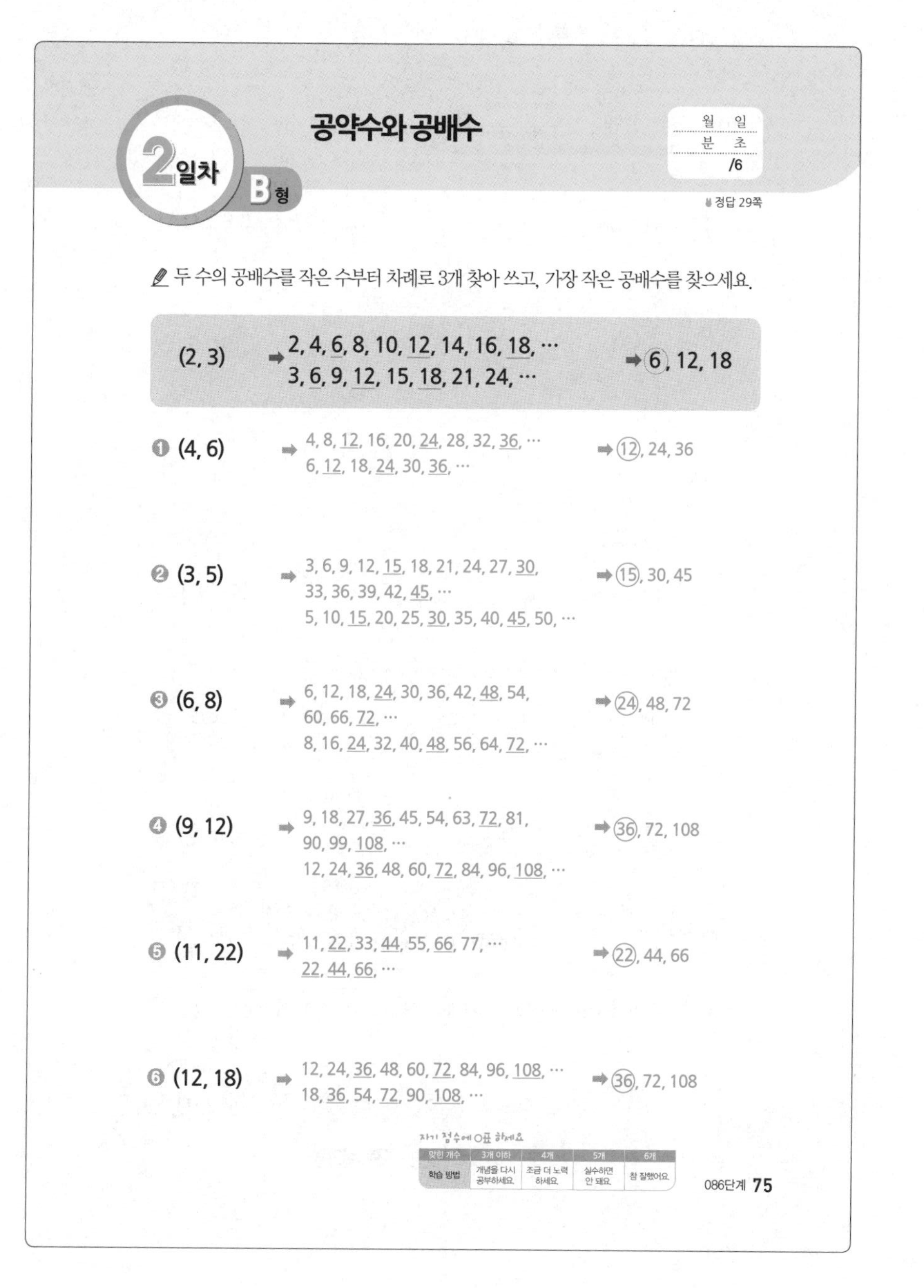

2일차 B형

공약수와 공배수

월 일 / 분 초 / /6

※ 정답 29쪽

두 수의 공배수를 작은 수부터 차례로 3개 찾아 쓰고, 가장 작은 공배수를 찾으세요.

(2, 3) ➡ 2, 4, 6, 8, 10, 12, 14, 16, 18, ⋯ / 3, 6, 9, 12, 15, 18, 21, 24, ⋯ ➡ ⑥, 12, 18

❶ (4, 6) ➡ 4, 8, 12, 16, 20, 24, 28, 32, 36, ⋯ / 6, 12, 18, 24, 30, 36, ⋯ ➡ ⑫, 24, 36

❷ (3, 5) ➡ 3, 6, 9, 12, 15, 18, 21, 24, 27, 30, 33, 36, 39, 42, 45, ⋯ / 5, 10, 15, 20, 25, 30, 35, 40, 45, 50, ⋯ ➡ ⑮, 30, 45

❸ (6, 8) ➡ 6, 12, 18, 24, 30, 36, 42, 48, 54, 60, 66, 72, ⋯ / 8, 16, 24, 32, 40, 48, 56, 64, 72, ⋯ ➡ ㉔, 48, 72

❹ (9, 12) ➡ 9, 18, 27, 36, 45, 54, 63, 72, 81, 90, 99, 108, ⋯ / 12, 24, 36, 48, 60, 72, 84, 96, 108, ⋯ ➡ ㊱, 72, 108

❺ (11, 22) ➡ 11, 22, 33, 44, 55, 66, 77, ⋯ / 22, 44, 66, ⋯ ➡ ㉒, 44, 66

❻ (12, 18) ➡ 12, 24, 36, 48, 60, 72, 84, 96, 108, ⋯ / 18, 36, 54, 72, 90, 108, ⋯ ➡ ㊱, 72, 108

자기 점수에 ○표 하세요.

맞힌 개수	3개 이하	4개	5개	6개
학습 방법	개념을 다시 공부하세요.	조금 더 노력 하세요.	실수하면 안 돼요.	참 잘했어요.

086단계 75

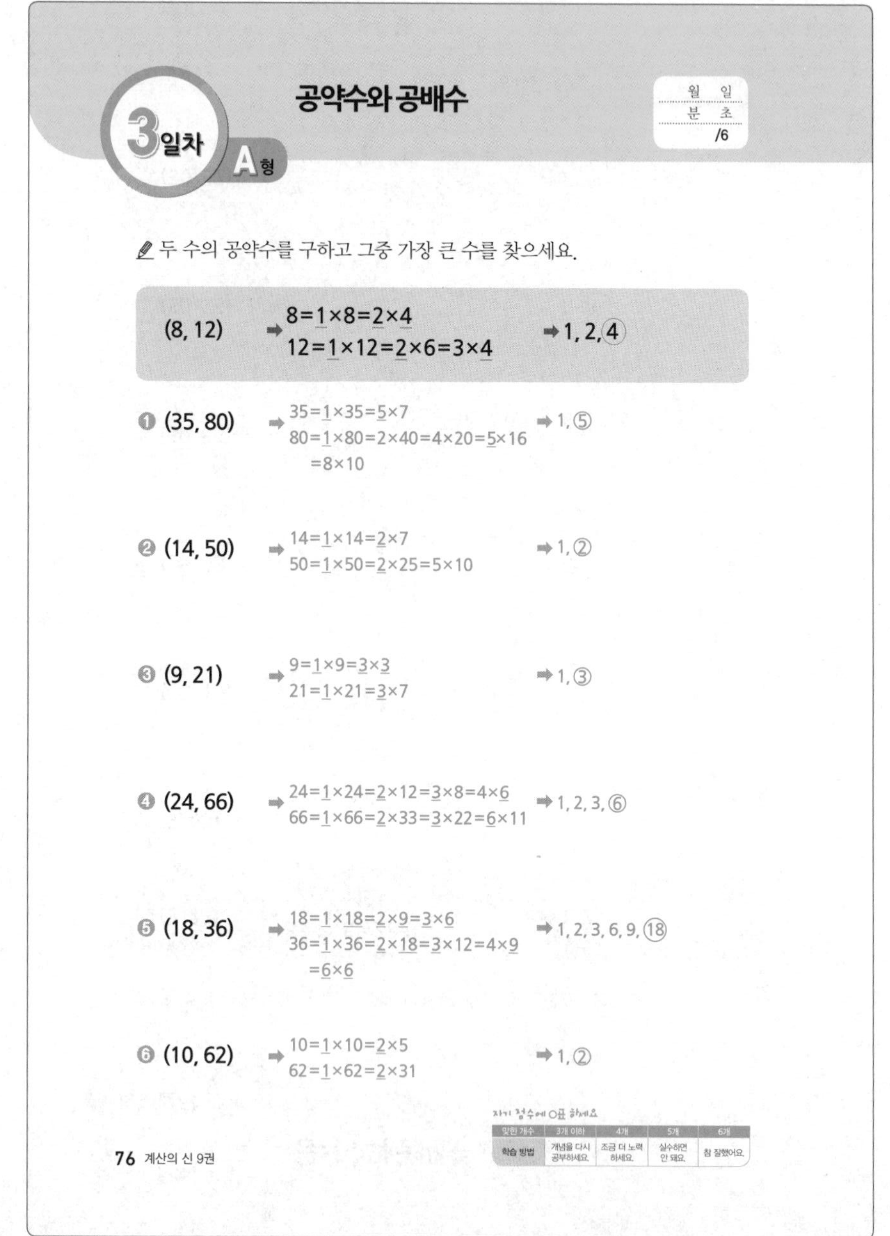

3일차 A형 공약수와 공배수

월 일 / 분 초 / /6

두 수의 공약수를 구하고 그중 가장 큰 수를 찾으세요.

(8, 12) ➡ 8=1×8=2×4, 12=1×12=2×6=3×4 ➡ 1, 2, ④

❶ (35, 80) ➡ 35=1×35=5×7, 80=1×80=2×40=4×20=5×16=8×10 ➡ 1, ⑤

❷ (14, 50) ➡ 14=1×14=2×7, 50=1×50=2×25=5×10 ➡ 1, ②

❸ (9, 21) ➡ 9=1×9=3×3, 21=1×21=3×7 ➡ 1, ③

❹ (24, 66) ➡ 24=1×24=2×12=3×8=4×6, 66=1×66=2×33=3×22=6×11 ➡ 1, 2, 3, ⑥

❺ (18, 36) ➡ 18=1×18=2×9=3×6, 36=1×36=2×18=3×12=4×9=6×6 ➡ 1, 2, 3, 6, 9, ⑱

❻ (10, 62) ➡ 10=1×10=2×5, 62=1×62=2×31 ➡ 1, ②

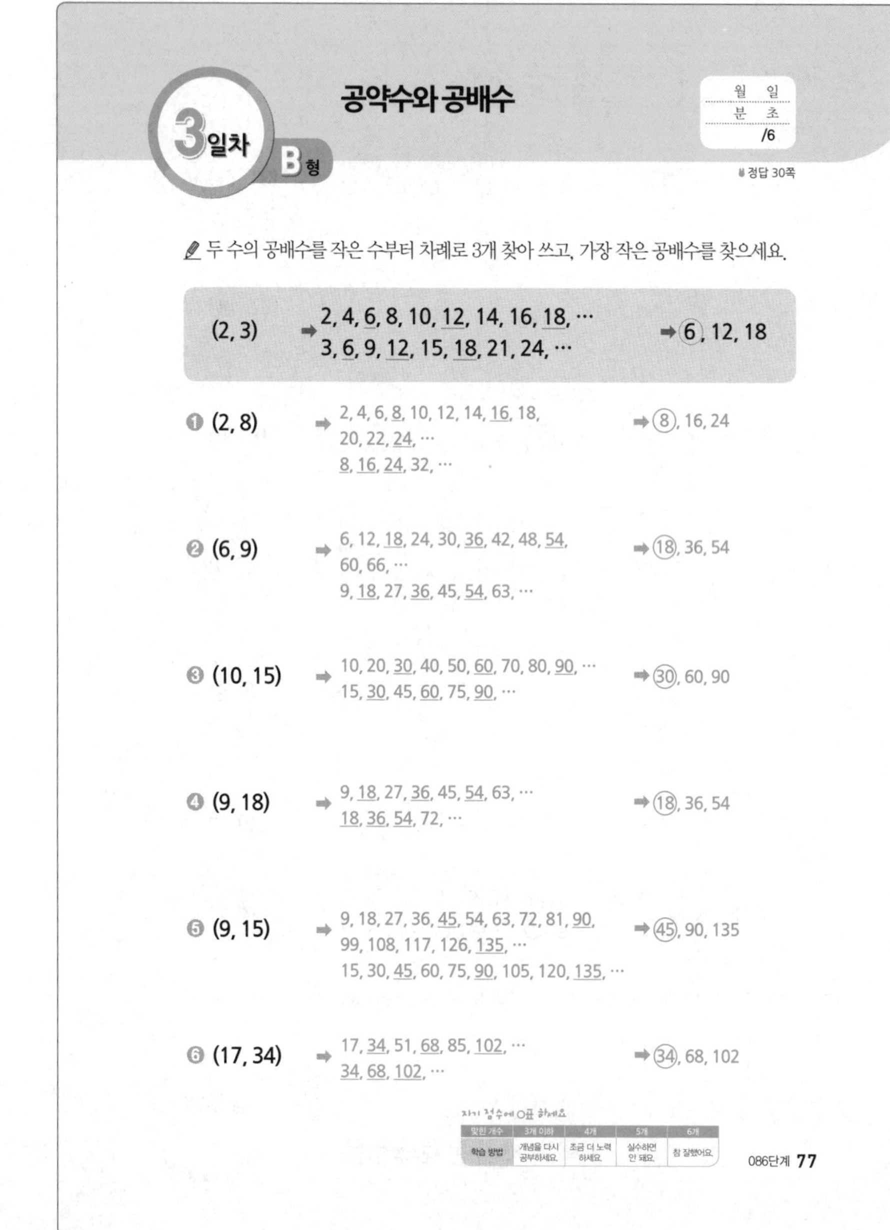

3일차 B형 공약수와 공배수

월 일 / 분 초 / /6

※ 정답 30쪽

두 수의 공배수를 작은 수부터 차례로 3개 찾아 쓰고, 가장 작은 공배수를 찾으세요.

(2, 3) ➡ 2, 4, 6, 8, 10, 12, 14, 16, 18, ⋯ / 3, 6, 9, 12, 15, 18, 21, 24, ⋯ ➡ ⑥, 12, 18

❶ (2, 8) ➡ 2, 4, 6, 8, 10, 12, 14, 16, 18, 20, 22, 24, ⋯ / 8, 16, 24, 32, ⋯ ➡ ⑧, 16, 24

❷ (6, 9) ➡ 6, 12, 18, 24, 30, 36, 42, 48, 54, 60, 66, ⋯ / 9, 18, 27, 36, 45, 54, 63, ⋯ ➡ ⑱, 36, 54

❸ (10, 15) ➡ 10, 20, 30, 40, 50, 60, 70, 80, 90, ⋯ / 15, 30, 45, 60, 75, 90, ⋯ ➡ ㉚, 60, 90

❹ (9, 18) ➡ 9, 18, 27, 36, 45, 54, 63, ⋯ / 18, 36, 54, 72, ⋯ ➡ ⑱, 36, 54

❺ (9, 15) ➡ 9, 18, 27, 36, 45, 54, 63, 72, 81, 90, 99, 108, 117, 126, 135, ⋯ / 15, 30, 45, 60, 75, 90, 105, 120, 135, ⋯ ➡ ㊺, 90, 135

❻ (17, 34) ➡ 17, 34, 51, 68, 85, 102, ⋯ / 34, 68, 102, ⋯ ➡ ㉞, 68, 102

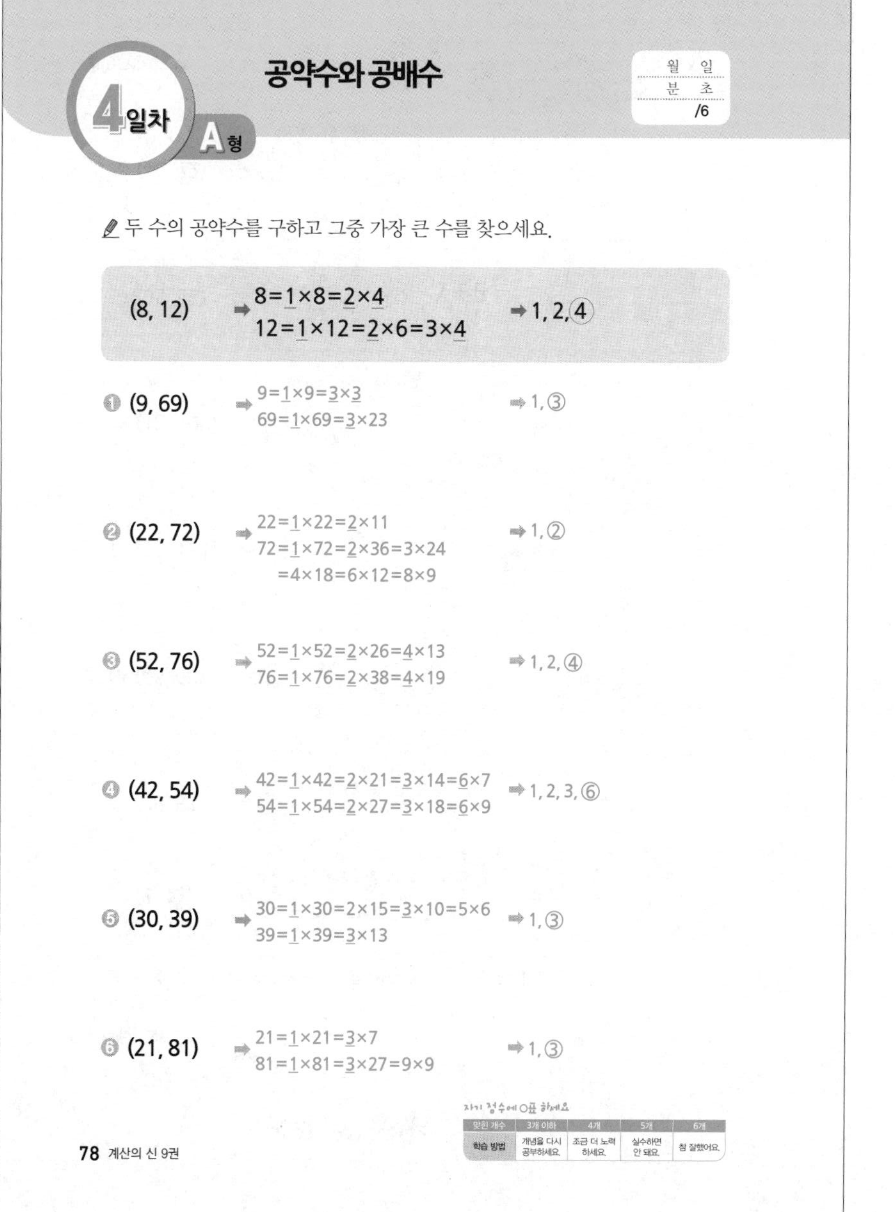

4일차 A형

공약수와 공배수

월 일 / 분 초 / /6

두 수의 공약수를 구하고 그중 가장 큰 수를 찾으세요.

(8, 12) ➡ 8=1×8=2×4, 12=1×12=2×6=3×4 ➡ 1, 2, ④

❶ (9, 69) ➡ 9=1×9=3×3, 69=1×69=3×23 ➡ 1, ③

❷ (22, 72) ➡ 22=1×22=2×11, 72=1×72=2×36=3×24 =4×18=6×12=8×9 ➡ 1, ②

❸ (52, 76) ➡ 52=1×52=2×26=4×13, 76=1×76=2×38=4×19 ➡ 1, 2, ④

❹ (42, 54) ➡ 42=1×42=2×21=3×14=6×7, 54=1×54=2×27=3×18=6×9 ➡ 1, 2, 3, ⑥

❺ (30, 39) ➡ 30=1×30=2×15=3×10=5×6, 39=1×39=3×13 ➡ 1, ③

❻ (21, 81) ➡ 21=1×21=3×7, 81=1×81=3×27=9×9 ➡ 1, ③

자기 점수에 ○표 하세요.

맞힌 개수	3개 이하	4개	5개	6개
학습 방법	개념을 다시 공부하세요.	조금 더 노력하세요.	실수하면 안 돼요.	참 잘했어요.

78 계산의 신 9권

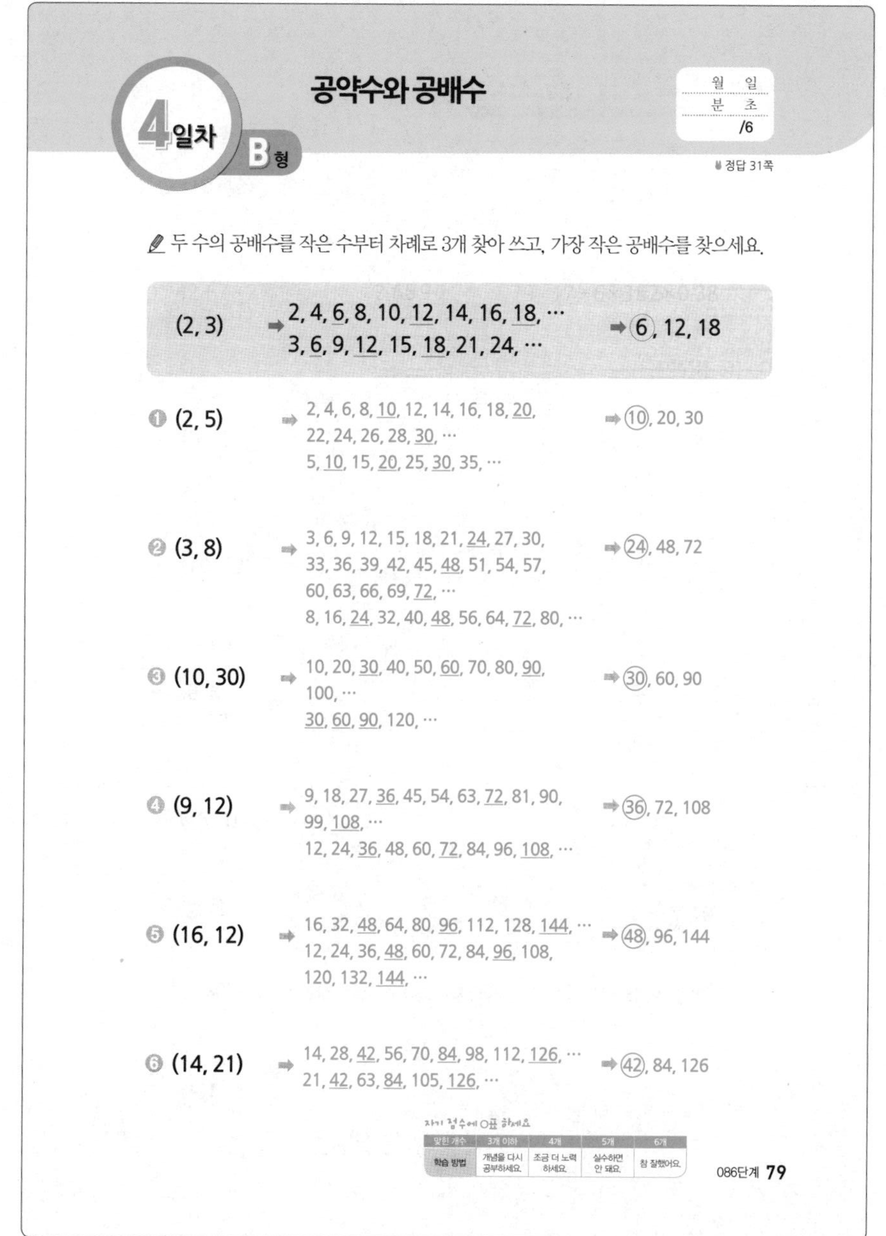

4일차 B형

공약수와 공배수

월 일 / 분 초 / /6

정답 31쪽

두 수의 공배수를 작은 수부터 차례로 3개 찾아 쓰고, 가장 작은 공배수를 찾으세요.

(2, 3) ➡ 2, 4, 6, 8, 10, 12, 14, 16, 18, ⋯ / 3, 6, 9, 12, 15, 18, 21, 24, ⋯ ➡ ⑥, 12, 18

❶ (2, 5) ➡ 2, 4, 6, 8, 10, 12, 14, 16, 18, 20, 22, 24, 26, 28, 30, ⋯ / 5, 10, 15, 20, 25, 30, 35, ⋯ ➡ ⑩, 20, 30

❷ (3, 8) ➡ 3, 6, 9, 12, 15, 18, 21, 24, 27, 30, 33, 36, 39, 42, 45, 48, 51, 54, 57, 60, 63, 66, 69, 72, ⋯ / 8, 16, 24, 32, 40, 48, 56, 64, 72, 80, ⋯ ➡ ㉔, 48, 72

❸ (10, 30) ➡ 10, 20, 30, 40, 50, 60, 70, 80, 90, 100, ⋯ / 30, 60, 90, 120, ⋯ ➡ ㉚, 60, 90

❹ (9, 12) ➡ 9, 18, 27, 36, 45, 54, 63, 72, 81, 90, 99, 108, ⋯ / 12, 24, 36, 48, 60, 72, 84, 96, 108, ⋯ ➡ ㊱, 72, 108

❺ (16, 12) ➡ 16, 32, 48, 64, 80, 96, 112, 128, 144, ⋯ / 12, 24, 36, 48, 60, 72, 84, 96, 108, 120, 132, 144, ⋯ ➡ ㊽, 96, 144

❻ (14, 21) ➡ 14, 28, 42, 56, 70, 84, 98, 112, 126, ⋯ / 21, 42, 63, 84, 105, 126, ⋯ ➡ ㊷, 84, 126

자기 점수에 ○표 하세요.

맞힌 개수	3개 이하	4개	5개	6개
학습 방법	개념을 다시 공부하세요.	조금 더 노력하세요.	실수하면 안 돼요.	참 잘했어요.

086단계 79

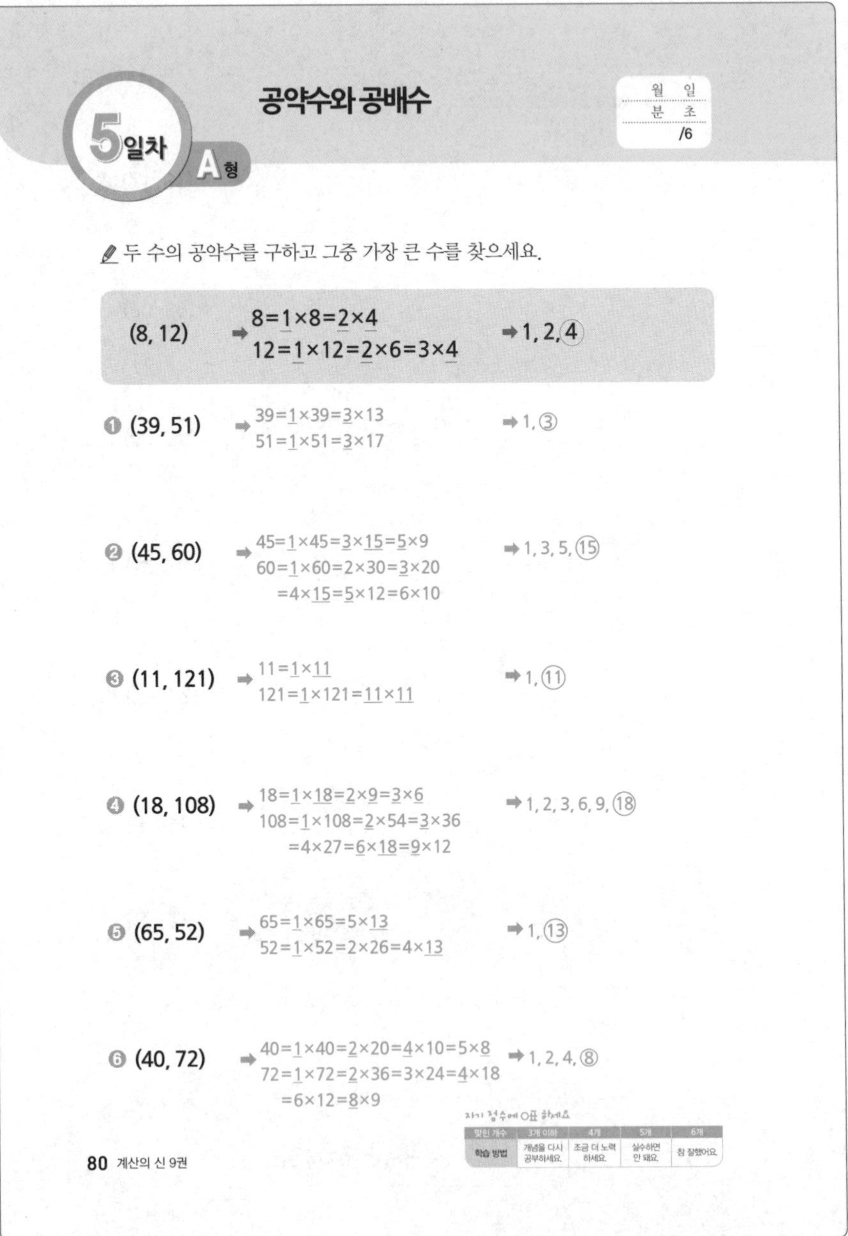

5일차 A형 공약수와 공배수

월 일 / 분 초 / /6

두 수의 공약수를 구하고 그중 가장 큰 수를 찾으세요.

(8, 12) → 8=1×8=2×4, 12=1×12=2×6=3×4 → 1, 2, 4

❶ (39, 51) → 39=1×39=3×13, 51=1×51=3×17 → 1, 3

❷ (45, 60) → 45=1×45=3×15=5×9, 60=1×60=2×30=3×20 =4×15=5×12=6×10 → 1, 3, 5, 15

❸ (11, 121) → 11=1×11, 121=1×121=11×11 → 1, 11

❹ (18, 108) → 18=1×18=2×9=3×6, 108=1×108=2×54=3×36 =4×27=6×18=9×12 → 1, 2, 3, 6, 9, 18

❺ (65, 52) → 65=1×65=5×13, 52=1×52=2×26=4×13 → 1, 13

❻ (40, 72) → 40=1×40=2×20=4×10=5×8, 72=1×72=2×36=3×24=4×18 =6×12=8×9 → 1, 2, 4, 8

자기 점수에 ○표 하세요.

맞힌 개수	3개 이하	4개	5개	6개
학습 방법	개념을 다시 공부하세요.	조금 더 노력 하세요.	실수하면 안 돼요.	참 잘했어요.

80 계산의 신 9권

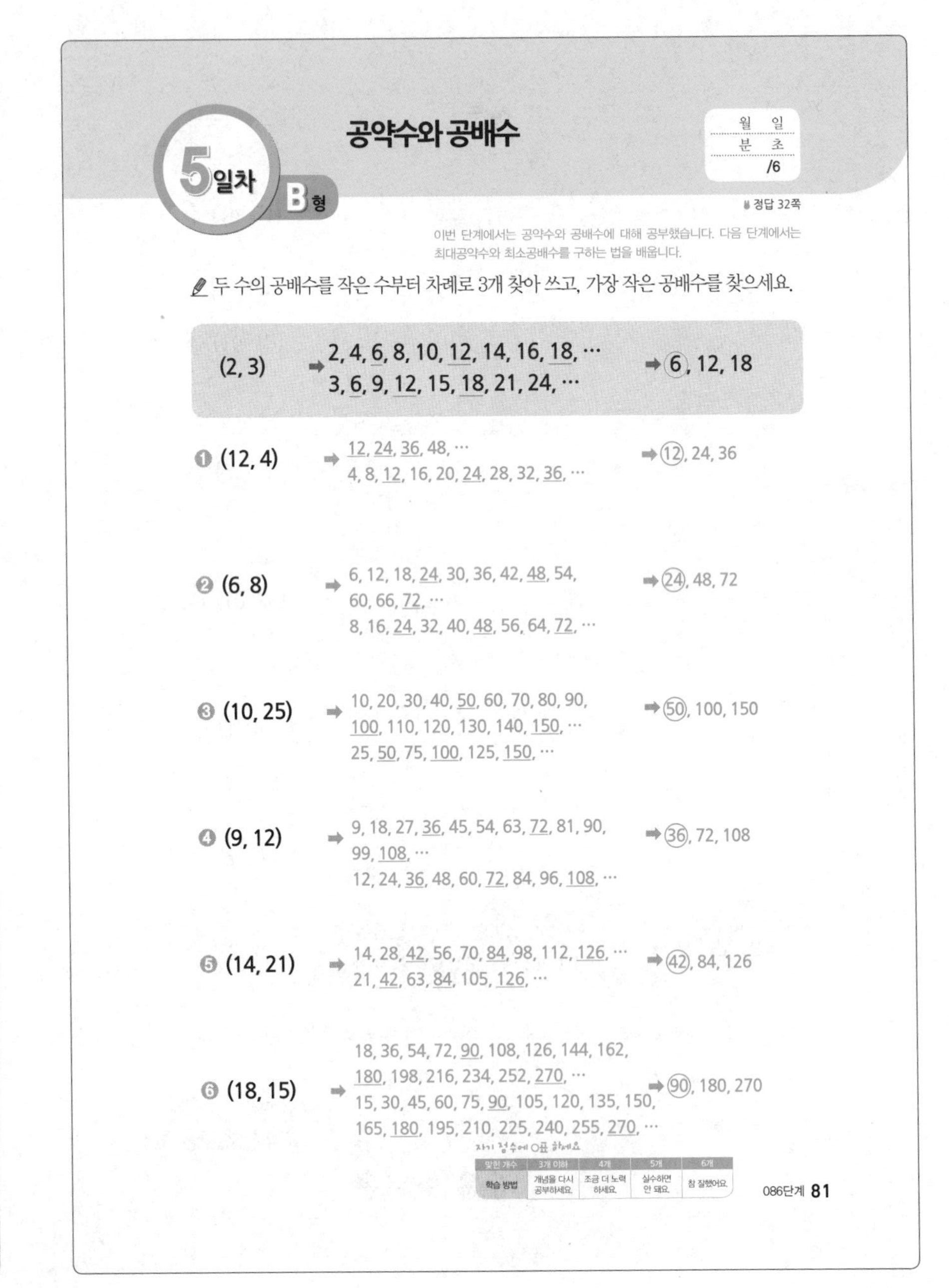

5일차 B형 공약수와 공배수

월 일 / 분 초 / /6

정답 32쪽

이번 단계에서는 공약수와 공배수에 대해 공부했습니다. 다음 단계에서는 최대공약수와 최소공배수를 구하는 법을 배웁니다.

두 수의 공배수를 작은 수부터 차례로 3개 찾아 쓰고, 가장 작은 공배수를 찾으세요.

(2, 3) → 2, 4, 6, 8, 10, 12, 14, 16, 18, ···, 3, 6, 9, 12, 15, 18, 21, 24, ··· → 6, 12, 18

❶ (12, 4) → 12, 24, 36, 48, ···, 4, 8, 12, 16, 20, 24, 28, 32, 36, ··· → 12, 24, 36

❷ (6, 8) → 6, 12, 18, 24, 30, 36, 42, 48, 54, 60, 66, 72, ···, 8, 16, 24, 32, 40, 48, 56, 64, 72, ··· → 24, 48, 72

❸ (10, 25) → 10, 20, 30, 40, 50, 60, 70, 80, 90, 100, 110, 120, 130, 140, 150, ···, 25, 50, 75, 100, 125, 150, ··· → 50, 100, 150

❹ (9, 12) → 9, 18, 27, 36, 45, 54, 63, 72, 81, 90, 99, 108, ···, 12, 24, 36, 48, 60, 72, 84, 96, 108, ··· → 36, 72, 108

❺ (14, 21) → 14, 28, 42, 56, 70, 84, 98, 112, 126, ···, 21, 42, 63, 84, 105, 126, ··· → 42, 84, 126

❻ (18, 15) → 18, 36, 54, 72, 90, 108, 126, 144, 162, 180, 198, 216, 234, 252, 270, ···, 15, 30, 45, 60, 75, 90, 105, 120, 135, 150, 165, 180, 195, 210, 225, 240, 255, 270, ··· → 90, 180, 270

자기 점수에 ○표 하세요.

맞힌 개수	3개 이하	4개	5개	6개
학습 방법	개념을 다시 공부하세요.	조금 더 노력 하세요.	실수하면 안 돼요.	참 잘했어요.

086단계 81

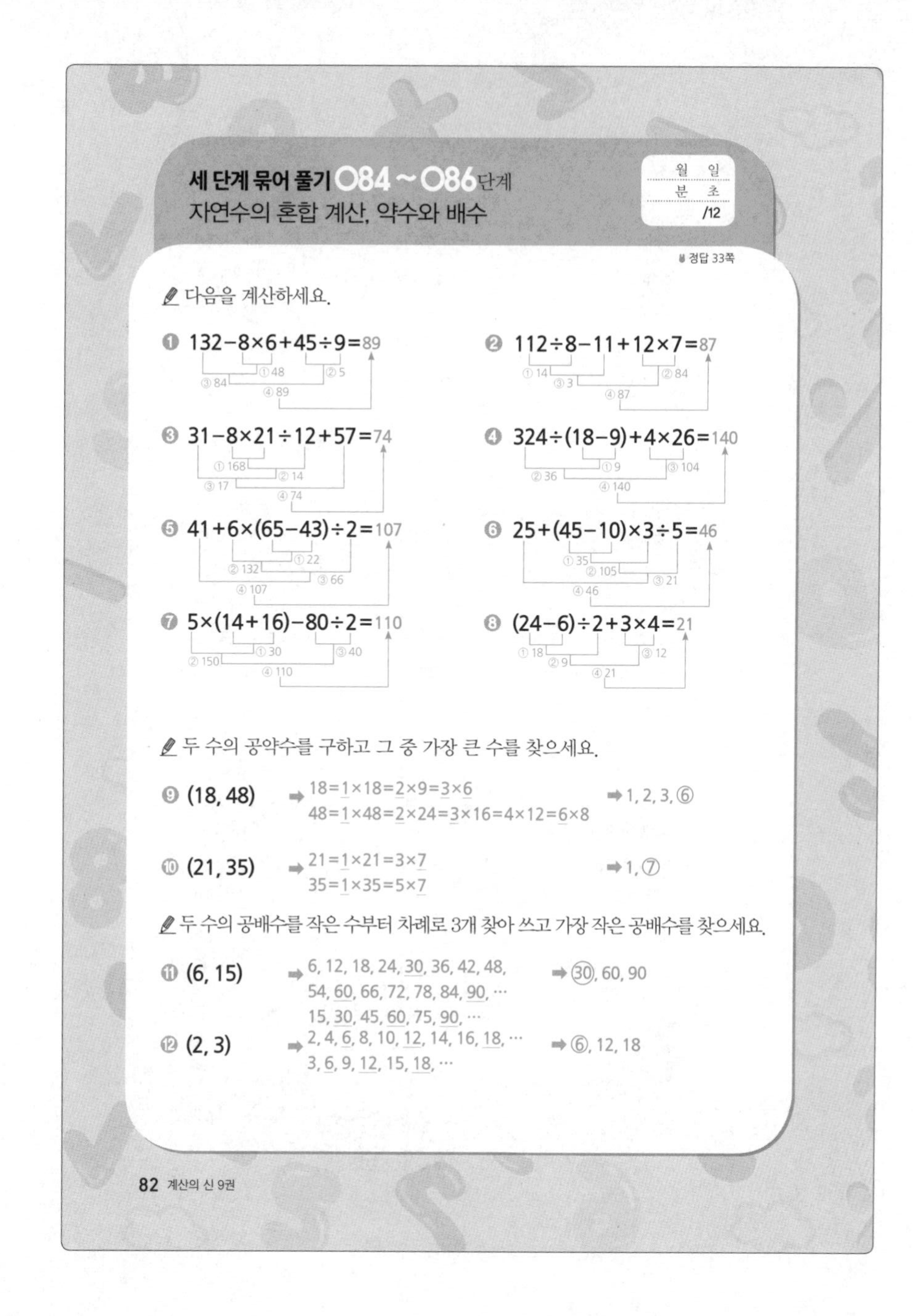

세 단계 묶어 풀기 O84 ~ O86단계
자연수의 혼합 계산, 약수와 배수

월 일 / 분 초 / /12

정답 33쪽

다음을 계산하세요.

❶ $132-8\times6+45\div9=89$ (① 48 ② 5 ③ 84 ④ 89)

❷ $112\div8-11+12\times7=87$ (① 14 ② 84 ③ 3 ④ 87)

❸ $31-8\times21\div12+57=74$ (① 168 ② 14 ③ 17 ④ 74)

❹ $324\div(18-9)+4\times26=140$ (① 9 ② 36 ③ 104 ④ 140)

❺ $41+6\times(65-43)\div2=107$ (① 22 ② 132 ③ 66 ④ 107)

❻ $25+(45-10)\times3\div5=46$ (① 35 ② 105 ③ 21 ④ 46)

❼ $5\times(14+16)-80\div2=110$ (① 30 ② 150 ③ 40 ④ 110)

❽ $(24-6)\div2+3\times4=21$ (① 18 ② 9 ③ 12 ④ 21)

두 수의 공약수를 구하고 그 중 가장 큰 수를 찾으세요.

❾ (18, 48) ➡ $18=1\times18=2\times9=3\times6$
$48=1\times48=2\times24=3\times16=4\times12=6\times8$ ➡ 1, 2, 3, ⑥

❿ (21, 35) ➡ $21=1\times21=3\times7$
$35=1\times35=5\times7$ ➡ 1, ⑦

두 수의 공배수를 작은 수부터 차례로 3개 찾아 쓰고 가장 작은 공배수를 찾으세요.

⓫ (6, 15) ➡ 6, 12, 18, 24, 30, 36, 42, 48, 54, 60, 66, 72, 78, 84, 90, …
15, 30, 45, 60, 75, 90, … ➡ ㉚, 60, 90

⓬ (2, 3) ➡ 2, 4, 6, 8, 10, 12, 14, 16, 18, …
3, 6, 9, 12, 15, 18, … ➡ ⑥, 12, 18

82 계산의 신 9권

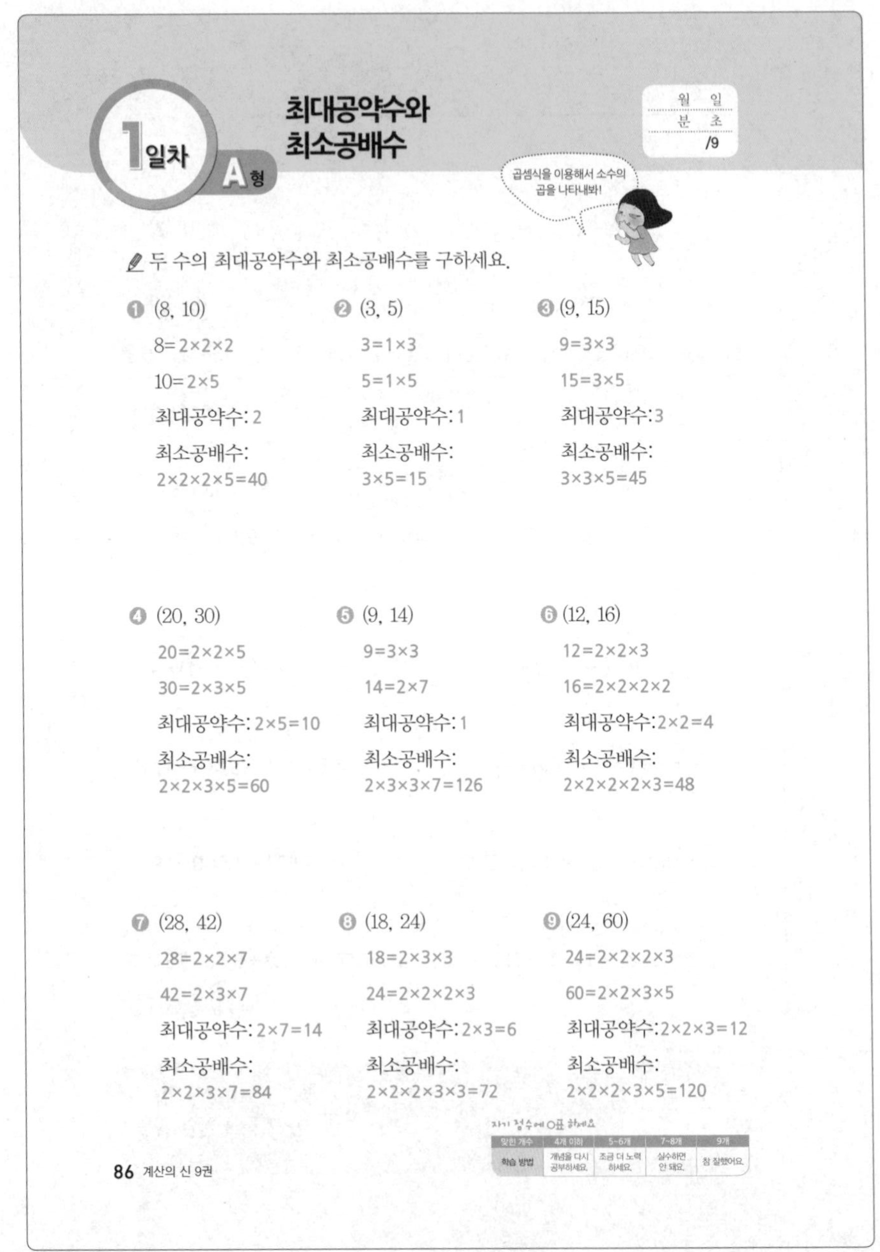

1일차 A형 최대공약수와 최소공배수

월 일 / 분 초 / /9

두 수의 최대공약수와 최소공배수를 구하세요.

❶ (8, 10)
8=2×2×2
10=2×5
최대공약수: 2
최소공배수: 2×2×2×5=40

❷ (3, 5)
3=1×3
5=1×5
최대공약수: 1
최소공배수: 3×5=15

❸ (9, 15)
9=3×3
15=3×5
최대공약수: 3
최소공배수: 3×3×5=45

❹ (20, 30)
20=2×2×5
30=2×3×5
최대공약수: 2×5=10
최소공배수: 2×2×3×5=60

❺ (9, 14)
9=3×3
14=2×7
최대공약수: 1
최소공배수: 2×3×3×7=126

❻ (12, 16)
12=2×2×3
16=2×2×2×2
최대공약수: 2×2=4
최소공배수: 2×2×2×2×3=48

❼ (28, 42)
28=2×2×7
42=2×3×7
최대공약수: 2×7=14
최소공배수: 2×2×3×7=84

❽ (18, 24)
18=2×3×3
24=2×2×2×3
최대공약수: 2×3=6
최소공배수: 2×2×2×3×3=72

❾ (24, 60)
24=2×2×2×3
60=2×2×3×5
최대공약수: 2×2×3=12
최소공배수: 2×2×2×3×5=120

자기 점수에 O표 하세요

맞힌 개수	4개 이하	5~6개	7~8개	9개
학습 방법	개념을 다시 공부하세요.	조금 더 노력하세요.	실수하면 안 돼요.	참 잘했어요.

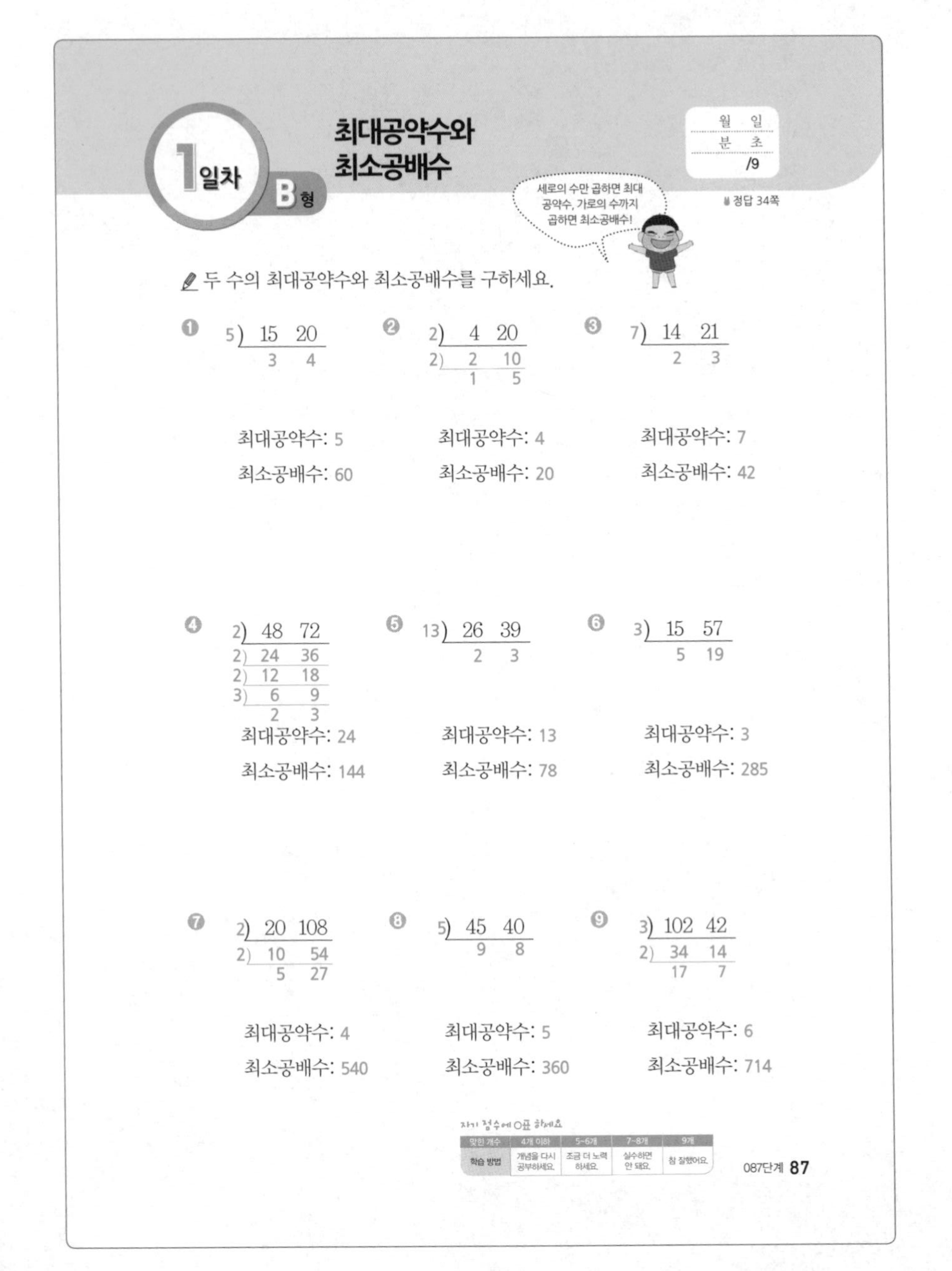

1일차 B형 최대공약수와 최소공배수

월 일 / 분 초 / /9

※ 정답 34쪽

두 수의 최대공약수와 최소공배수를 구하세요.

❶ 5) 15 20
  3 4
최대공약수: 5
최소공배수: 60

❷ 2) 4 20
2) 2 10
  1 5
최대공약수: 4
최소공배수: 20

❸ 7) 14 21
  2 3
최대공약수: 7
최소공배수: 42

❹ 2) 48 72
2) 24 36
2) 12 18
3) 6 9
  2 3
최대공약수: 24
최소공배수: 144

❺ 13) 26 39
  2 3
최대공약수: 13
최소공배수: 78

❻ 3) 15 57
  5 19
최대공약수: 3
최소공배수: 285

❼ 2) 20 108
2) 10 54
  5 27
최대공약수: 4
최소공배수: 540

❽ 5) 45 40
  9 8
최대공약수: 5
최소공배수: 360

❾ 3) 102 42
2) 34 14
  17 7
최대공약수: 6
최소공배수: 714

자기 점수에 O표 하세요

맞힌 개수	4개 이하	5~6개	7~8개	9개
학습 방법	개념을 다시 공부하세요.	조금 더 노력하세요.	실수하면 안 돼요.	참 잘했어요.

2일차 A형 최대공약수와 최소공배수

월 일 / 분 초 / /9

두 수의 최대공약수와 최소공배수를 구하세요.

❶ (4, 10)
4=2×2
10=2×5
최대공약수: 2
최소공배수: 2×2×5=20

❷ (9, 5)
9=3×3
5=1×5
최대공약수: 1
최소공배수: 3×3×5=45

❸ (9, 24)
9=3×3
24=2×2×2×3
최대공약수: 3
최소공배수: 2×2×2×3×3=72

❹ (6, 32)
6=2×3
32=2×2×2×2×2
최대공약수: 2
최소공배수: 2×2×2×2×2×3=96

❺ (49, 63)
49=7×7
63=3×3×7
최대공약수: 7
최소공배수: 3×3×7×7=441

❻ (27, 45)
27=3×3×3
45=3×3×5
최대공약수: 3×3=9
최소공배수: 3×3×3×5=135

❼ (72, 45)
72=2×2×2×3×3
45=3×3×5
최대공약수: 3×3=9
최소공배수: 2×2×2×3×3×5=360

❽ (42, 33)
42=2×3×7
33=3×11
최대공약수: 3
최소공배수: 2×3×7×11=462

❾ (35, 28)
35=5×7
28=2×2×7
최대공약수: 7
최소공배수: 2×2×5×7=140

자기 점수에 ○표 하세요

맞힌 개수	4개 이하	5~6개	7~8개	9개
학습 방법	개념을 다시 공부하세요.	조금 더 노력하세요.	실수하면 안 돼요.	참 잘했어요.

88 계산의 신 9권

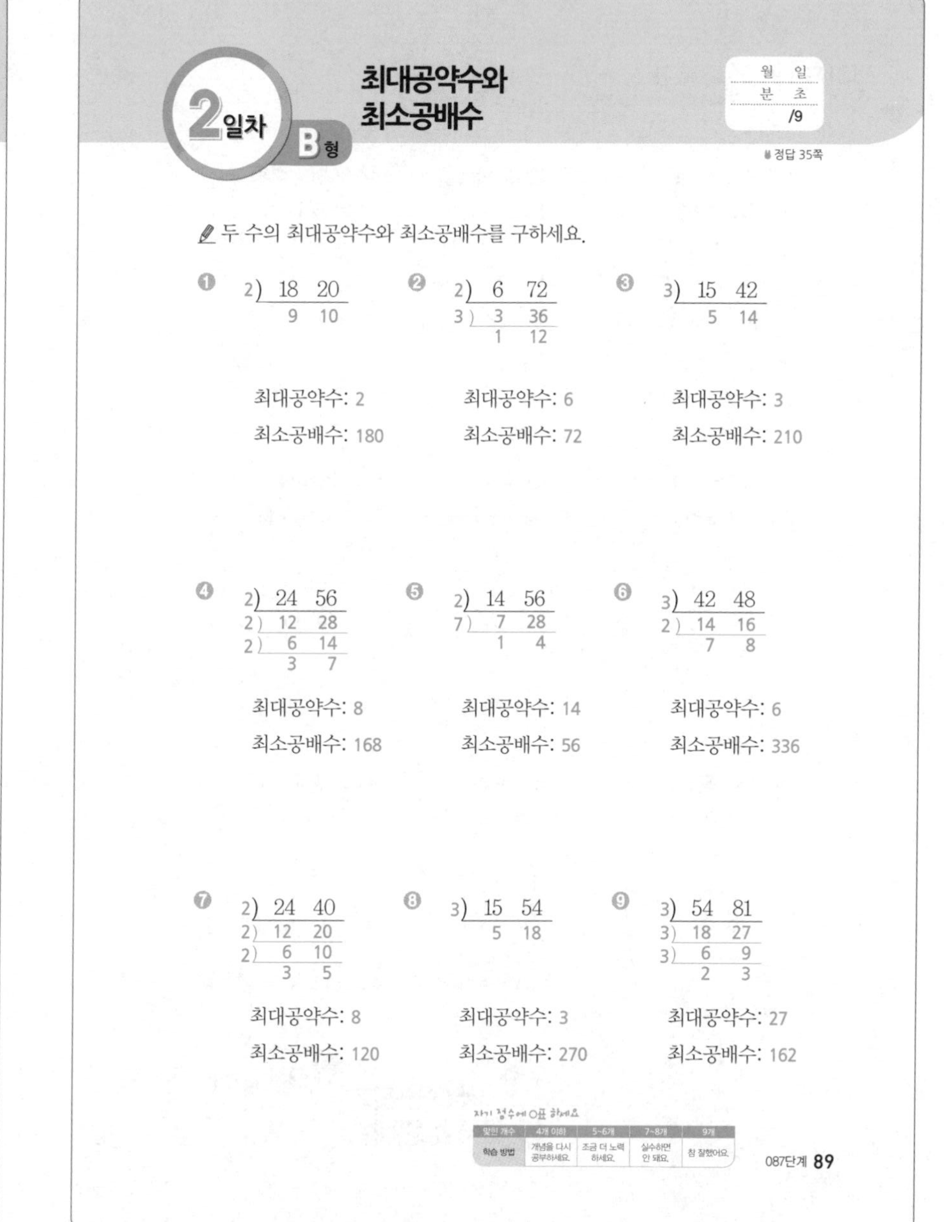

2일차 B형 최대공약수와 최소공배수

월 일 / 분 초 / /9

※ 정답 35쪽

두 수의 최대공약수와 최소공배수를 구하세요.

❶ 2) 18 20 → 9 10
최대공약수: 2
최소공배수: 180

❷ 2) 6 72 → 3) 3 36 → 1 12
최대공약수: 6
최소공배수: 72

❸ 3) 15 42 → 5 14
최대공약수: 3
최소공배수: 210

❹ 2) 24 56 → 2) 12 28 → 2) 6 14 → 3 7
최대공약수: 8
최소공배수: 168

❺ 2) 14 56 → 7) 7 28 → 1 4
최대공약수: 14
최소공배수: 56

❻ 3) 42 48 → 2) 14 16 → 7 8
최대공약수: 6
최소공배수: 336

❼ 2) 24 40 → 2) 12 20 → 2) 6 10 → 3 5
최대공약수: 8
최소공배수: 120

❽ 3) 15 54 → 5 18
최대공약수: 3
최소공배수: 270

❾ 3) 54 81 → 3) 18 27 → 3) 6 9 → 2 3
최대공약수: 27
최소공배수: 162

자기 점수에 ○표 하세요

맞힌 개수	4개 이하	5~6개	7~8개	9개
학습 방법	개념을 다시 공부하세요.	조금 더 노력하세요.	실수하면 안 돼요.	참 잘했어요.

087단계 89

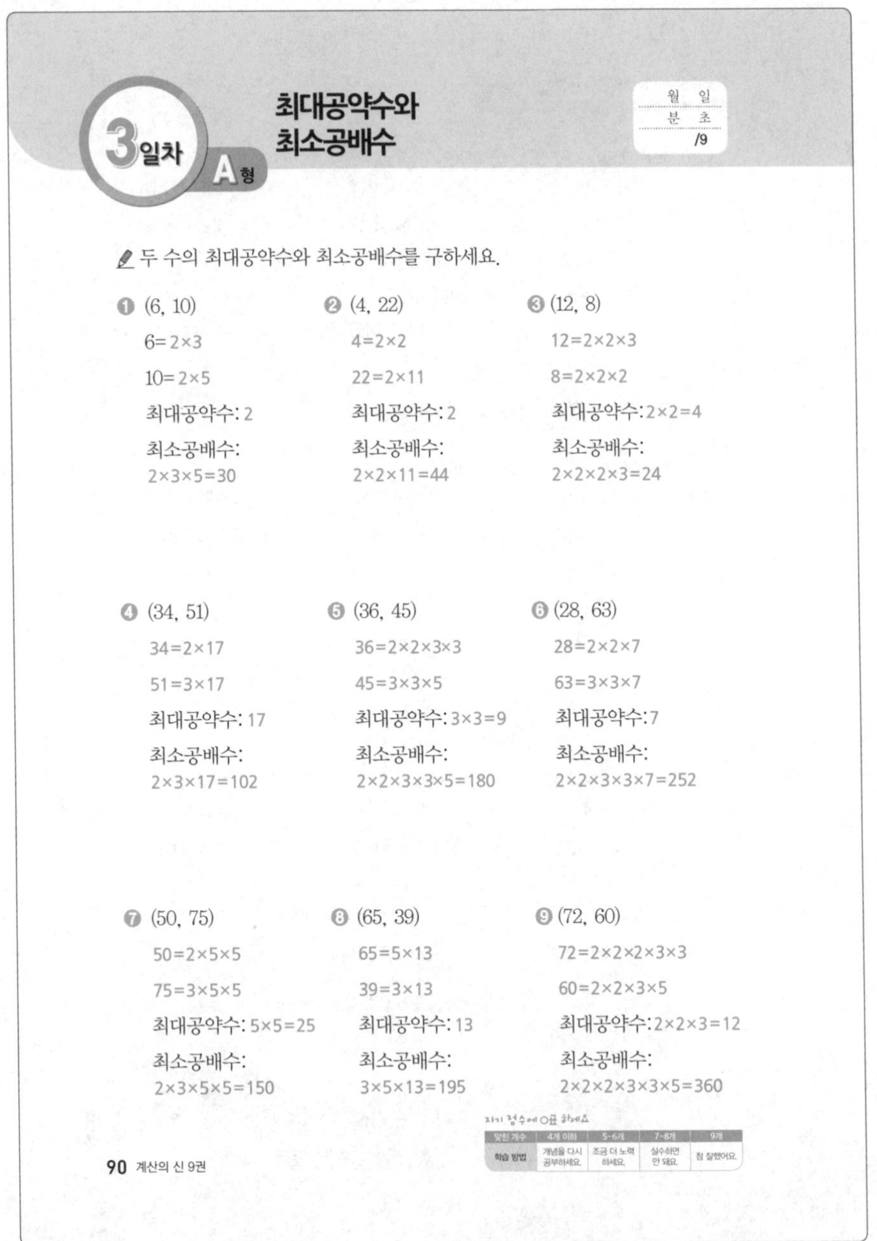

3일차 A형 최대공약수와 최소공배수

월 일 / 분 초 / /9

두 수의 최대공약수와 최소공배수를 구하세요.

❶ (6, 10)
6=2×3
10=2×5
최대공약수: 2
최소공배수: 2×3×5=30

❷ (4, 22)
4=2×2
22=2×11
최대공약수: 2
최소공배수: 2×2×11=44

❸ (12, 8)
12=2×2×3
8=2×2×2
최대공약수: 2×2=4
최소공배수: 2×2×2×3=24

❹ (34, 51)
34=2×17
51=3×17
최대공약수: 17
최소공배수: 2×3×17=102

❺ (36, 45)
36=2×2×3×3
45=3×3×5
최대공약수: 3×3=9
최소공배수: 2×2×3×3×5=180

❻ (28, 63)
28=2×2×7
63=3×3×7
최대공약수: 7
최소공배수: 2×2×3×3×7=252

❼ (50, 75)
50=2×5×5
75=3×5×5
최대공약수: 5×5=25
최소공배수: 2×3×5×5=150

❽ (65, 39)
65=5×13
39=3×13
최대공약수: 13
최소공배수: 3×5×13=195

❾ (72, 60)
72=2×2×2×3×3
60=2×2×3×5
최대공약수: 2×2×3=12
최소공배수: 2×2×2×3×3×5=360

자기 점수에 ○표 하세요.

맞힌 개수	4개 이하	5~6개	7~8개	9개
학습 방법	개념을 다시 공부하세요.	조금 더 노력하세요.	실수하면 안 돼요.	참 잘했어요.

90 계산의 신 9권

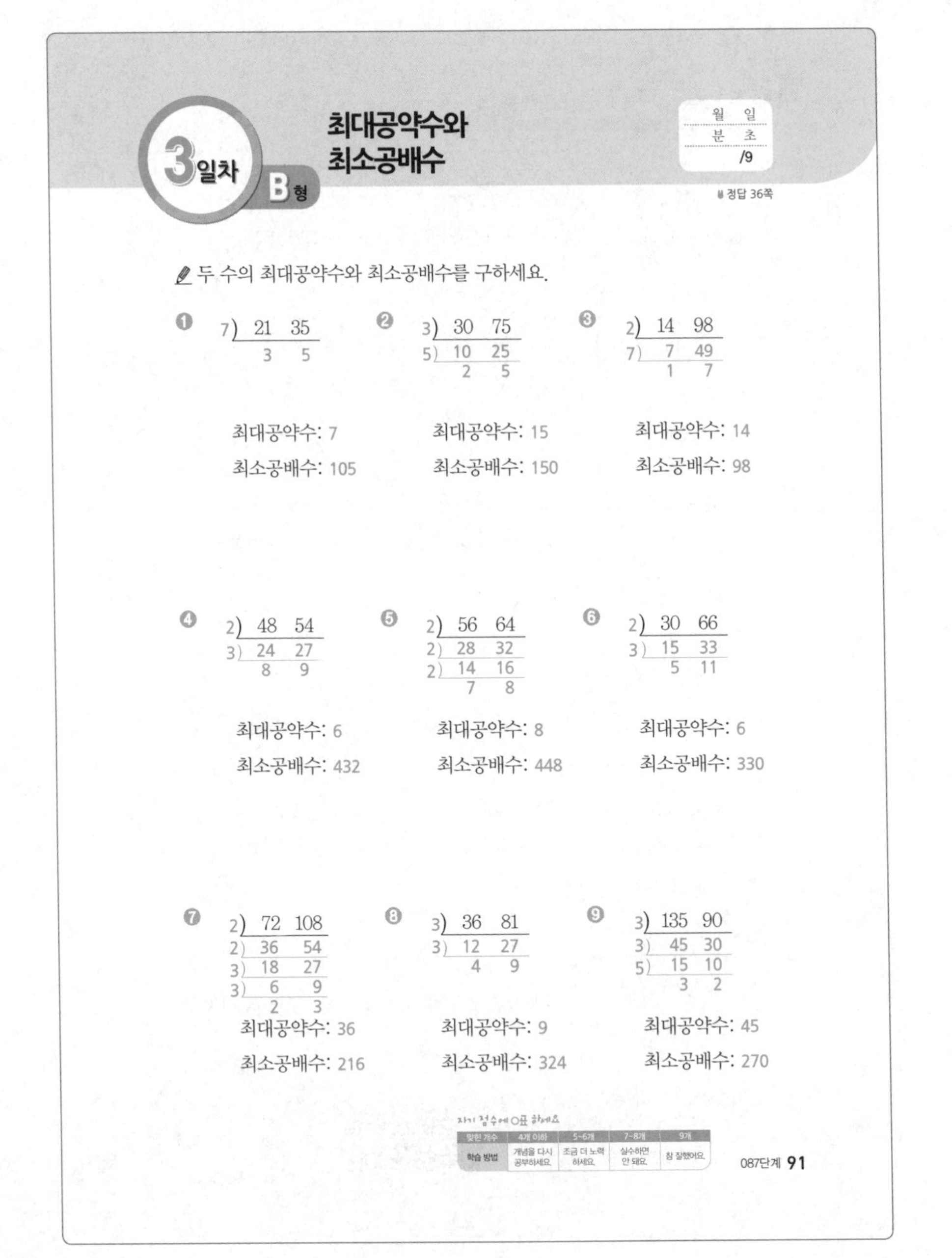

3일차 B형 최대공약수와 최소공배수

월 일 / 분 초 / /9

정답 36쪽

두 수의 최대공약수와 최소공배수를 구하세요.

❶ 7) 21 35 → 3 5
최대공약수: 7
최소공배수: 105

❷ 3) 30 75, 5) 10 25 → 2 5
최대공약수: 15
최소공배수: 150

❸ 2) 14 98, 7) 7 49 → 1 7
최대공약수: 14
최소공배수: 98

❹ 2) 48 54, 3) 24 27 → 8 9
최대공약수: 6
최소공배수: 432

❺ 2) 56 64, 2) 28 32, 2) 14 16 → 7 8
최대공약수: 8
최소공배수: 448

❻ 2) 30 66, 3) 15 33 → 5 11
최대공약수: 6
최소공배수: 330

❼ 2) 72 108, 2) 36 54, 3) 18 27, 3) 6 9 → 2 3
최대공약수: 36
최소공배수: 216

❽ 3) 36 81, 3) 12 27 → 4 9
최대공약수: 9
최소공배수: 324

❾ 3) 135 90, 3) 45 30, 5) 15 10 → 3 2
최대공약수: 45
최소공배수: 270

자기 점수에 ○표 하세요.

맞힌 개수	4개 이하	5~6개	7~8개	9개
학습 방법	개념을 다시 공부하세요.	조금 더 노력하세요.	실수하면 안 돼요.	참 잘했어요.

087단계 91

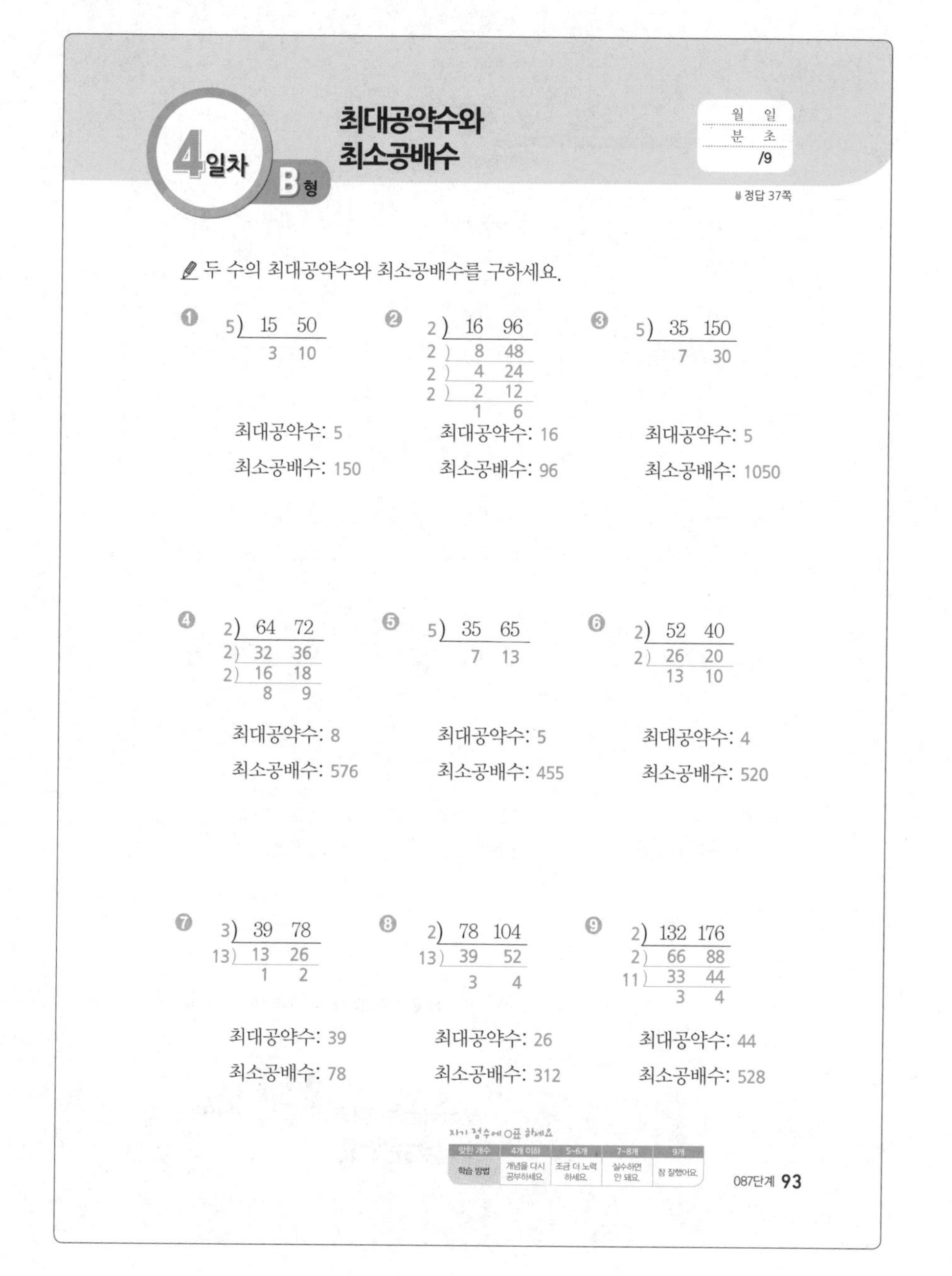

4일차 A형 최대공약수와 최소공배수

월 일 / 분 초 / /9

두 수의 최대공약수와 최소공배수를 구하세요.

❶ (10, 14)
10=2×5
14=2×7
최대공약수: 2
최소공배수: 2×5×7=70

❷ (16, 18)
16=2×2×2×2
18=2×3×3
최대공약수: 2
최소공배수: 2×2×2×2×3×3=144

❸ (15, 40)
15=3×5
40=2×2×2×5
최대공약수: 5
최소공배수: 2×2×2×3×5=120

❹ (24, 80)
24=2×2×2×3
80=2×2×2×2×5
최대공약수: 2×2×2=8
최소공배수: 2×2×2×2×3×5=240

❺ (38, 57)
38=2×19
57=3×19
최대공약수: 19
최소공배수: 2×3×19=114

❻ (52, 78)
52=2×2×13
78=2×3×13
최대공약수: 2×13=26
최소공배수: 2×2×3×13=156

❼ (48, 64)
48=2×2×2×2×3
64=2×2×2×2×2×2
최대공약수: 2×2×2×2=16
최소공배수: 2×2×2×2×2×2×3=192

❽ (60, 84)
60=2×2×3×5
84=2×2×3×7
최대공약수: 2×2×3=12
최소공배수: 2×2×3×5×7=420

❾ (63, 81)
63=3×3×7
81=3×3×3×3
최대공약수: 3×3=9
최소공배수: 3×3×3×3×7=567

자기 점수에 ○표 하세요

맞힌 개수	4개 이하	5~6개	7~8개	9개
학습 방법	개념을 다시 공부하세요.	조금 더 노력 하세요.	실수하면 안 돼요.	참 잘했어요.

4일차 B형 최대공약수와 최소공배수

월 일 / 분 초 / /9

정답 37쪽

두 수의 최대공약수와 최소공배수를 구하세요.

❶
5) 15 50
3 10
최대공약수: 5
최소공배수: 150

❷
2) 16 96
2) 8 48
2) 4 24
2) 2 12
1 6
최대공약수: 16
최소공배수: 96

❸
5) 35 150
7 30
최대공약수: 5
최소공배수: 1050

❹
2) 64 72
2) 32 36
2) 16 18
8 9
최대공약수: 8
최소공배수: 576

❺
5) 35 65
7 13
최대공약수: 5
최소공배수: 455

❻
2) 52 40
2) 26 20
13 10
최대공약수: 4
최소공배수: 520

❼
3) 39 78
13) 13 26
1 2
최대공약수: 39
최소공배수: 78

❽
2) 78 104
13) 39 52
3 4
최대공약수: 26
최소공배수: 312

❾
2) 132 176
2) 66 88
11) 33 44
3 4
최대공약수: 44
최소공배수: 528

자기 점수에 ○표 하세요

맞힌 개수	4개 이하	5~6개	7~8개	9개
학습 방법	개념을 다시 공부하세요.	조금 더 노력 하세요.	실수하면 안 돼요.	참 잘했어요.

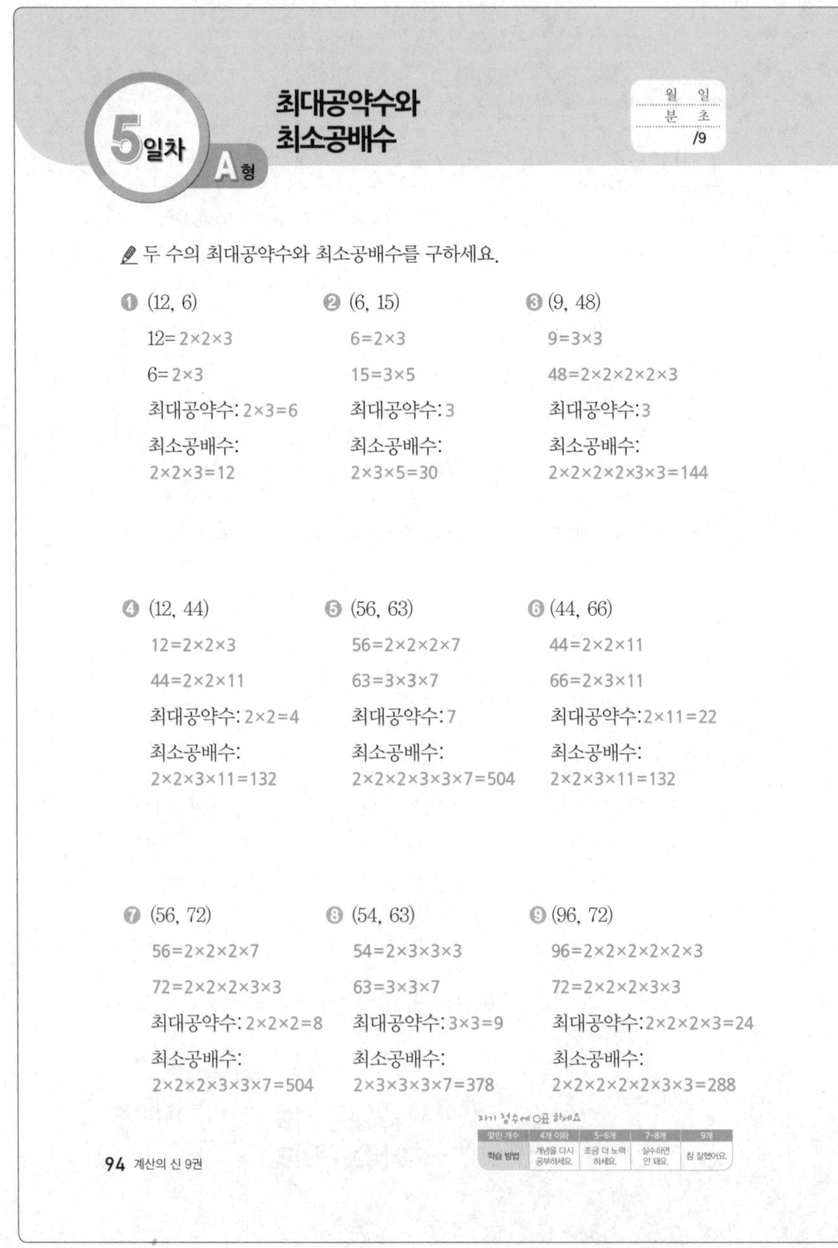

5일차 A형 최대공약수와 최소공배수

월 일 / 분 초 / /9

✎ 두 수의 최대공약수와 최소공배수를 구하세요.

❶ (12, 6)
12=2×2×3
6=2×3
최대공약수: 2×3=6
최소공배수: 2×2×3=12

❷ (6, 15)
6=2×3
15=3×5
최대공약수: 3
최소공배수: 2×3×5=30

❸ (9, 48)
9=3×3
48=2×2×2×2×3
최대공약수: 3
최소공배수: 2×2×2×2×3×3=144

❹ (12, 44)
12=2×2×3
44=2×2×11
최대공약수: 2×2=4
최소공배수: 2×2×3×11=132

❺ (56, 63)
56=2×2×2×7
63=3×3×7
최대공약수: 7
최소공배수: 2×2×2×3×3×7=504

❻ (44, 66)
44=2×2×11
66=2×3×11
최대공약수: 2×11=22
최소공배수: 2×2×3×11=132

❼ (56, 72)
56=2×2×2×7
72=2×2×2×3×3
최대공약수: 2×2×2=8
최소공배수: 2×2×2×3×3×7=504

❽ (54, 63)
54=2×3×3×3
63=3×3×7
최대공약수: 3×3=9
최소공배수: 2×3×3×3×7=378

❾ (96, 72)
96=2×2×2×2×2×3
72=2×2×2×3×3
최대공약수: 2×2×2×3=24
최소공배수: 2×2×2×2×2×3×3=288

자기 점수에 ○표 하세요

맞힌 개수	4개 이하	5~6개	7~8개	9개
학습 방법	개념을 다시 공부하세요.	조금 더 노력하세요.	실수하면 안 돼요.	참 잘했어요.

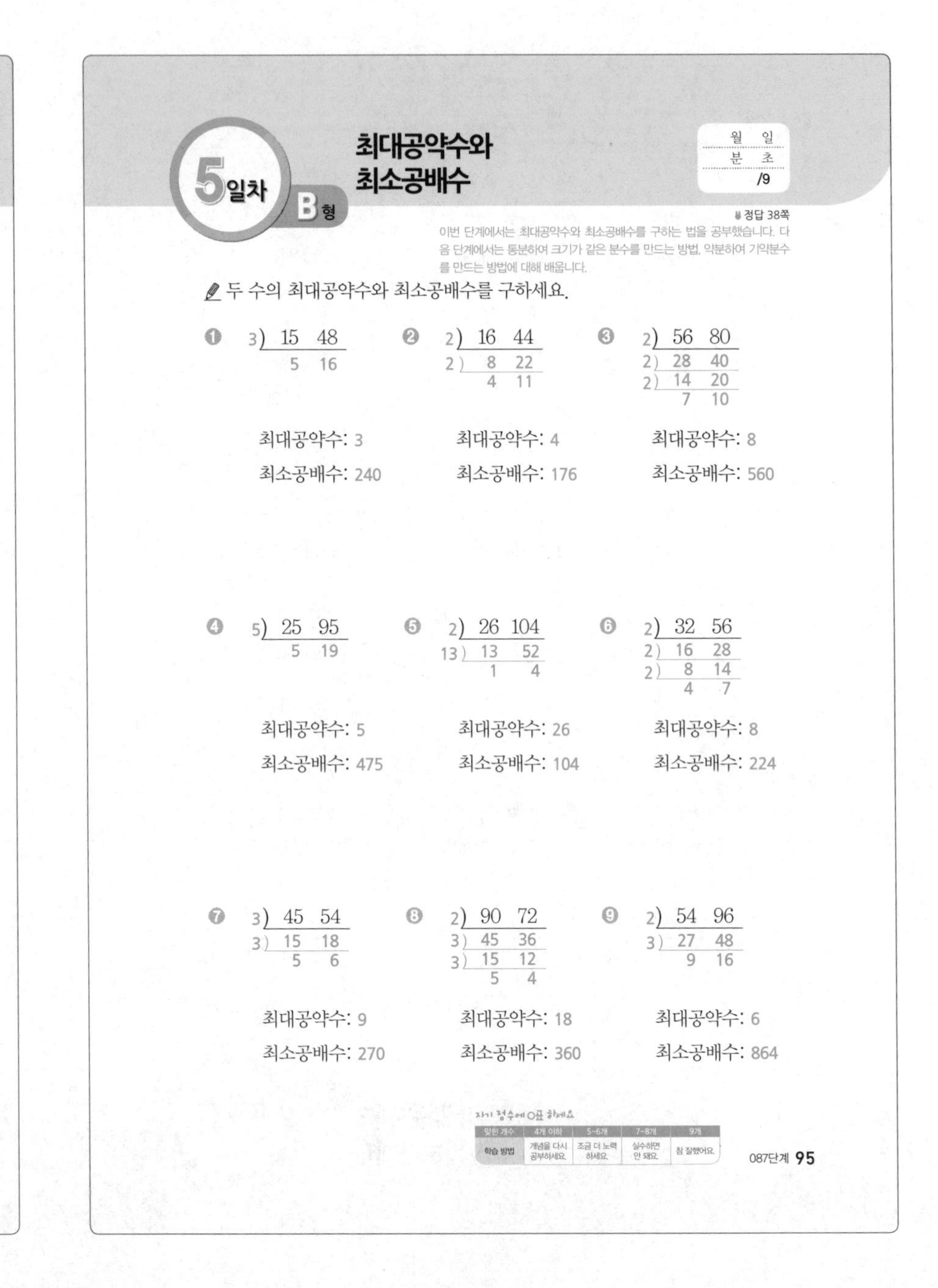

5일차 B형 최대공약수와 최소공배수

월 일 / 분 초 / /9

정답 38쪽

이번 단계에서는 최대공약수와 최소공배수를 구하는 법을 공부했습니다. 다음 단계에서는 통분하여 크기가 같은 분수를 만드는 방법, 약분하여 기약분수를 만드는 방법에 대해 배웁니다.

✎ 두 수의 최대공약수와 최소공배수를 구하세요.

❶
3) 15 48
   5 16
최대공약수: 3
최소공배수: 240

❷
2) 16 44
2) 8 22
   4 11
최대공약수: 4
최소공배수: 176

❸
2) 56 80
2) 28 40
2) 14 20
   7 10
최대공약수: 8
최소공배수: 560

❹
5) 25 95
   5 19
최대공약수: 5
최소공배수: 475

❺
2) 26 104
13) 13 52
   1 4
최대공약수: 26
최소공배수: 104

❻
2) 32 56
2) 16 28
2) 8 14
   4 7
최대공약수: 8
최소공배수: 224

❼
3) 45 54
3) 15 18
   5 6
최대공약수: 9
최소공배수: 270

❽
2) 90 72
3) 45 36
3) 15 12
   5 4
최대공약수: 18
최소공배수: 360

❾
2) 54 96
3) 27 48
   9 16
최대공약수: 6
최소공배수: 864

자기 점수에 ○표 하세요

맞힌 개수	4개 이하	5~6개	7~8개	9개
학습 방법	개념을 다시 공부하세요.	조금 더 노력하세요.	실수하면 안 돼요.	참 잘했어요.

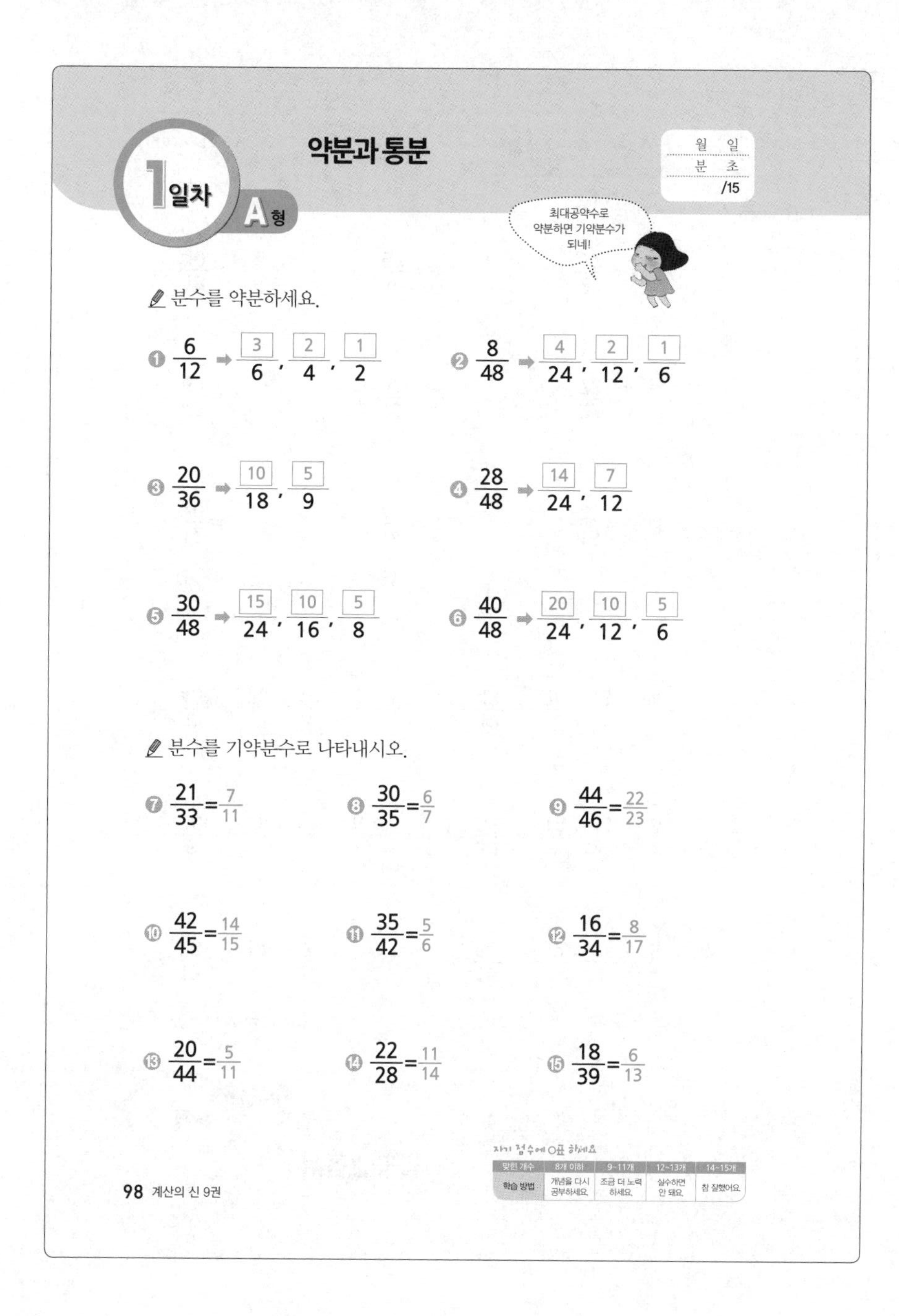

1일차 A형 약분과 통분

월 일 / 분 초 / /15

분수를 약분하세요.

① $\frac{6}{12} \rightarrow \frac{3}{6}, \frac{2}{4}, \frac{1}{2}$

② $\frac{8}{48} \rightarrow \frac{4}{24}, \frac{2}{12}, \frac{1}{6}$

③ $\frac{20}{36} \rightarrow \frac{10}{18}, \frac{5}{9}$

④ $\frac{28}{48} \rightarrow \frac{14}{24}, \frac{7}{12}$

⑤ $\frac{30}{48} \rightarrow \frac{15}{24}, \frac{10}{16}, \frac{5}{8}$

⑥ $\frac{40}{48} \rightarrow \frac{20}{24}, \frac{10}{12}, \frac{5}{6}$

분수를 기약분수로 나타내시오.

⑦ $\frac{21}{33}=\frac{7}{11}$ ⑧ $\frac{30}{35}=\frac{6}{7}$ ⑨ $\frac{44}{46}=\frac{22}{23}$

⑩ $\frac{42}{45}=\frac{14}{15}$ ⑪ $\frac{35}{42}=\frac{5}{6}$ ⑫ $\frac{16}{34}=\frac{8}{17}$

⑬ $\frac{20}{44}=\frac{5}{11}$ ⑭ $\frac{22}{28}=\frac{11}{14}$ ⑮ $\frac{18}{39}=\frac{6}{13}$

맞힌 개수	8개 이하	9~11개	12~13개	14~15개
학습 방법	개념을 다시 공부하세요.	조금 더 노력하세요.	실수하면 안 돼요.	참 잘했어요.

98 계산의 신 9권

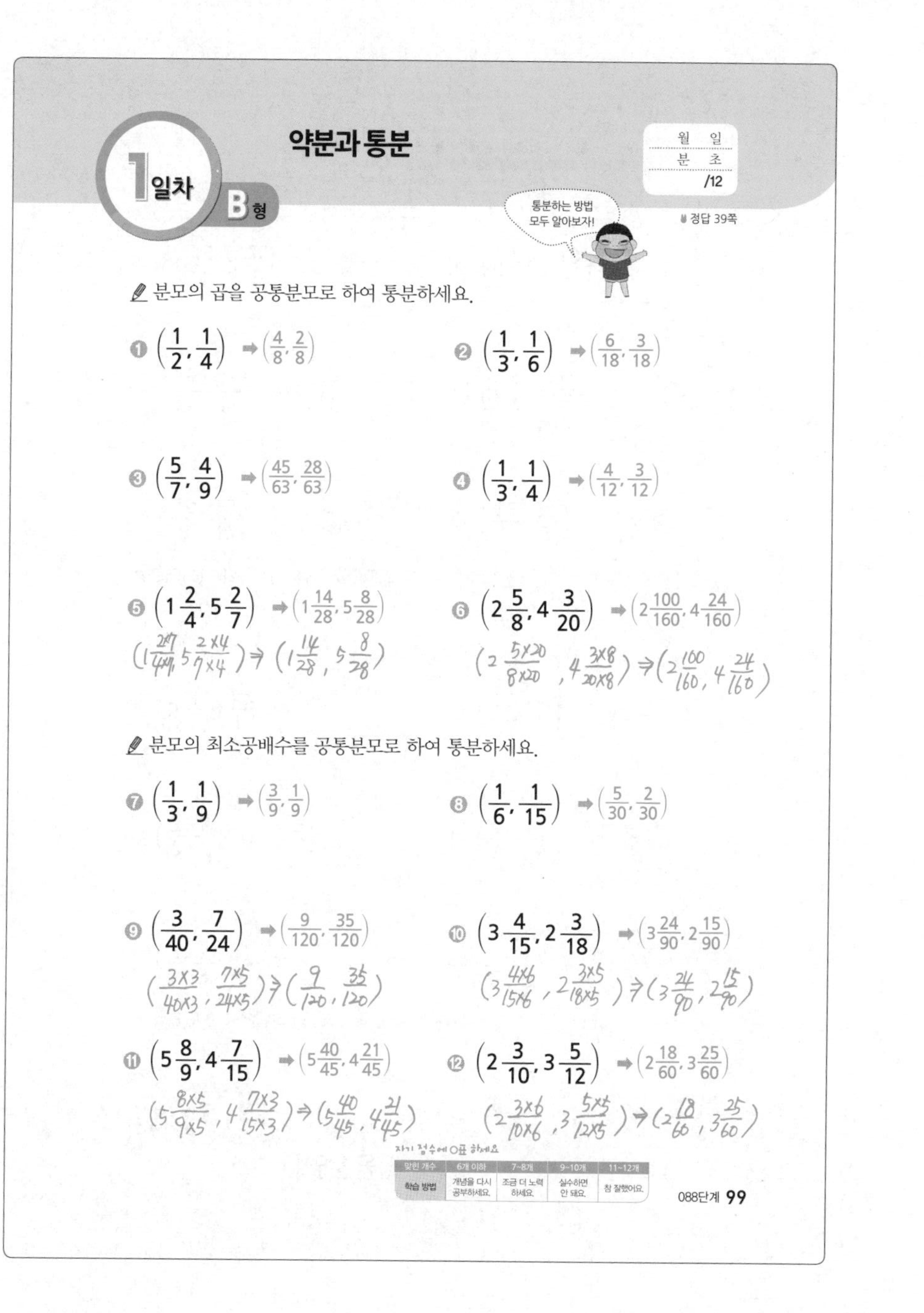

1일차 B형 약분과 통분

월 일 / 분 초 / /12

정답 39쪽

분모의 곱을 공통분모로 하여 통분하세요.

① $\left(\frac{1}{2}, \frac{1}{4}\right) \rightarrow \left(\frac{4}{8}, \frac{2}{8}\right)$

② $\left(\frac{1}{3}, \frac{1}{6}\right) \rightarrow \left(\frac{6}{18}, \frac{3}{18}\right)$

③ $\left(\frac{5}{7}, \frac{4}{9}\right) \rightarrow \left(\frac{45}{63}, \frac{28}{63}\right)$

④ $\left(\frac{1}{3}, \frac{1}{4}\right) \rightarrow \left(\frac{4}{12}, \frac{3}{12}\right)$

⑤ $\left(1\frac{2}{4}, 5\frac{2}{7}\right) \rightarrow \left(1\frac{14}{28}, 5\frac{8}{28}\right)$

⑥ $\left(2\frac{5}{8}, 4\frac{3}{20}\right) \rightarrow \left(2\frac{100}{160}, 4\frac{24}{160}\right)$

분모의 최소공배수를 공통분모로 하여 통분하세요.

⑦ $\left(\frac{1}{3}, \frac{1}{9}\right) \rightarrow \left(\frac{3}{9}, \frac{1}{9}\right)$

⑧ $\left(\frac{1}{6}, \frac{1}{15}\right) \rightarrow \left(\frac{5}{30}, \frac{2}{30}\right)$

⑨ $\left(\frac{3}{40}, \frac{7}{24}\right) \rightarrow \left(\frac{9}{120}, \frac{35}{120}\right)$

⑩ $\left(3\frac{4}{15}, 2\frac{3}{18}\right) \rightarrow \left(3\frac{24}{90}, 2\frac{15}{90}\right)$

⑪ $\left(5\frac{8}{9}, 4\frac{7}{15}\right) \rightarrow \left(5\frac{40}{45}, 4\frac{21}{45}\right)$

⑫ $\left(2\frac{3}{10}, 3\frac{5}{12}\right) \rightarrow \left(2\frac{18}{60}, 3\frac{25}{60}\right)$

맞힌 개수	6개 이하	7~8개	9~10개	11~12개
학습 방법	개념을 다시 공부하세요.	조금 더 노력하세요.	실수하면 안 돼요.	참 잘했어요.

088단계 99

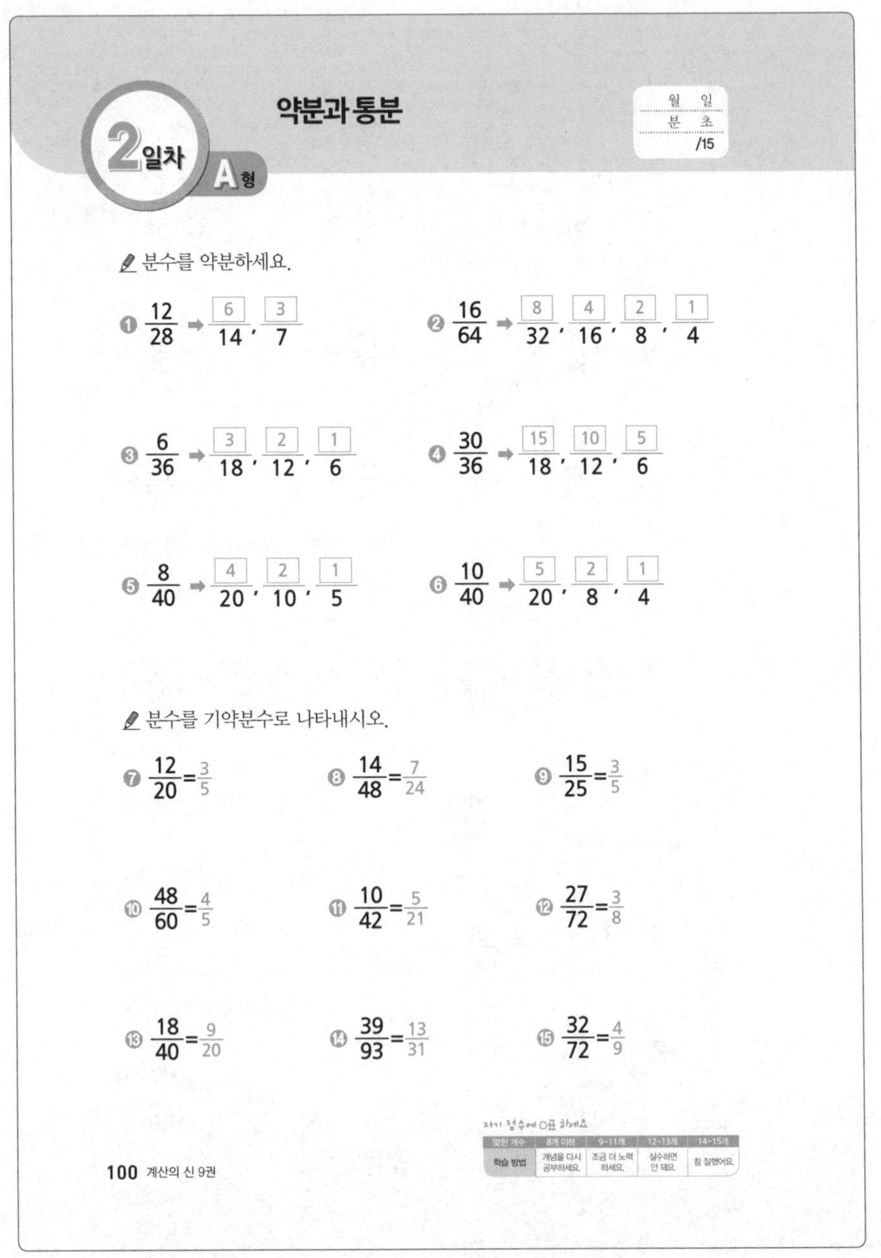

2일차 A형 약분과 통분

월 일 / 분 초 / /15

✎ 분수를 약분하세요.

❶ $\frac{12}{28} \rightarrow \frac{6}{14}, \frac{3}{7}$

❷ $\frac{16}{64} \rightarrow \frac{8}{32}, \frac{4}{16}, \frac{2}{8}, \frac{1}{4}$

❸ $\frac{6}{36} \rightarrow \frac{3}{18}, \frac{2}{12}, \frac{1}{6}$

❹ $\frac{30}{36} \rightarrow \frac{15}{18}, \frac{10}{12}, \frac{5}{6}$

❺ $\frac{8}{40} \rightarrow \frac{4}{20}, \frac{2}{10}, \frac{1}{5}$

❻ $\frac{10}{40} \rightarrow \frac{5}{20}, \frac{2}{8}, \frac{1}{4}$

✎ 분수를 기약분수로 나타내시오.

❼ $\frac{12}{20}=\frac{3}{5}$

❽ $\frac{14}{48}=\frac{7}{24}$

❾ $\frac{15}{25}=\frac{3}{5}$

❿ $\frac{48}{60}=\frac{4}{5}$

⓫ $\frac{10}{42}=\frac{5}{21}$

⓬ $\frac{27}{72}=\frac{3}{8}$

⓭ $\frac{18}{40}=\frac{9}{20}$

⓮ $\frac{39}{93}=\frac{13}{31}$

⓯ $\frac{32}{72}=\frac{4}{9}$

자기 점수에 ○표 하세요

맞힌 개수	8개 이하	9~11개	12~13개	14~15개
학습 방법	개념을 다시 공부하세요.	조금 더 노력하세요.	실수하면 안 돼요.	참 잘했어요.

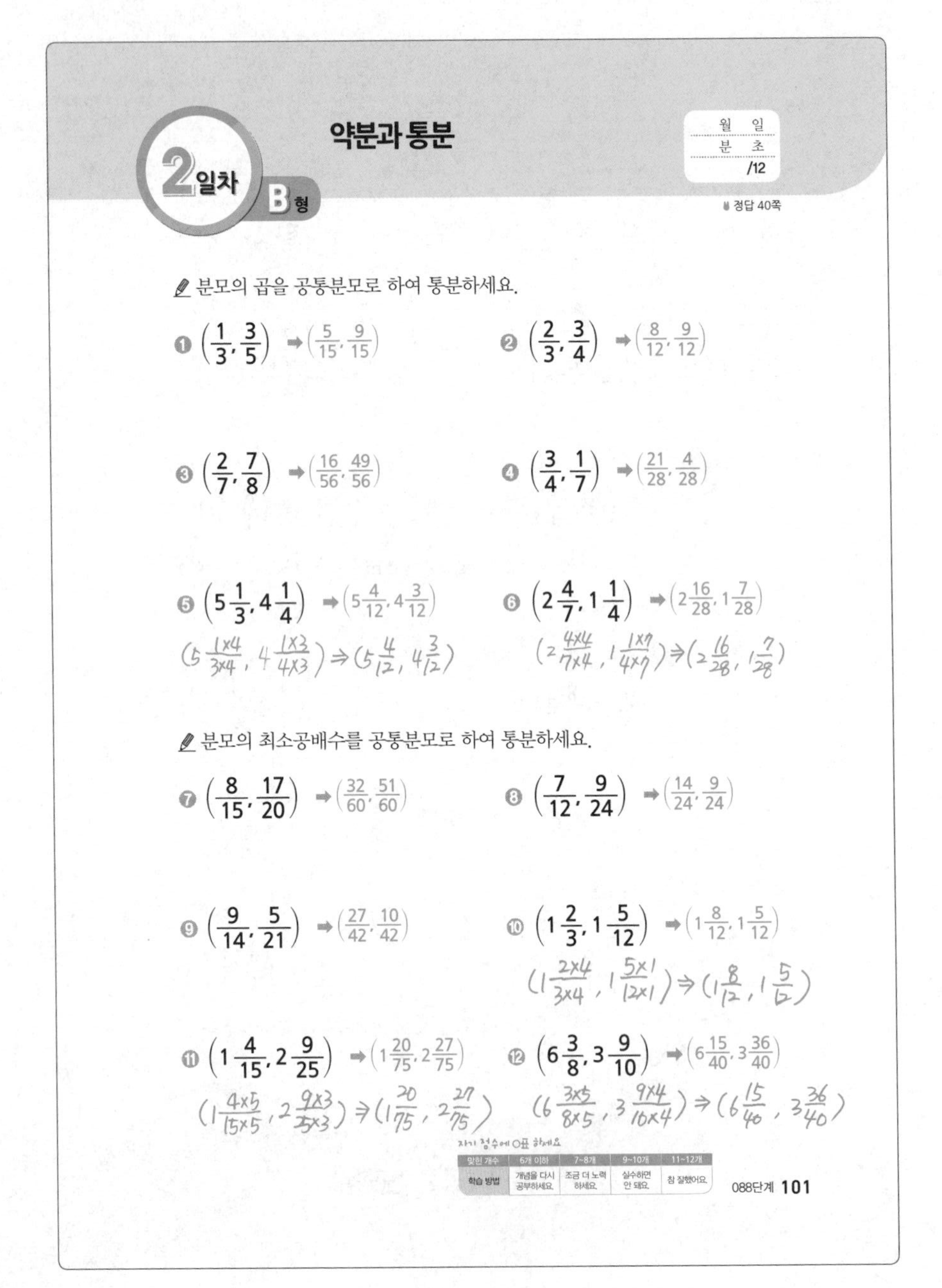

2일차 B형 약분과 통분

월 일 / 분 초 / /12

정답 40쪽

✎ 분모의 곱을 공통분모로 하여 통분하세요.

❶ $\left(\frac{1}{3}, \frac{3}{5}\right) \rightarrow \left(\frac{5}{15}, \frac{9}{15}\right)$

❷ $\left(\frac{2}{3}, \frac{3}{4}\right) \rightarrow \left(\frac{8}{12}, \frac{9}{12}\right)$

❸ $\left(\frac{2}{7}, \frac{7}{8}\right) \rightarrow \left(\frac{16}{56}, \frac{49}{56}\right)$

❹ $\left(\frac{3}{4}, \frac{1}{7}\right) \rightarrow \left(\frac{21}{28}, \frac{4}{28}\right)$

❺ $\left(5\frac{1}{3}, 4\frac{1}{4}\right) \rightarrow \left(5\frac{4}{12}, 4\frac{3}{12}\right)$

$\left(5\frac{1\times4}{3\times4}, 4\frac{1\times3}{4\times3}\right) \Rightarrow \left(5\frac{4}{12}, 4\frac{3}{12}\right)$

❻ $\left(2\frac{4}{7}, 1\frac{1}{4}\right) \rightarrow \left(2\frac{16}{28}, 1\frac{7}{28}\right)$

$\left(2\frac{4\times4}{7\times4}, 1\frac{1\times7}{4\times7}\right) \Rightarrow \left(2\frac{16}{28}, 1\frac{7}{28}\right)$

✎ 분모의 최소공배수를 공통분모로 하여 통분하세요.

❼ $\left(\frac{8}{15}, \frac{17}{20}\right) \rightarrow \left(\frac{32}{60}, \frac{51}{60}\right)$

❽ $\left(\frac{7}{12}, \frac{9}{24}\right) \rightarrow \left(\frac{14}{24}, \frac{9}{24}\right)$

❾ $\left(\frac{9}{14}, \frac{5}{21}\right) \rightarrow \left(\frac{27}{42}, \frac{10}{42}\right)$

❿ $\left(1\frac{2}{3}, 1\frac{5}{12}\right) \rightarrow \left(1\frac{8}{12}, 1\frac{5}{12}\right)$

$\left(1\frac{2\times4}{3\times4}, 1\frac{5\times1}{12\times1}\right) \Rightarrow \left(1\frac{8}{12}, 1\frac{5}{12}\right)$

⓫ $\left(1\frac{4}{15}, 2\frac{9}{25}\right) \rightarrow \left(1\frac{20}{75}, 2\frac{27}{75}\right)$

$\left(1\frac{4\times5}{15\times5}, 2\frac{9\times3}{25\times3}\right) \Rightarrow \left(1\frac{20}{75}, 2\frac{27}{75}\right)$

⓬ $\left(6\frac{3}{8}, 3\frac{9}{10}\right) \rightarrow \left(6\frac{15}{40}, 3\frac{36}{40}\right)$

$\left(6\frac{3\times5}{8\times5}, 3\frac{9\times4}{10\times4}\right) \Rightarrow \left(6\frac{15}{40}, 3\frac{36}{40}\right)$

자기 점수에 ○표 하세요

맞힌 개수	6개 이하	7~8개	9~10개	11~12개
학습 방법	개념을 다시 공부하세요.	조금 더 노력하세요.	실수하면 안 돼요.	참 잘했어요.

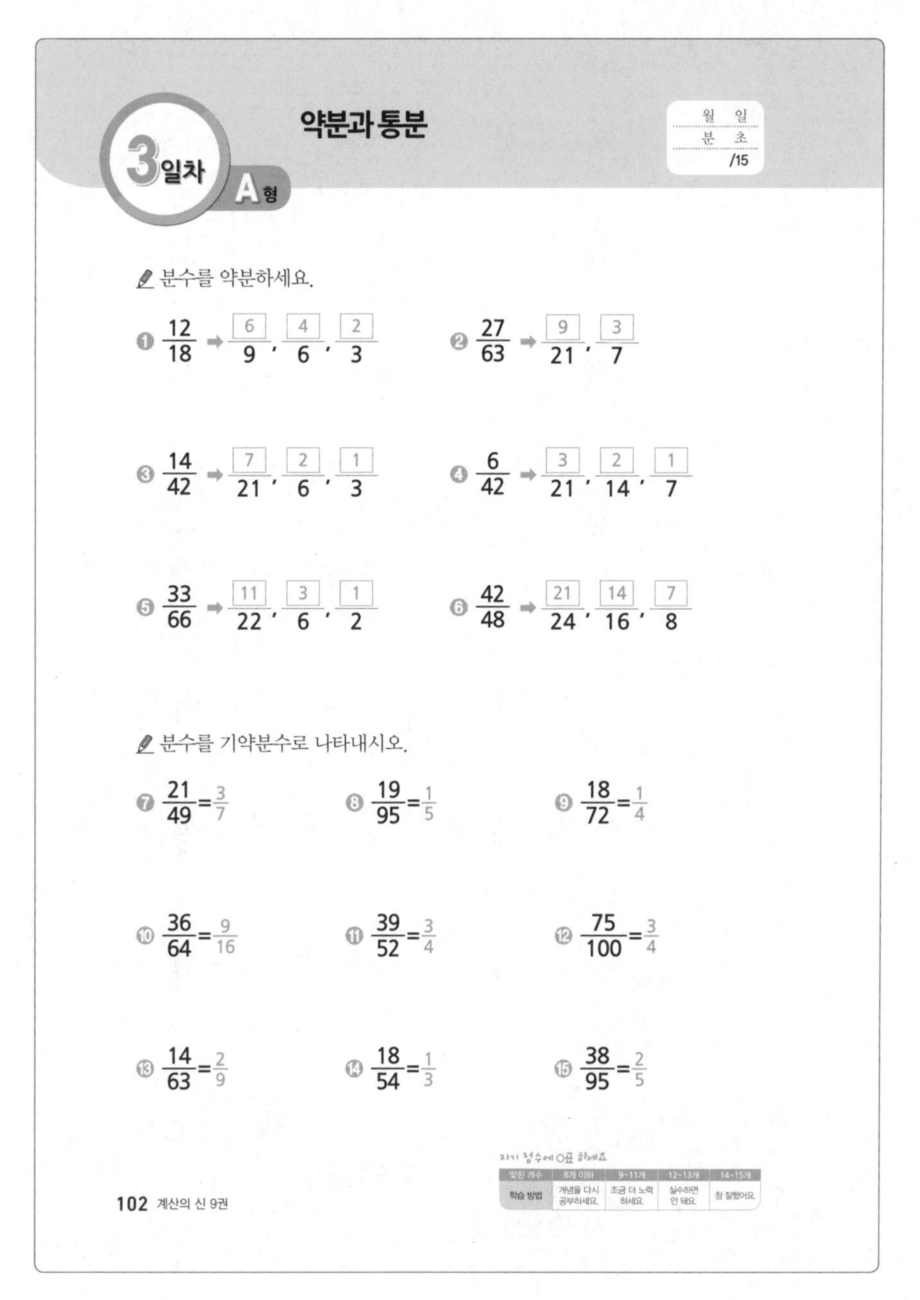

3일차 A형

약분과 통분

월 일 / 분 초 / /15

분수를 약분하세요.

❶ $\frac{12}{18} \rightarrow \frac{6}{9}, \frac{4}{6}, \frac{2}{3}$
❷ $\frac{27}{63} \rightarrow \frac{9}{21}, \frac{3}{7}$

❸ $\frac{14}{42} \rightarrow \frac{7}{21}, \frac{2}{6}, \frac{1}{3}$
❹ $\frac{6}{42} \rightarrow \frac{3}{21}, \frac{2}{14}, \frac{1}{7}$

❺ $\frac{33}{66} \rightarrow \frac{11}{22}, \frac{3}{6}, \frac{1}{2}$
❻ $\frac{42}{48} \rightarrow \frac{21}{24}, \frac{14}{16}, \frac{7}{8}$

분수를 기약분수로 나타내시오.

❼ $\frac{21}{49}=\frac{3}{7}$ ❽ $\frac{19}{95}=\frac{1}{5}$ ❾ $\frac{18}{72}=\frac{1}{4}$

❿ $\frac{36}{64}=\frac{9}{16}$ ⓫ $\frac{39}{52}=\frac{3}{4}$ ⓬ $\frac{75}{100}=\frac{3}{4}$

⓭ $\frac{14}{63}=\frac{2}{9}$ ⓮ $\frac{18}{54}=\frac{1}{3}$ ⓯ $\frac{38}{95}=\frac{2}{5}$

자기 점수에 ○표 하세요.

맞힌 개수	8개 이하	9~11개	12~13개	14~15개
학습 방법	개념을 다시 공부하세요.	조금 더 노력하세요.	실수하면 안 돼요.	참 잘했어요.

102 계산의 신 9권

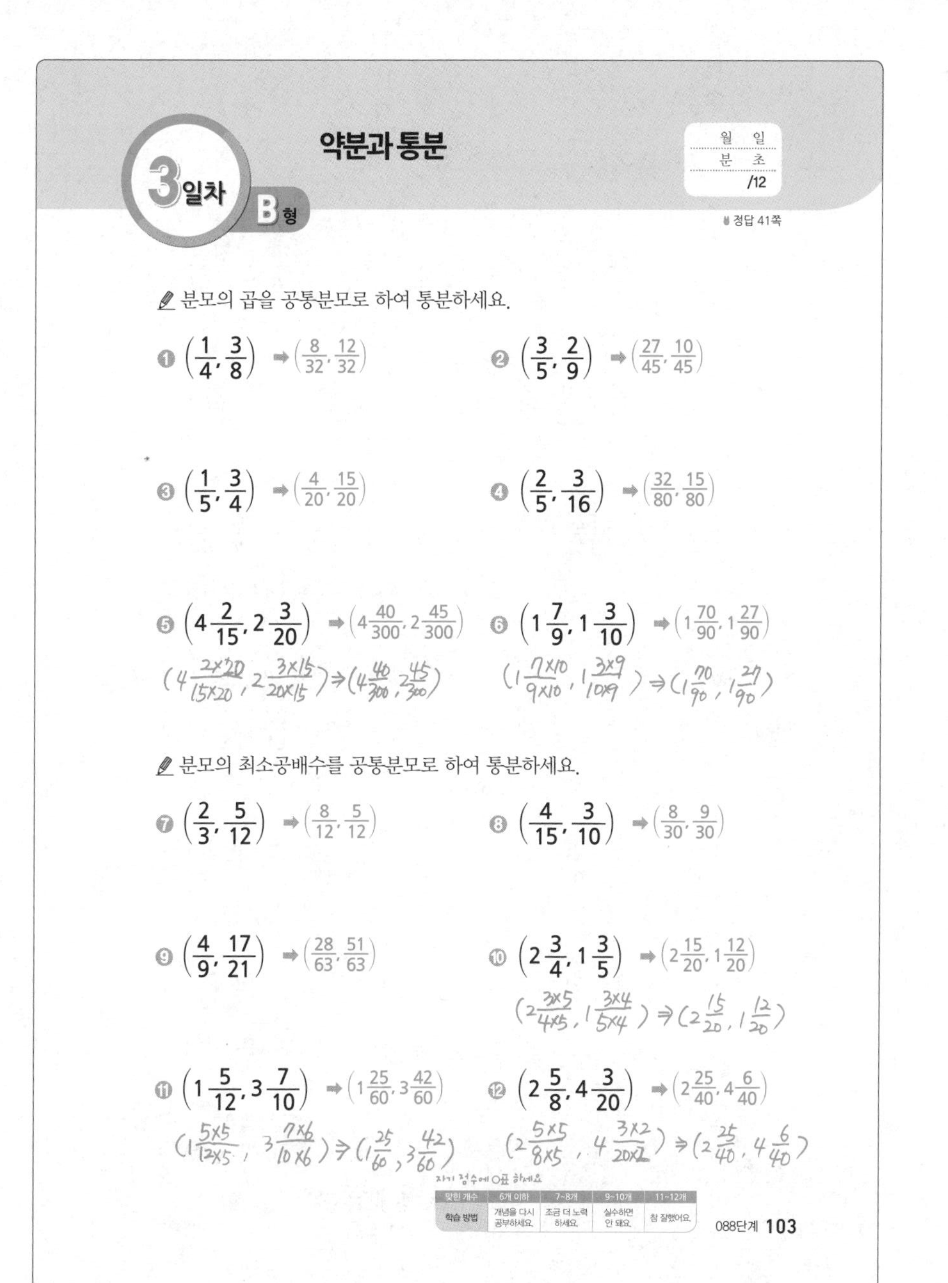

3일차 B형

약분과 통분

월 일 / 분 초 / /12

정답 41쪽

분모의 곱을 공통분모로 하여 통분하세요.

❶ $\left(\frac{1}{4}, \frac{3}{8}\right) \rightarrow \left(\frac{8}{32}, \frac{12}{32}\right)$
❷ $\left(\frac{3}{5}, \frac{2}{9}\right) \rightarrow \left(\frac{27}{45}, \frac{10}{45}\right)$

❸ $\left(\frac{1}{5}, \frac{3}{4}\right) \rightarrow \left(\frac{4}{20}, \frac{15}{20}\right)$
❹ $\left(\frac{2}{5}, \frac{3}{16}\right) \rightarrow \left(\frac{32}{80}, \frac{15}{80}\right)$

❺ $\left(4\frac{2}{15}, 2\frac{3}{20}\right) \rightarrow \left(4\frac{40}{300}, 2\frac{45}{300}\right)$
$\left(4\frac{2\times20}{15\times20}, 2\frac{3\times15}{20\times15}\right) \Rightarrow \left(4\frac{40}{300}, 2\frac{45}{300}\right)$

❻ $\left(1\frac{7}{9}, 1\frac{3}{10}\right) \rightarrow \left(1\frac{70}{90}, 1\frac{27}{90}\right)$
$\left(1\frac{7\times10}{9\times10}, 1\frac{3\times9}{10\times9}\right) \Rightarrow \left(1\frac{70}{90}, 1\frac{27}{90}\right)$

분모의 최소공배수를 공통분모로 하여 통분하세요.

❼ $\left(\frac{2}{3}, \frac{5}{12}\right) \rightarrow \left(\frac{8}{12}, \frac{5}{12}\right)$
❽ $\left(\frac{4}{15}, \frac{3}{10}\right) \rightarrow \left(\frac{8}{30}, \frac{9}{30}\right)$

❾ $\left(\frac{4}{9}, \frac{17}{21}\right) \rightarrow \left(\frac{28}{63}, \frac{51}{63}\right)$
❿ $\left(2\frac{3}{4}, 1\frac{3}{5}\right) \rightarrow \left(2\frac{15}{20}, 1\frac{12}{20}\right)$
$\left(2\frac{3\times5}{4\times5}, 1\frac{3\times4}{5\times4}\right) \Rightarrow \left(2\frac{15}{20}, 1\frac{12}{20}\right)$

⓫ $\left(1\frac{5}{12}, 3\frac{7}{10}\right) \rightarrow \left(1\frac{25}{60}, 3\frac{42}{60}\right)$
$\left(1\frac{5\times5}{12\times5}, 3\frac{7\times6}{10\times6}\right) \Rightarrow \left(1\frac{25}{60}, 3\frac{42}{60}\right)$

⓬ $\left(2\frac{5}{8}, 4\frac{3}{20}\right) \rightarrow \left(2\frac{25}{40}, 4\frac{6}{40}\right)$
$\left(2\frac{5\times5}{8\times5}, 4\frac{3\times2}{20\times2}\right) \Rightarrow \left(2\frac{25}{40}, 4\frac{6}{40}\right)$

자기 점수에 ○표 하세요.

맞힌 개수	6개 이하	7~8개	9~10개	11~12개
학습 방법	개념을 다시 공부하세요.	조금 더 노력하세요.	실수하면 안 돼요.	참 잘했어요.

088단계 103

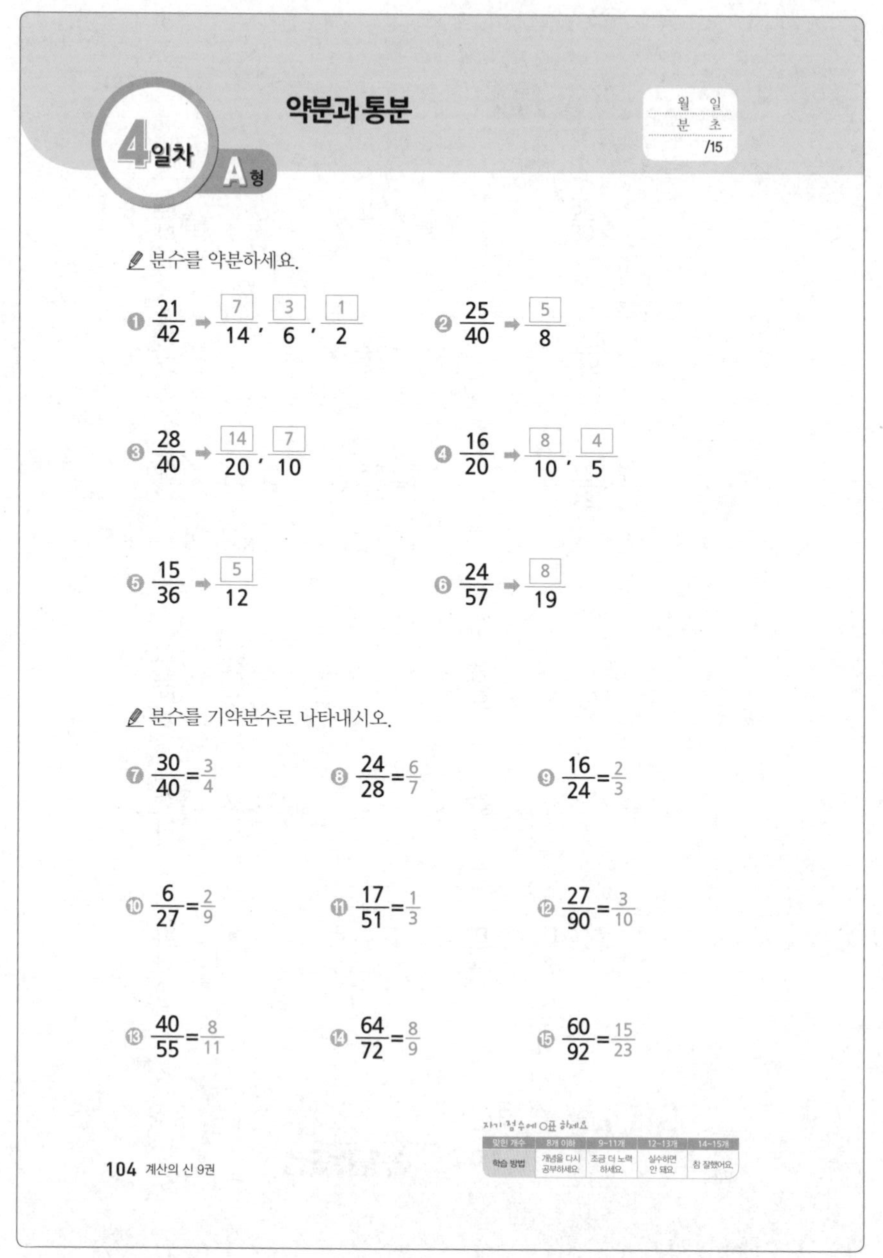

4일차 A형 약분과 통분

월 일 / 분 초 / /15

✎ 분수를 약분하세요.

❶ $\frac{21}{42} \Rightarrow \frac{7}{14}, \frac{3}{6}, \frac{1}{2}$

❷ $\frac{25}{40} \Rightarrow \frac{5}{8}$

❸ $\frac{28}{40} \Rightarrow \frac{14}{20}, \frac{7}{10}$

❹ $\frac{16}{20} \Rightarrow \frac{8}{10}, \frac{4}{5}$

❺ $\frac{15}{36} \Rightarrow \frac{5}{12}$

❻ $\frac{24}{57} \Rightarrow \frac{8}{19}$

✎ 분수를 기약분수로 나타내시오.

❼ $\frac{30}{40}=\frac{3}{4}$

❽ $\frac{24}{28}=\frac{6}{7}$

❾ $\frac{16}{24}=\frac{2}{3}$

❿ $\frac{6}{27}=\frac{2}{9}$

⓫ $\frac{17}{51}=\frac{1}{3}$

⓬ $\frac{27}{90}=\frac{3}{10}$

⓭ $\frac{40}{55}=\frac{8}{11}$

⓮ $\frac{64}{72}=\frac{8}{9}$

⓯ $\frac{60}{92}=\frac{15}{23}$

자기 점수에 ○표 하세요.

맞힌 개수	8개 이하	9~11개	12~13개	14~15개
학습 방법	개념을 다시 공부하세요.	조금 더 노력 하세요.	실수하면 안 돼요.	참 잘했어요.

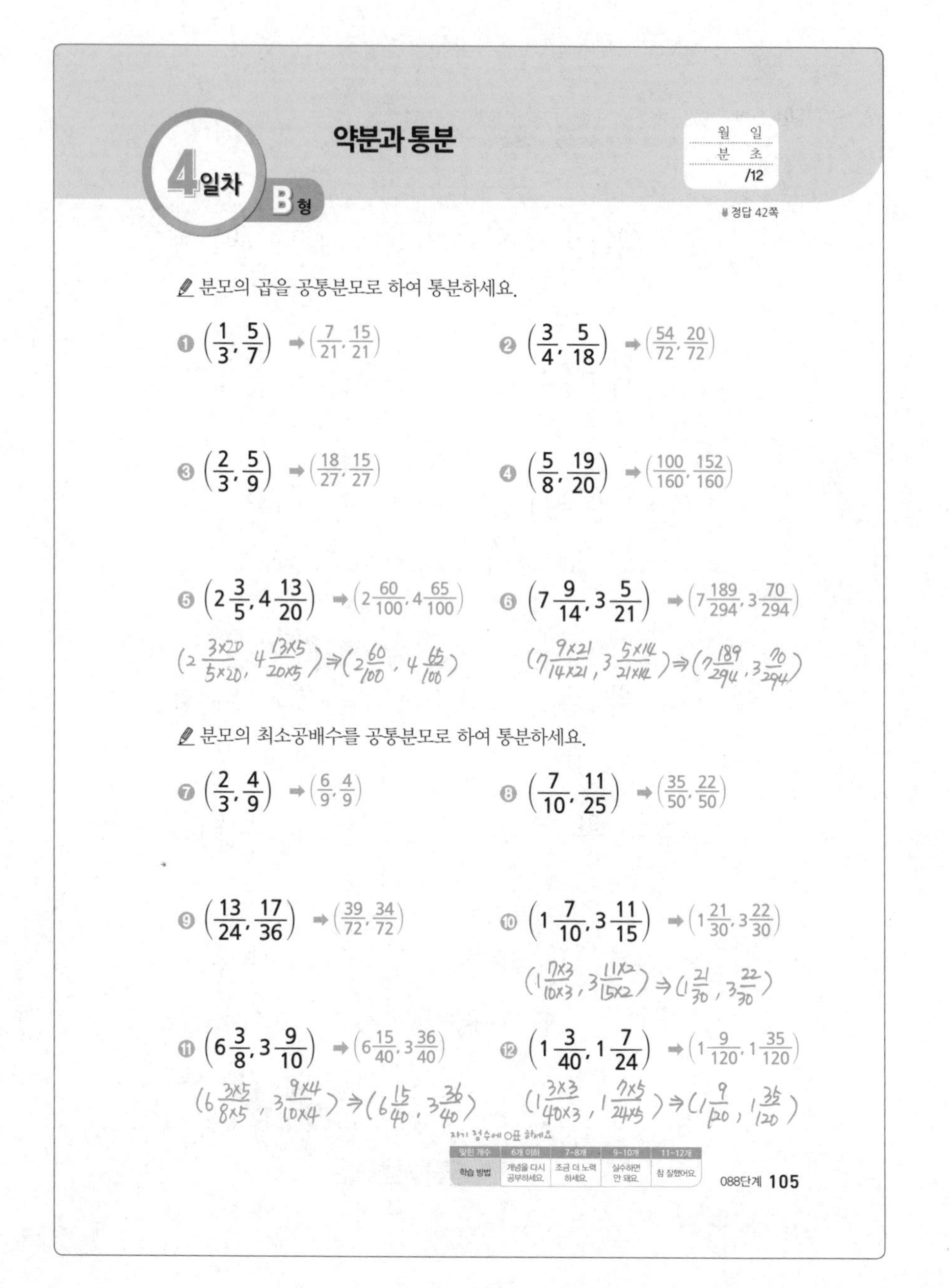

4일차 B형 약분과 통분

월 일 / 분 초 / /12

※ 정답 42쪽

✎ 분모의 곱을 공통분모로 하여 통분하세요.

❶ $\left(\frac{1}{3}, \frac{5}{7}\right) \Rightarrow \left(\frac{7}{21}, \frac{15}{21}\right)$

❷ $\left(\frac{3}{4}, \frac{5}{18}\right) \Rightarrow \left(\frac{54}{72}, \frac{20}{72}\right)$

❸ $\left(\frac{2}{3}, \frac{5}{9}\right) \Rightarrow \left(\frac{18}{27}, \frac{15}{27}\right)$

❹ $\left(\frac{5}{8}, \frac{19}{20}\right) \Rightarrow \left(\frac{100}{160}, \frac{152}{160}\right)$

❺ $\left(2\frac{3}{5}, 4\frac{13}{20}\right) \Rightarrow \left(2\frac{60}{100}, 4\frac{65}{100}\right)$

$\left(2\frac{3\times20}{5\times20}, 4\frac{13\times5}{20\times5}\right) \Rightarrow \left(2\frac{60}{100}, 4\frac{65}{100}\right)$

❻ $\left(7\frac{9}{14}, 3\frac{5}{21}\right) \Rightarrow \left(7\frac{189}{294}, 3\frac{70}{294}\right)$

$\left(7\frac{9\times21}{14\times21}, 3\frac{5\times14}{21\times14}\right) \Rightarrow \left(7\frac{189}{294}, 3\frac{70}{294}\right)$

✎ 분모의 최소공배수를 공통분모로 하여 통분하세요.

❼ $\left(\frac{2}{3}, \frac{4}{9}\right) \Rightarrow \left(\frac{6}{9}, \frac{4}{9}\right)$

❽ $\left(\frac{7}{10}, \frac{11}{25}\right) \Rightarrow \left(\frac{35}{50}, \frac{22}{50}\right)$

❾ $\left(\frac{13}{24}, \frac{17}{36}\right) \Rightarrow \left(\frac{39}{72}, \frac{34}{72}\right)$

❿ $\left(1\frac{7}{10}, 3\frac{11}{15}\right) \Rightarrow \left(1\frac{21}{30}, 3\frac{22}{30}\right)$

$\left(1\frac{7\times3}{10\times3}, 3\frac{11\times2}{15\times2}\right) \Rightarrow \left(1\frac{21}{30}, 3\frac{22}{30}\right)$

⓫ $\left(6\frac{3}{8}, 3\frac{9}{10}\right) \Rightarrow \left(6\frac{15}{40}, 3\frac{36}{40}\right)$

$\left(6\frac{3\times5}{8\times5}, 3\frac{9\times4}{10\times4}\right) \Rightarrow \left(6\frac{15}{40}, 3\frac{36}{40}\right)$

⓬ $\left(1\frac{3}{40}, 1\frac{7}{24}\right) \Rightarrow \left(1\frac{9}{120}, 1\frac{35}{120}\right)$

$\left(1\frac{3\times3}{40\times3}, 1\frac{7\times5}{24\times5}\right) \Rightarrow \left(1\frac{9}{120}, 1\frac{35}{120}\right)$

자기 점수에 ○표 하세요.

맞힌 개수	6개 이하	7~8개	9~10개	11~12개
학습 방법	개념을 다시 공부하세요.	조금 더 노력 하세요.	실수하면 안 돼요.	참 잘했어요.

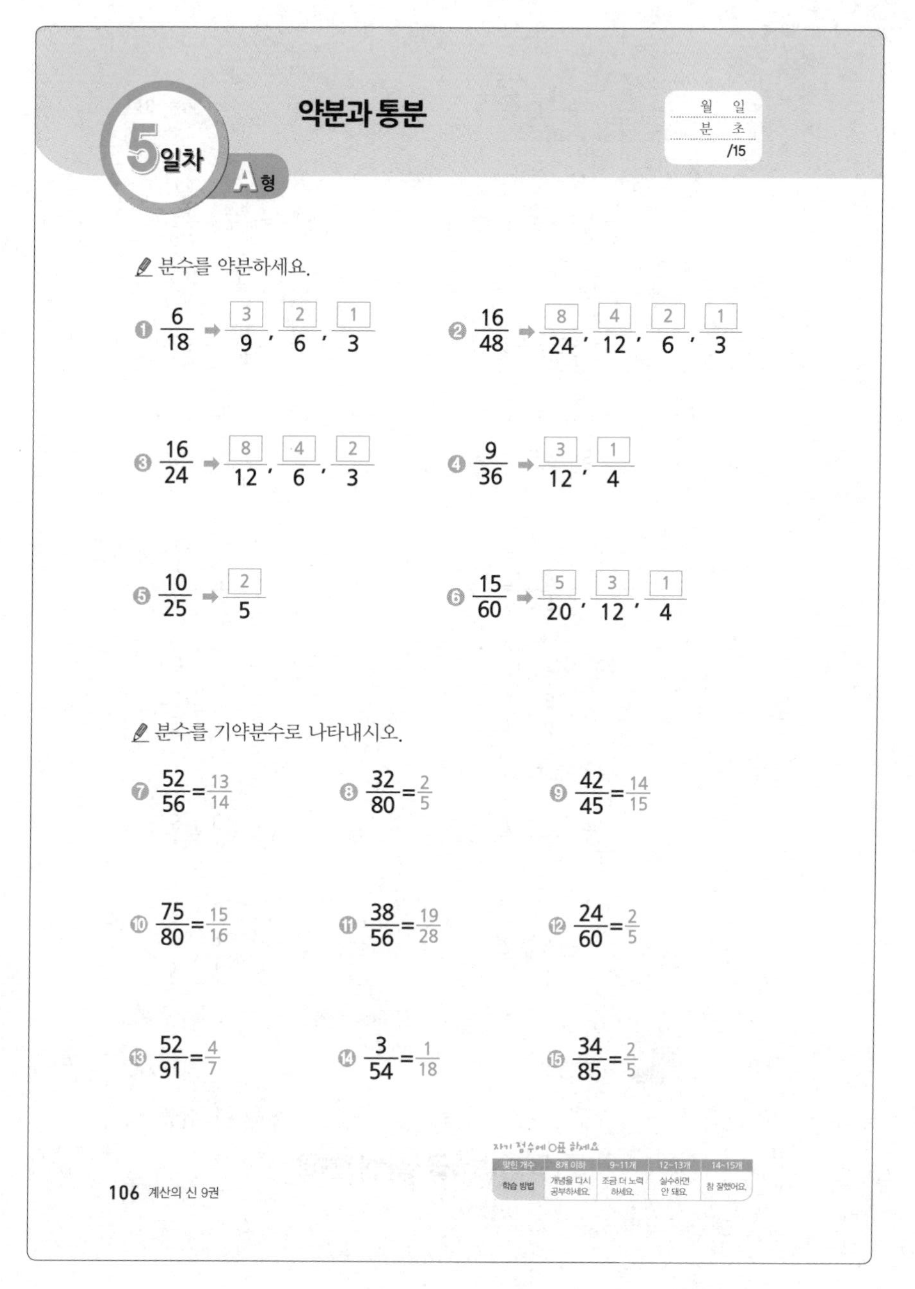

5일차 A형 약분과 통분

월 일 / 분 초 / /15

✎ 분수를 약분하세요.

❶ $\frac{6}{18} \Rightarrow \frac{3}{9}, \frac{2}{6}, \frac{1}{3}$

❷ $\frac{16}{48} \Rightarrow \frac{8}{24}, \frac{4}{12}, \frac{2}{6}, \frac{1}{3}$

❸ $\frac{16}{24} \Rightarrow \frac{8}{12}, \frac{4}{6}, \frac{2}{3}$

❹ $\frac{9}{36} \Rightarrow \frac{3}{12}, \frac{1}{4}$

❺ $\frac{10}{25} \Rightarrow \frac{2}{5}$

❻ $\frac{15}{60} \Rightarrow \frac{5}{20}, \frac{3}{12}, \frac{1}{4}$

✎ 분수를 기약분수로 나타내시오.

❼ $\frac{52}{56}=\frac{13}{14}$

❽ $\frac{32}{80}=\frac{2}{5}$

❾ $\frac{42}{45}=\frac{14}{15}$

❿ $\frac{75}{80}=\frac{15}{16}$

⓫ $\frac{38}{56}=\frac{19}{28}$

⓬ $\frac{24}{60}=\frac{2}{5}$

⓭ $\frac{52}{91}=\frac{4}{7}$

⓮ $\frac{3}{54}=\frac{1}{18}$

⓯ $\frac{34}{85}=\frac{2}{5}$

자기 점수에 ○표 하세요

맞힌 개수	8개 이하	9~11개	12~13개	14~15개
학습 방법	개념을 다시 공부하세요.	조금 더 노력하세요.	실수하면 안 돼요.	참 잘했어요.

106 계산의 신 9권

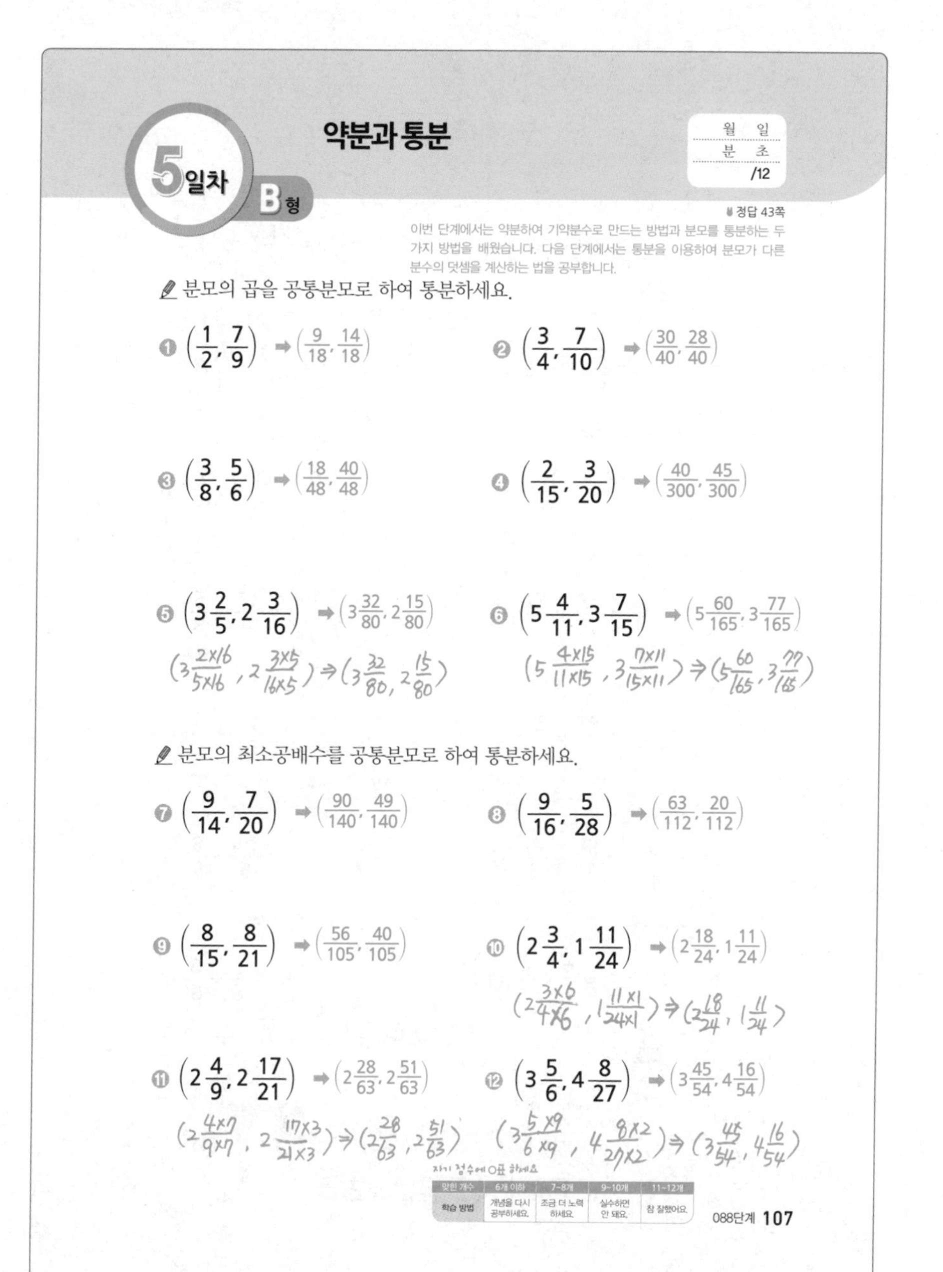

5일차 B형 약분과 통분

월 일 / 분 초 / /12

정답 43쪽

이번 단계에서는 약분하여 기약분수로 만드는 방법과 분모를 통분하는 두 가지 방법을 배웠습니다. 다음 단계에서는 통분을 이용하여 분모가 다른 분수의 덧셈을 계산하는 법을 공부합니다.

✎ 분모의 곱을 공통분모로 하여 통분하세요.

❶ $\left(\frac{1}{2}, \frac{7}{9}\right) \Rightarrow \left(\frac{9}{18}, \frac{14}{18}\right)$

❷ $\left(\frac{3}{4}, \frac{7}{10}\right) \Rightarrow \left(\frac{30}{40}, \frac{28}{40}\right)$

❸ $\left(\frac{3}{8}, \frac{5}{6}\right) \Rightarrow \left(\frac{18}{48}, \frac{40}{48}\right)$

❹ $\left(\frac{2}{15}, \frac{3}{20}\right) \Rightarrow \left(\frac{40}{300}, \frac{45}{300}\right)$

❺ $\left(3\frac{2}{5}, 2\frac{3}{16}\right) \Rightarrow \left(3\frac{32}{80}, 2\frac{15}{80}\right)$

$\left(3\frac{2\times16}{5\times16}, 2\frac{3\times5}{16\times5}\right) \Rightarrow \left(3\frac{32}{80}, 2\frac{15}{80}\right)$

❻ $\left(5\frac{4}{11}, 3\frac{7}{15}\right) \Rightarrow \left(5\frac{60}{165}, 3\frac{77}{165}\right)$

$\left(5\frac{4\times15}{11\times15}, 3\frac{7\times11}{15\times11}\right) \Rightarrow \left(5\frac{60}{165}, 3\frac{77}{165}\right)$

✎ 분모의 최소공배수를 공통분모로 하여 통분하세요.

❼ $\left(\frac{9}{14}, \frac{7}{20}\right) \Rightarrow \left(\frac{90}{140}, \frac{49}{140}\right)$

❽ $\left(\frac{9}{16}, \frac{5}{28}\right) \Rightarrow \left(\frac{63}{112}, \frac{20}{112}\right)$

❾ $\left(\frac{8}{15}, \frac{8}{21}\right) \Rightarrow \left(\frac{56}{105}, \frac{40}{105}\right)$

❿ $\left(2\frac{3}{4}, 1\frac{11}{24}\right) \Rightarrow \left(2\frac{18}{24}, 1\frac{11}{24}\right)$

$\left(2\frac{3\times6}{4\times6}, 1\frac{11\times1}{24\times1}\right) \Rightarrow \left(2\frac{18}{24}, 1\frac{11}{24}\right)$

⓫ $\left(2\frac{4}{9}, 2\frac{17}{21}\right) \Rightarrow \left(2\frac{28}{63}, 2\frac{51}{63}\right)$

$\left(2\frac{4\times7}{9\times7}, 2\frac{17\times3}{21\times3}\right) \Rightarrow \left(2\frac{28}{63}, 2\frac{51}{63}\right)$

⓬ $\left(3\frac{5}{6}, 4\frac{8}{27}\right) \Rightarrow \left(3\frac{45}{54}, 4\frac{16}{54}\right)$

$\left(3\frac{5\times9}{6\times9}, 4\frac{8\times2}{27\times2}\right) \Rightarrow \left(3\frac{45}{54}, 4\frac{16}{54}\right)$

자기 점수에 ○표 하세요

맞힌 개수	6개 이하	7~8개	9~10개	11~12개
학습 방법	개념을 다시 공부하세요.	조금 더 노력하세요.	실수하면 안 돼요.	참 잘했어요.

088단계 107

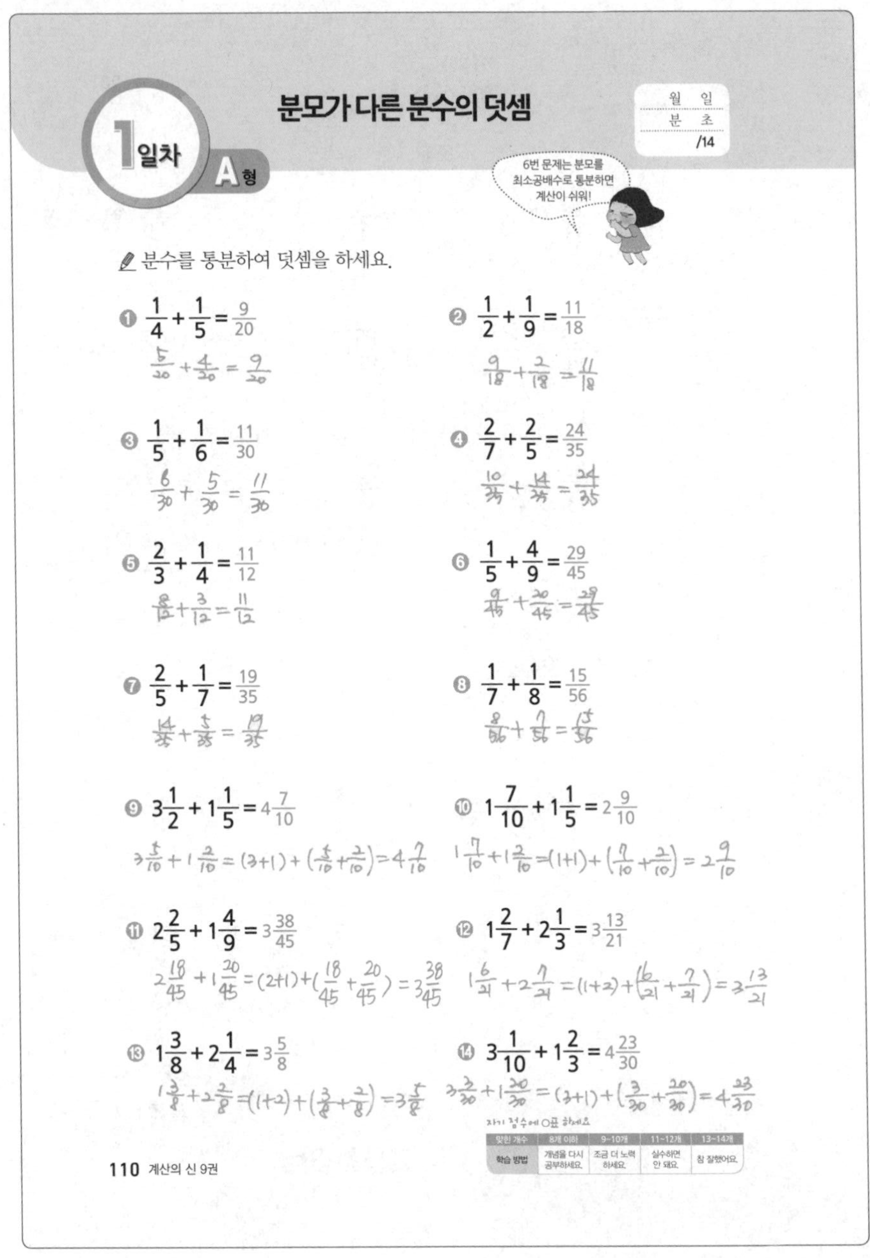

1일차 A형 분모가 다른 분수의 덧셈

월 일 / 분 초 / /14

✎ 분수를 통분하여 덧셈을 하세요.

① $\frac{1}{4}+\frac{1}{5}=\frac{9}{20}$

② $\frac{1}{2}+\frac{1}{9}=\frac{11}{18}$

③ $\frac{1}{5}+\frac{1}{6}=\frac{11}{30}$

④ $\frac{2}{7}+\frac{2}{5}=\frac{24}{35}$

⑤ $\frac{2}{3}+\frac{1}{4}=\frac{11}{12}$

⑥ $\frac{1}{5}+\frac{4}{9}=\frac{29}{45}$

⑦ $\frac{2}{5}+\frac{1}{7}=\frac{19}{35}$

⑧ $\frac{1}{7}+\frac{1}{8}=\frac{15}{56}$

⑨ $3\frac{1}{2}+1\frac{1}{5}=4\frac{7}{10}$

⑩ $1\frac{7}{10}+1\frac{1}{5}=2\frac{9}{10}$

⑪ $2\frac{2}{5}+1\frac{4}{9}=3\frac{38}{45}$

⑫ $1\frac{2}{7}+2\frac{1}{3}=3\frac{13}{21}$

⑬ $1\frac{3}{8}+2\frac{1}{4}=3\frac{5}{8}$

⑭ $3\frac{1}{10}+1\frac{2}{3}=4\frac{23}{30}$

맞힌 개수	8개 이하	9~10개	11~12개	13~14개
학습 방법	개념을 다시 공부하세요.	조금 더 노력 하세요.	실수하면 안 돼요.	참 잘했어요.

110 계산의 신 9권

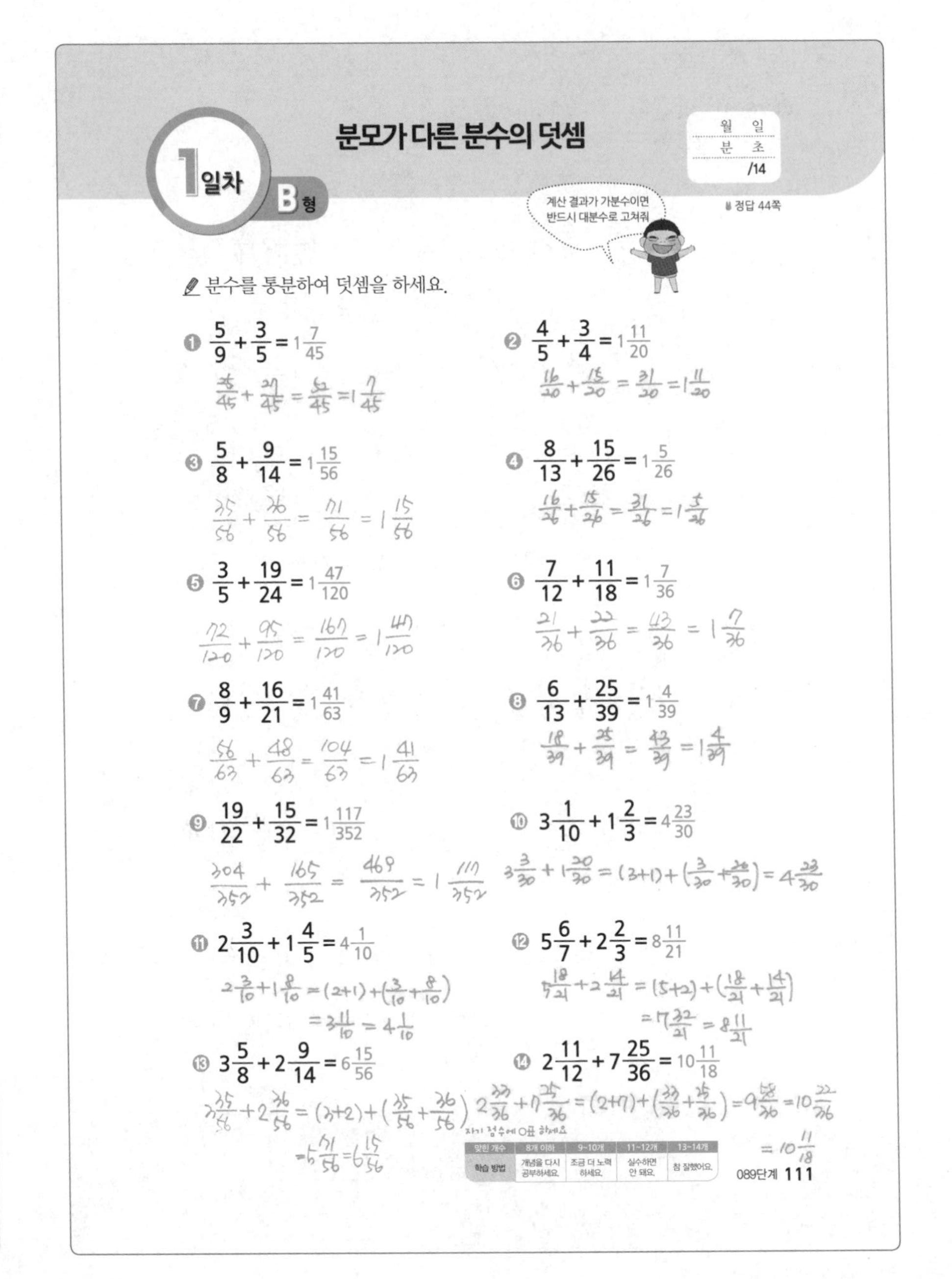

1일차 B형 분모가 다른 분수의 덧셈

월 일 / 분 초 / /14

▮ 정답 44쪽

✎ 분수를 통분하여 덧셈을 하세요.

① $\frac{5}{9}+\frac{3}{5}=1\frac{7}{45}$

② $\frac{4}{5}+\frac{3}{4}=1\frac{11}{20}$

③ $\frac{5}{8}+\frac{9}{14}=1\frac{15}{56}$

④ $\frac{8}{13}+\frac{15}{26}=1\frac{5}{26}$

⑤ $\frac{3}{5}+\frac{19}{24}=1\frac{47}{120}$

⑥ $\frac{7}{12}+\frac{11}{18}=1\frac{7}{36}$

⑦ $\frac{8}{9}+\frac{16}{21}=1\frac{41}{63}$

⑧ $\frac{6}{13}+\frac{25}{39}=1\frac{4}{39}$

⑨ $\frac{19}{22}+\frac{15}{32}=1\frac{117}{352}$

⑩ $3\frac{1}{10}+1\frac{2}{3}=4\frac{23}{30}$

⑪ $2\frac{3}{10}+1\frac{4}{5}=4\frac{1}{10}$

⑫ $5\frac{6}{7}+2\frac{2}{3}=8\frac{11}{21}$

⑬ $3\frac{5}{8}+2\frac{9}{14}=6\frac{15}{56}$

⑭ $2\frac{11}{12}+7\frac{25}{36}=10\frac{11}{18}$

맞힌 개수	8개 이하	9~10개	11~12개	13~14개
학습 방법	개념을 다시 공부하세요.	조금 더 노력 하세요.	실수하면 안 돼요.	참 잘했어요.

089단계 111

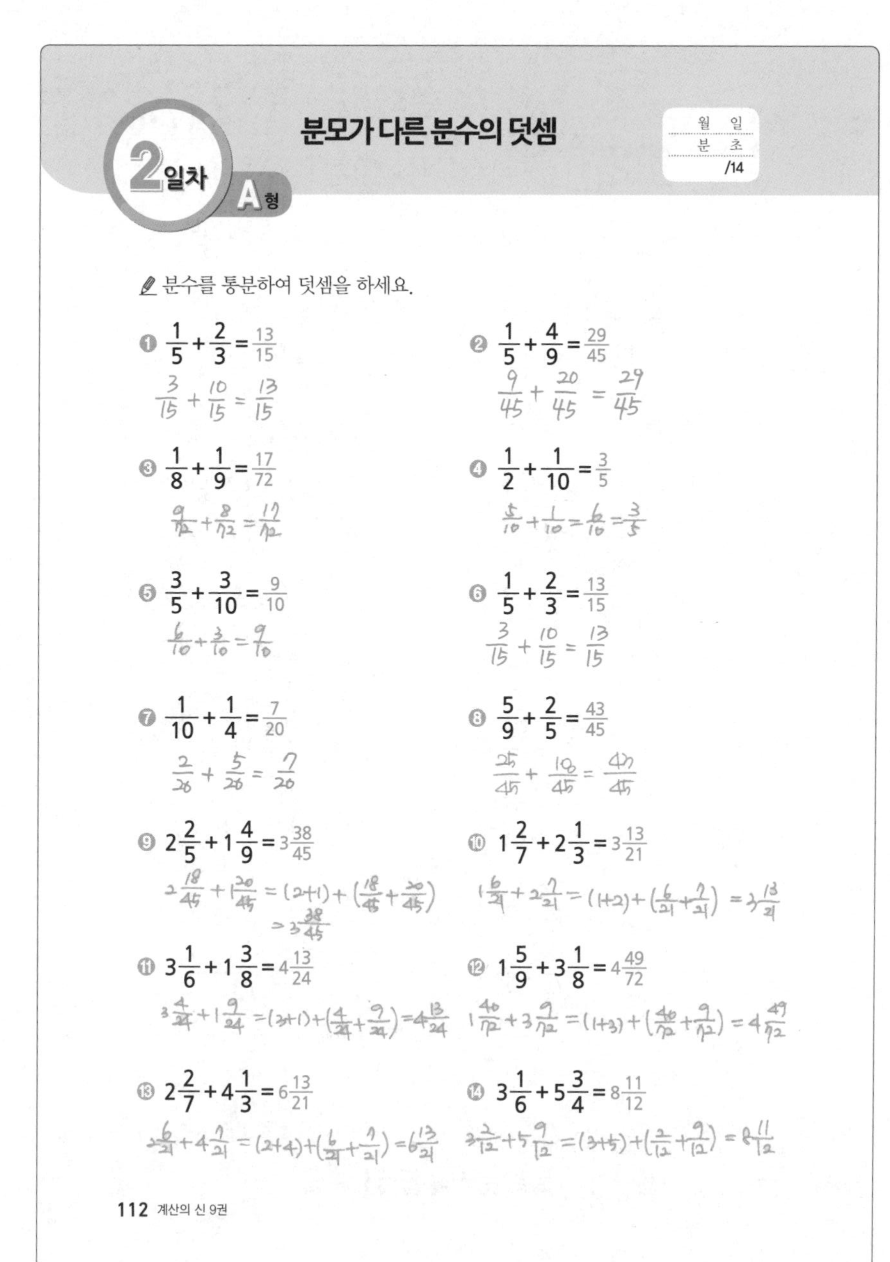

2일차 A형 분모가 다른 분수의 덧셈

월 일 / 분 초 / /14

분수를 통분하여 덧셈을 하세요.

① $\frac{1}{5}+\frac{2}{3}=\frac{13}{15}$

② $\frac{1}{5}+\frac{4}{9}=\frac{29}{45}$

③ $\frac{1}{8}+\frac{1}{9}=\frac{17}{72}$

④ $\frac{1}{2}+\frac{1}{10}=\frac{3}{5}$

⑤ $\frac{3}{5}+\frac{3}{10}=\frac{9}{10}$

⑥ $\frac{1}{5}+\frac{2}{3}=\frac{13}{15}$

⑦ $\frac{1}{10}+\frac{1}{4}=\frac{7}{20}$

⑧ $\frac{5}{9}+\frac{2}{5}=\frac{43}{45}$

⑨ $2\frac{2}{5}+1\frac{4}{9}=3\frac{38}{45}$

⑩ $1\frac{2}{7}+2\frac{1}{3}=3\frac{13}{21}$

⑪ $3\frac{1}{6}+1\frac{3}{8}=4\frac{13}{24}$

⑫ $1\frac{5}{9}+3\frac{1}{8}=4\frac{49}{72}$

⑬ $2\frac{2}{7}+4\frac{1}{3}=6\frac{13}{21}$

⑭ $3\frac{1}{6}+5\frac{3}{4}=8\frac{11}{12}$

112 계산의 신 9권

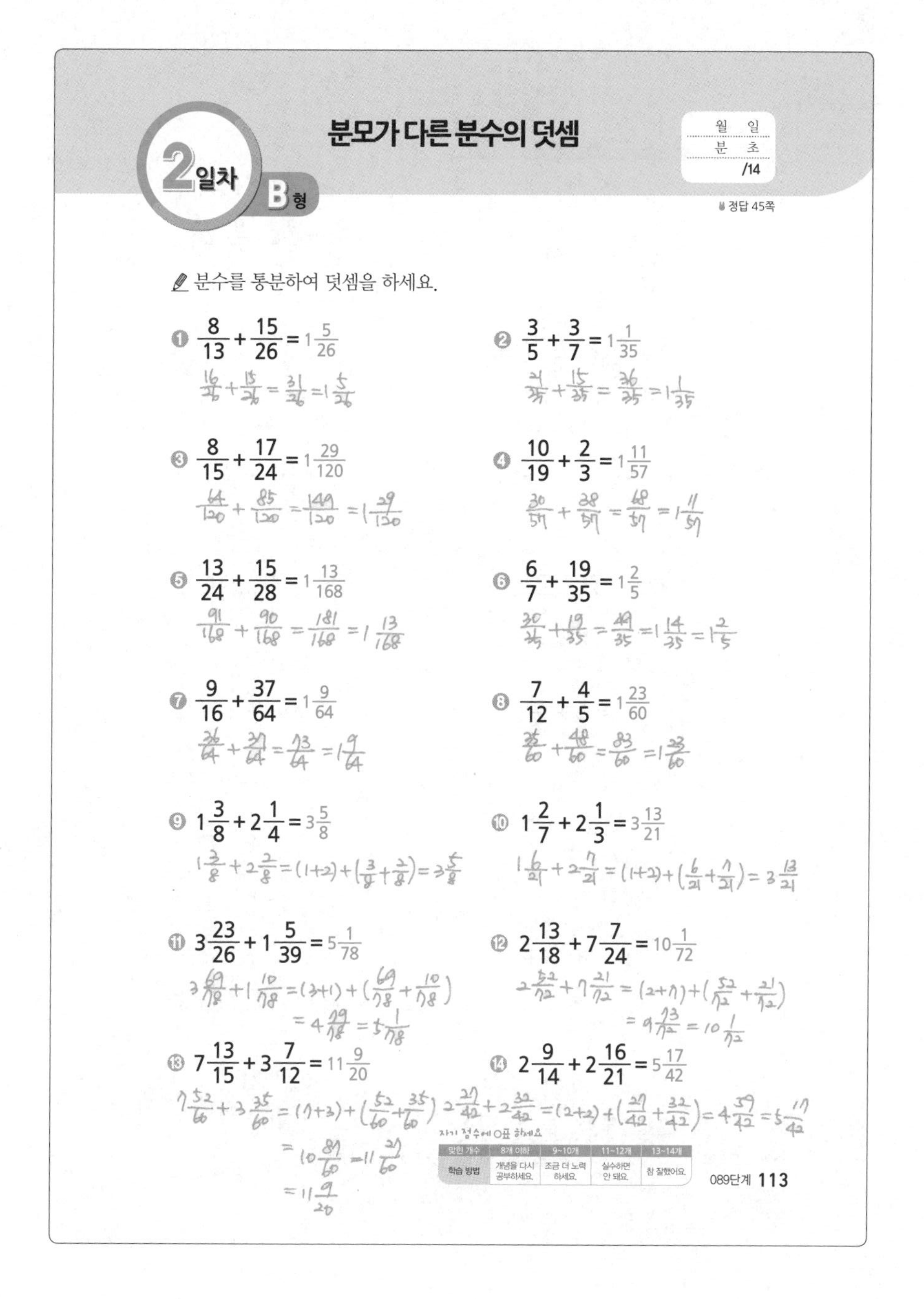

2일차 B형 분모가 다른 분수의 덧셈

월 일 / 분 초 / /14

정답 45쪽

분수를 통분하여 덧셈을 하세요.

① $\frac{8}{13}+\frac{15}{26}=1\frac{5}{26}$

② $\frac{3}{5}+\frac{3}{7}=1\frac{1}{35}$

③ $\frac{8}{15}+\frac{17}{24}=1\frac{29}{120}$

④ $\frac{10}{19}+\frac{2}{3}=1\frac{11}{57}$

⑤ $\frac{13}{24}+\frac{15}{28}=1\frac{13}{168}$

⑥ $\frac{6}{7}+\frac{19}{35}=1\frac{2}{5}$

⑦ $\frac{9}{16}+\frac{37}{64}=1\frac{9}{64}$

⑧ $\frac{7}{12}+\frac{4}{5}=1\frac{23}{60}$

⑨ $1\frac{3}{8}+2\frac{1}{4}=3\frac{5}{8}$

⑩ $1\frac{2}{7}+2\frac{1}{3}=3\frac{13}{21}$

⑪ $3\frac{23}{26}+1\frac{5}{39}=5\frac{1}{78}$

⑫ $2\frac{13}{18}+7\frac{7}{24}=10\frac{1}{72}$

⑬ $7\frac{13}{15}+3\frac{7}{12}=11\frac{9}{20}$

⑭ $2\frac{9}{14}+2\frac{16}{21}=5\frac{17}{42}$

맞힌 개수	8개 이하	9~10개	11~12개	13~14개
학습 방법	개념을 다시 공부하세요.	조금 더 노력하세요.	실수하면 안 돼요.	참 잘했어요.

089단계 113

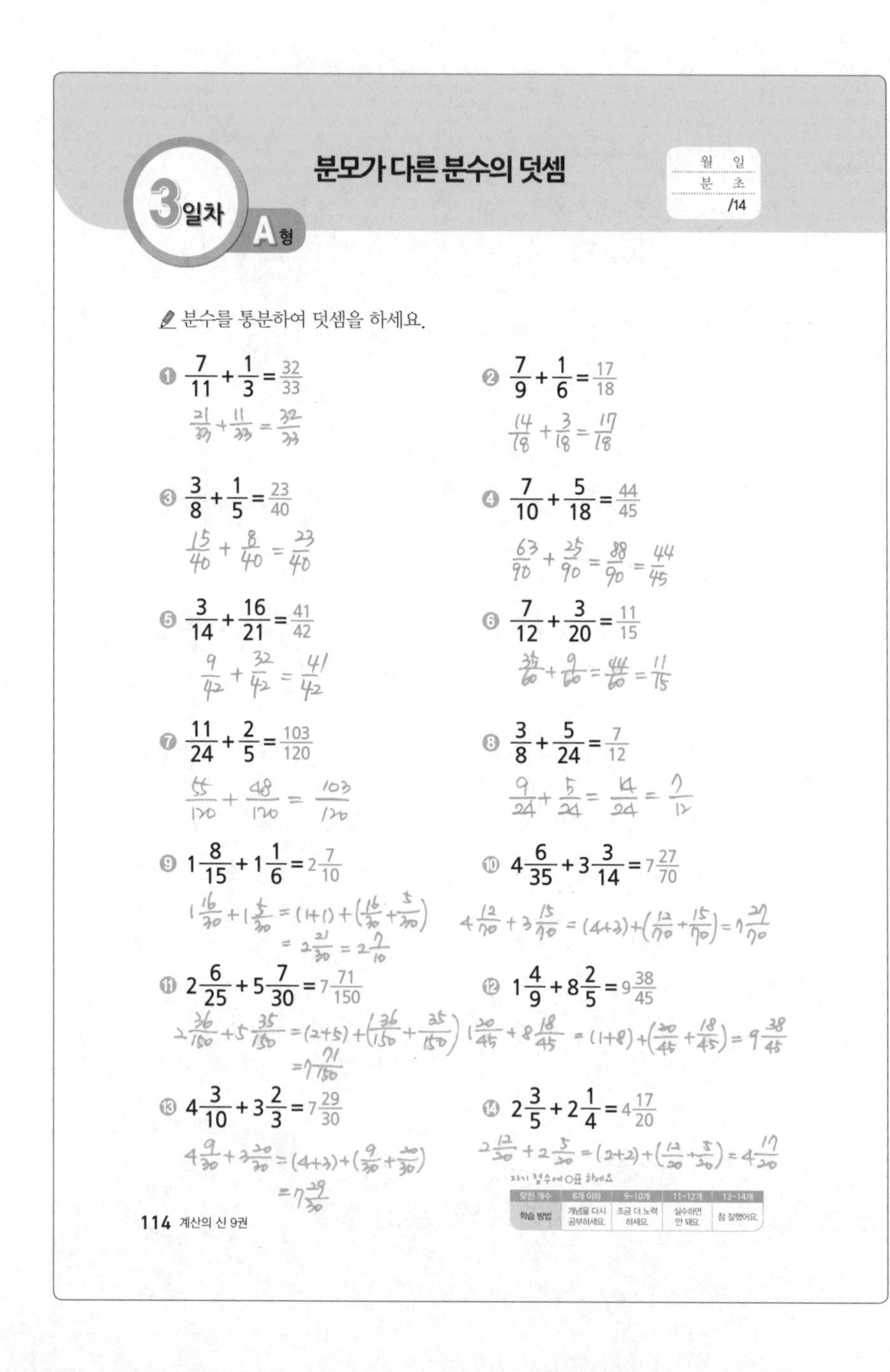

3일차 A형 분모가 다른 분수의 덧셈

월 일 / 분 초 / /14

분수를 통분하여 덧셈을 하세요.

① $\frac{7}{11}+\frac{1}{3}=\frac{32}{33}$

② $\frac{7}{9}+\frac{1}{6}=\frac{17}{18}$

③ $\frac{3}{8}+\frac{1}{5}=\frac{23}{40}$

④ $\frac{7}{10}+\frac{5}{18}=\frac{44}{45}$

⑤ $\frac{3}{14}+\frac{16}{21}=\frac{41}{42}$

⑥ $\frac{7}{12}+\frac{3}{20}=\frac{11}{15}$

⑦ $\frac{11}{24}+\frac{2}{5}=\frac{103}{120}$

⑧ $\frac{3}{8}+\frac{5}{24}=\frac{7}{12}$

⑨ $1\frac{8}{15}+1\frac{1}{6}=2\frac{7}{10}$

⑩ $4\frac{6}{35}+3\frac{3}{14}=7\frac{27}{70}$

⑪ $2\frac{6}{25}+5\frac{7}{30}=7\frac{71}{150}$

⑫ $1\frac{4}{9}+8\frac{2}{5}=9\frac{38}{45}$

⑬ $4\frac{3}{10}+3\frac{2}{3}=7\frac{29}{30}$

⑭ $2\frac{3}{5}+2\frac{1}{4}=4\frac{17}{20}$

자기 점수에 ○표 하세요.

맞힌 개수	8개 이하	9~10개	11~12개	13~14개
학습 방법	개념을 다시 공부하세요.	조금 더 노력하세요.	실수하면 안 돼요.	참 잘했어요.

114 계산의 신 9권

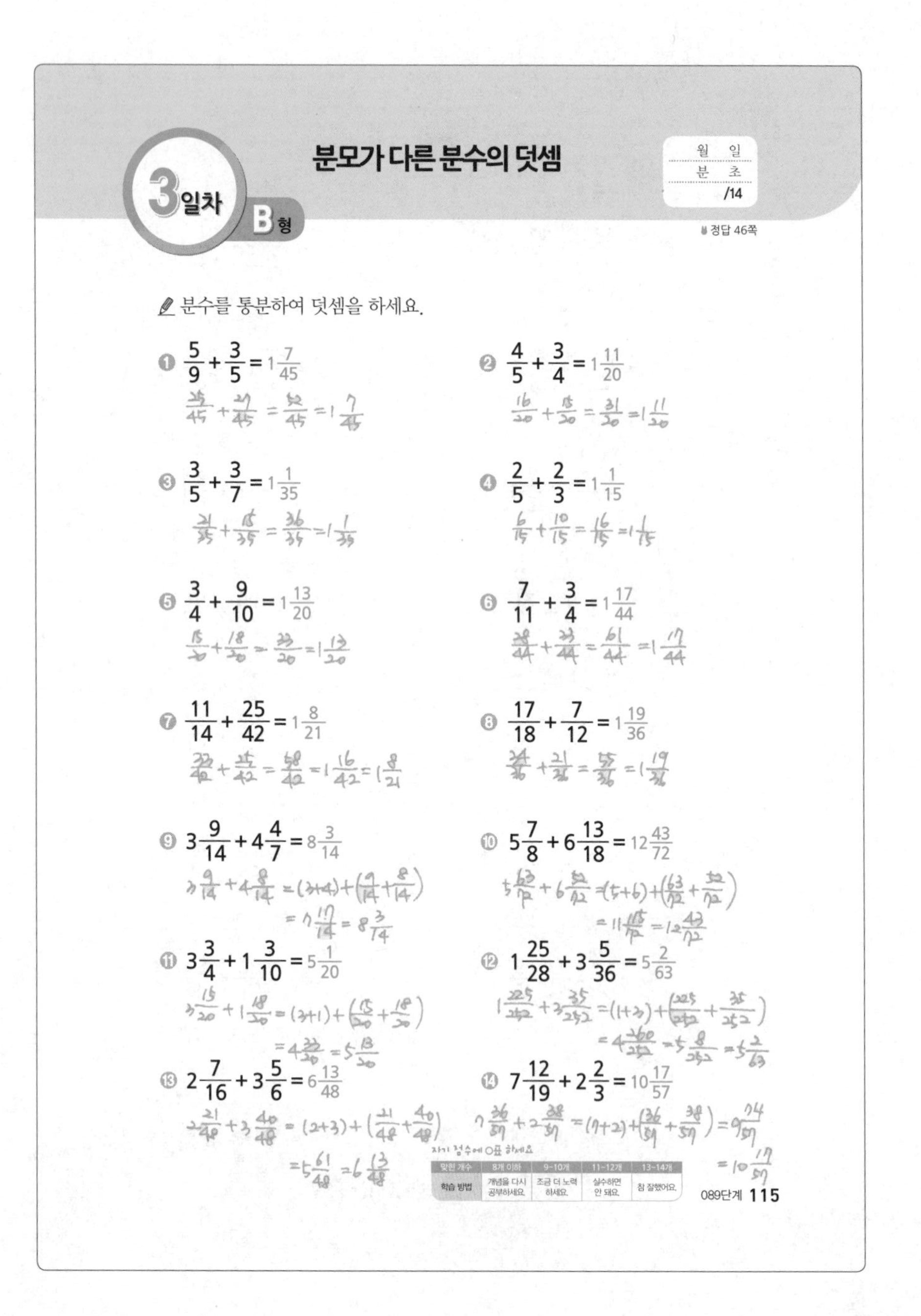

3일차 B형 분모가 다른 분수의 덧셈

월 일 / 분 초 / /14

정답 46쪽

분수를 통분하여 덧셈을 하세요.

① $\frac{5}{9}+\frac{3}{5}=1\frac{7}{45}$

② $\frac{4}{5}+\frac{3}{4}=1\frac{11}{20}$

③ $\frac{3}{5}+\frac{3}{7}=1\frac{1}{35}$

④ $\frac{2}{5}+\frac{2}{3}=1\frac{1}{15}$

⑤ $\frac{3}{4}+\frac{9}{10}=1\frac{13}{20}$

⑥ $\frac{7}{11}+\frac{3}{4}=1\frac{17}{44}$

⑦ $\frac{11}{14}+\frac{25}{42}=1\frac{8}{21}$

⑧ $\frac{17}{18}+\frac{7}{12}=1\frac{19}{36}$

⑨ $3\frac{9}{14}+4\frac{4}{7}=8\frac{3}{14}$

⑩ $5\frac{7}{8}+6\frac{13}{18}=12\frac{43}{72}$

⑪ $3\frac{3}{4}+1\frac{3}{10}=5\frac{1}{20}$

⑫ $1\frac{25}{28}+3\frac{5}{36}=5\frac{2}{63}$

⑬ $2\frac{7}{16}+3\frac{5}{6}=6\frac{13}{48}$

⑭ $7\frac{12}{19}+2\frac{2}{3}=10\frac{17}{57}$

자기 점수에 ○표 하세요.

맞힌 개수	8개 이하	9~10개	11~12개	13~14개
학습 방법	개념을 다시 공부하세요.	조금 더 노력하세요.	실수하면 안 돼요.	참 잘했어요.

089단계 115

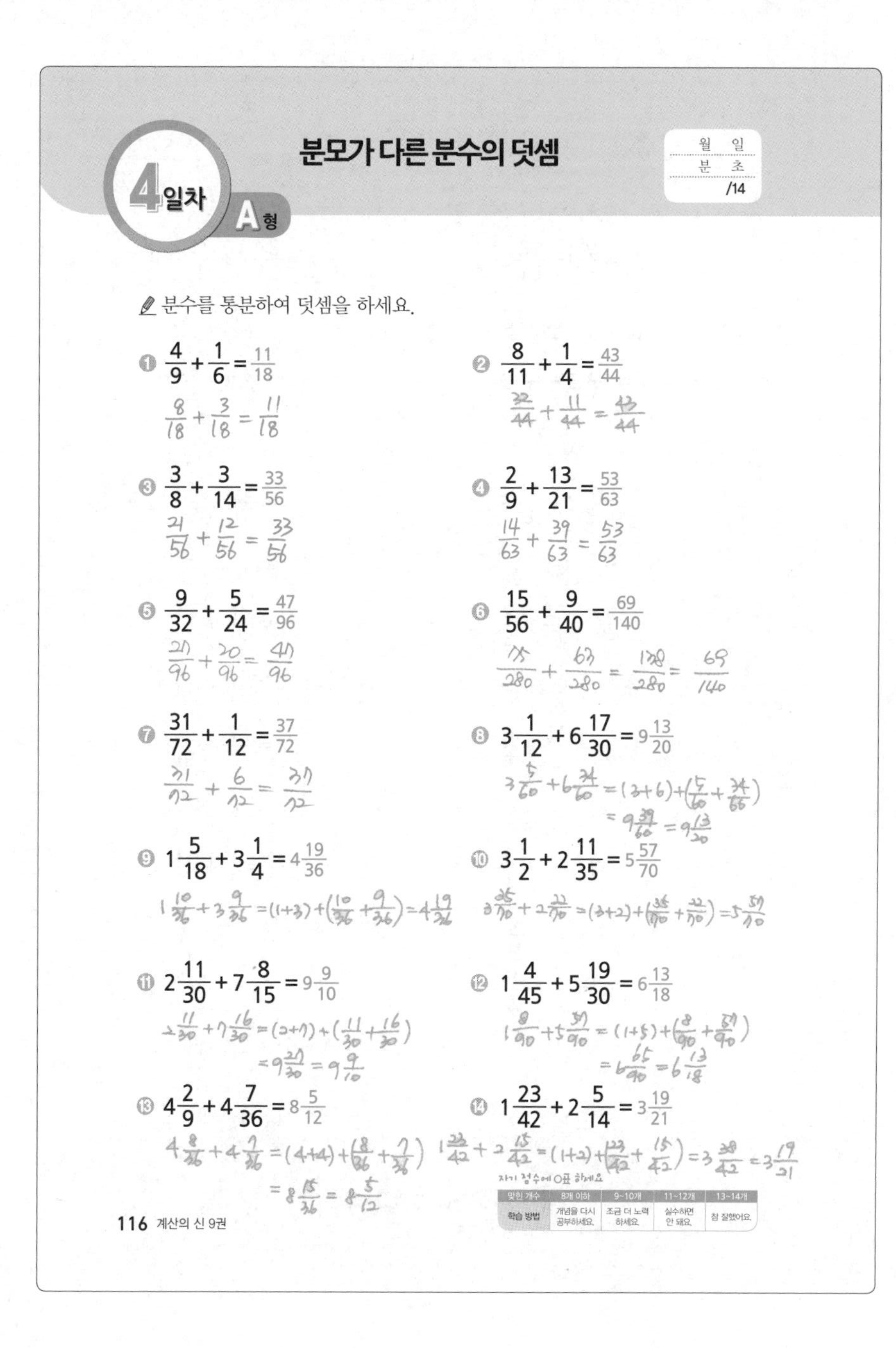

4일차 A형

분모가 다른 분수의 덧셈

월 일
분 초
/14

✎ 분수를 통분하여 덧셈을 하세요.

① $\frac{4}{9}+\frac{1}{6}=\frac{11}{18}$

② $\frac{8}{11}+\frac{1}{4}=\frac{43}{44}$

③ $\frac{3}{8}+\frac{3}{14}=\frac{33}{56}$

④ $\frac{2}{9}+\frac{13}{21}=\frac{53}{63}$

⑤ $\frac{9}{32}+\frac{5}{24}=\frac{47}{96}$

⑥ $\frac{15}{56}+\frac{9}{40}=\frac{69}{140}$

⑦ $\frac{31}{72}+\frac{1}{12}=\frac{37}{72}$

⑧ $3\frac{1}{12}+6\frac{17}{30}=9\frac{13}{20}$

⑨ $1\frac{5}{18}+3\frac{1}{4}=4\frac{19}{36}$

⑩ $3\frac{1}{2}+2\frac{11}{35}=5\frac{57}{70}$

⑪ $2\frac{11}{30}+7\frac{8}{15}=9\frac{9}{10}$

⑫ $1\frac{4}{45}+5\frac{19}{30}=6\frac{13}{18}$

⑬ $4\frac{2}{9}+4\frac{7}{36}=8\frac{5}{12}$

⑭ $1\frac{23}{42}+2\frac{5}{14}=3\frac{19}{21}$

자기 점수에 ○표 하세요

맞힌 개수	8개 이하	9~10개	11~12개	13~14개
학습 방법	개념을 다시 공부하세요.	조금 더 노력 하세요.	실수하면 안 돼요.	참 잘했어요.

116 계산의 신 9권

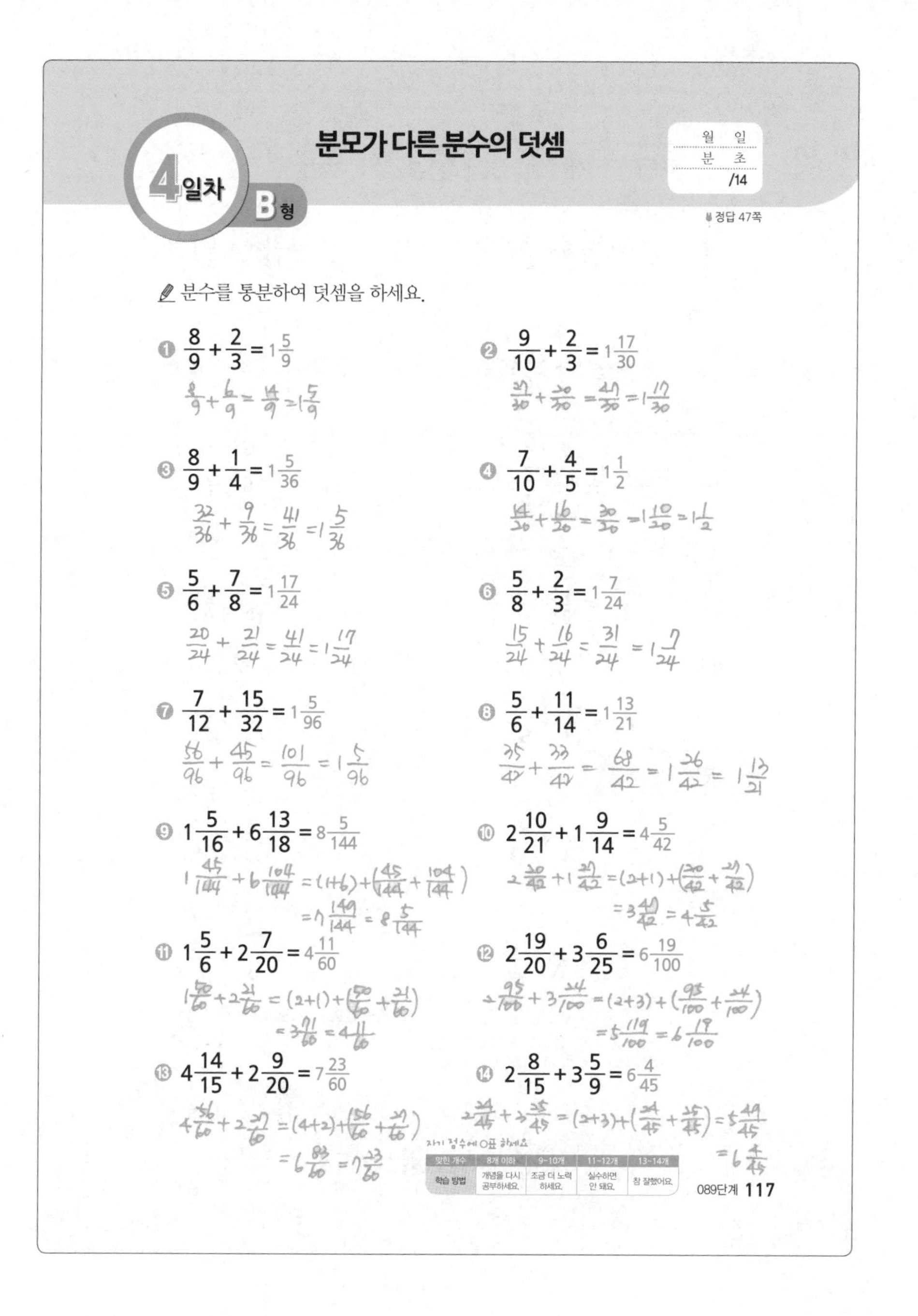

4일차 B형

분모가 다른 분수의 덧셈

월 일
분 초
/14

정답 47쪽

✎ 분수를 통분하여 덧셈을 하세요.

① $\frac{8}{9}+\frac{2}{3}=1\frac{5}{9}$

② $\frac{9}{10}+\frac{2}{3}=1\frac{17}{30}$

③ $\frac{8}{9}+\frac{1}{4}=1\frac{5}{36}$

④ $\frac{7}{10}+\frac{4}{5}=1\frac{1}{2}$

⑤ $\frac{5}{6}+\frac{7}{8}=1\frac{17}{24}$

⑥ $\frac{5}{8}+\frac{2}{3}=1\frac{7}{24}$

⑦ $\frac{7}{12}+\frac{15}{32}=1\frac{5}{96}$

⑧ $\frac{5}{6}+\frac{11}{14}=1\frac{13}{21}$

⑨ $1\frac{5}{16}+6\frac{13}{18}=8\frac{5}{144}$

⑩ $2\frac{10}{21}+1\frac{9}{14}=4\frac{5}{42}$

⑪ $1\frac{5}{6}+2\frac{7}{20}=4\frac{11}{60}$

⑫ $2\frac{19}{20}+3\frac{6}{25}=6\frac{19}{100}$

⑬ $4\frac{14}{15}+2\frac{9}{20}=7\frac{23}{60}$

⑭ $2\frac{8}{15}+3\frac{5}{9}=6\frac{4}{45}$

자기 점수에 ○표 하세요

맞힌 개수	8개 이하	9~10개	11~12개	13~14개
학습 방법	개념을 다시 공부하세요.	조금 더 노력 하세요.	실수하면 안 돼요.	참 잘했어요.

089단계 117

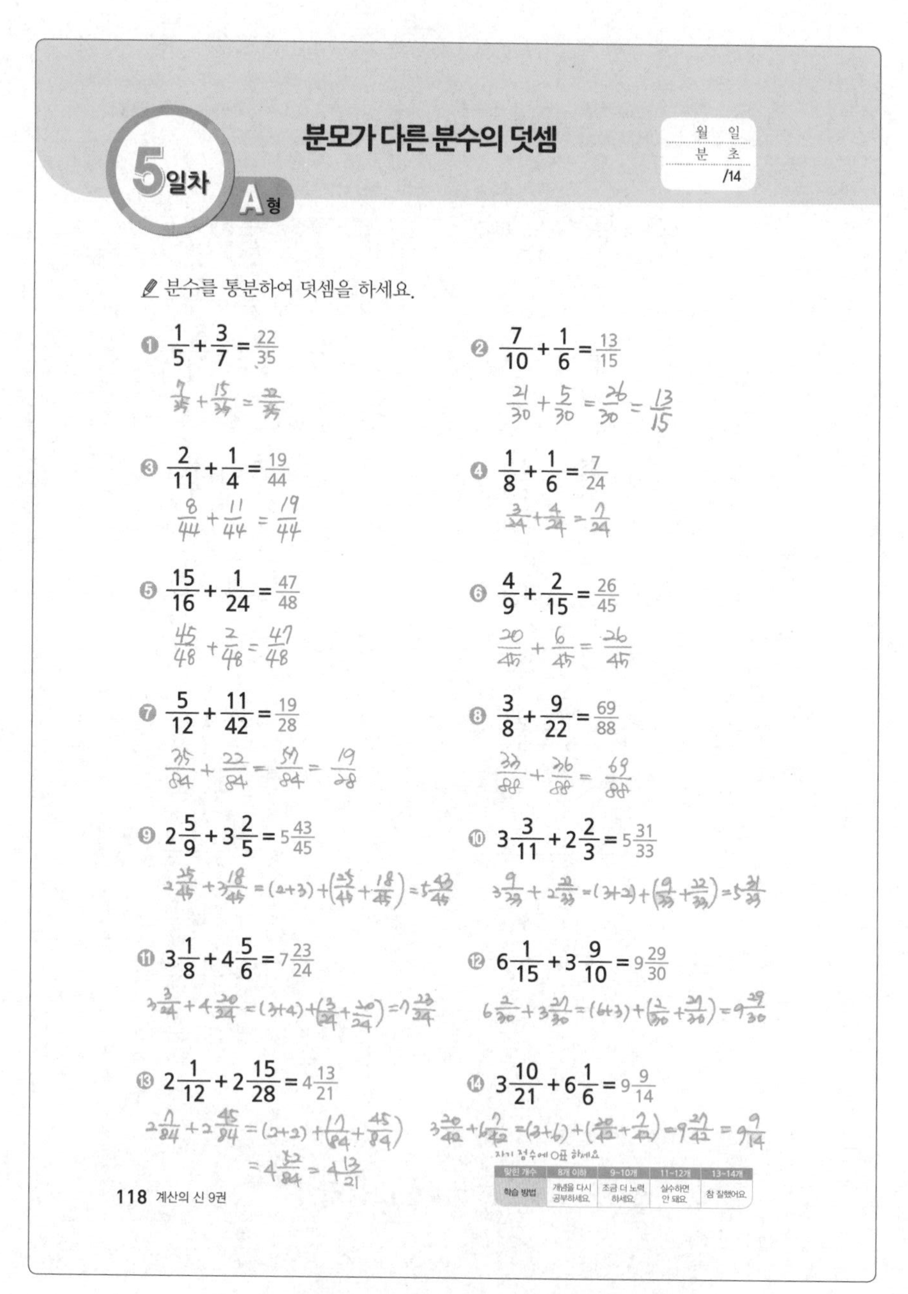

5일차 A형 분모가 다른 분수의 덧셈

월 일 / 분 초 / /14

✎ 분수를 통분하여 덧셈을 하세요.

① $\frac{1}{5}+\frac{3}{7}=\frac{22}{35}$

$\frac{7}{35}+\frac{15}{35}=\frac{22}{35}$

② $\frac{7}{10}+\frac{1}{6}=\frac{13}{15}$

$\frac{21}{30}+\frac{5}{30}=\frac{26}{30}=\frac{13}{15}$

③ $\frac{2}{11}+\frac{1}{4}=\frac{19}{44}$

$\frac{8}{44}+\frac{11}{44}=\frac{19}{44}$

④ $\frac{1}{8}+\frac{1}{6}=\frac{7}{24}$

$\frac{3}{24}+\frac{4}{24}=\frac{7}{24}$

⑤ $\frac{15}{16}+\frac{1}{24}=\frac{47}{48}$

$\frac{45}{48}+\frac{2}{48}=\frac{47}{48}$

⑥ $\frac{4}{9}+\frac{2}{15}=\frac{26}{45}$

$\frac{20}{45}+\frac{6}{45}=\frac{26}{45}$

⑦ $\frac{5}{12}+\frac{11}{42}=\frac{19}{28}$

$\frac{35}{84}+\frac{22}{84}=\frac{57}{84}=\frac{19}{28}$

⑧ $\frac{3}{8}+\frac{9}{22}=\frac{69}{88}$

$\frac{33}{88}+\frac{36}{88}=\frac{69}{88}$

⑨ $2\frac{5}{9}+3\frac{2}{5}=5\frac{43}{45}$

$2\frac{25}{45}+3\frac{18}{45}=(2+3)+(\frac{25}{45}+\frac{18}{45})=5\frac{43}{45}$

⑩ $3\frac{3}{11}+2\frac{2}{3}=5\frac{31}{33}$

$3\frac{9}{33}+2\frac{22}{33}=(3+2)+(\frac{9}{33}+\frac{22}{33})=5\frac{31}{33}$

⑪ $3\frac{1}{8}+4\frac{5}{6}=7\frac{23}{24}$

$3\frac{3}{24}+4\frac{20}{24}=(3+4)+(\frac{3}{24}+\frac{20}{24})=7\frac{23}{24}$

⑫ $6\frac{1}{15}+3\frac{9}{10}=9\frac{29}{30}$

$6\frac{2}{30}+3\frac{27}{30}=(6+3)+(\frac{2}{30}+\frac{27}{30})=9\frac{29}{30}$

⑬ $2\frac{1}{12}+2\frac{15}{28}=4\frac{13}{21}$

$2\frac{7}{84}+2\frac{45}{84}=(2+2)+(\frac{7}{84}+\frac{45}{84})=4\frac{52}{84}=4\frac{13}{21}$

⑭ $3\frac{10}{21}+6\frac{1}{6}=9\frac{9}{14}$

$3\frac{20}{42}+6\frac{7}{42}=(3+6)+(\frac{20}{42}+\frac{7}{42})=9\frac{27}{42}=9\frac{9}{14}$

자기 점수에 ○표 하세요.

맞힌 개수	8개 이하	9~10개	11~12개	13~14개
학습 방법	개념을 다시 공부하세요.	조금 더 노력하세요.	실수하면 안 돼요.	참 잘했어요.

118 계산의 신 9권

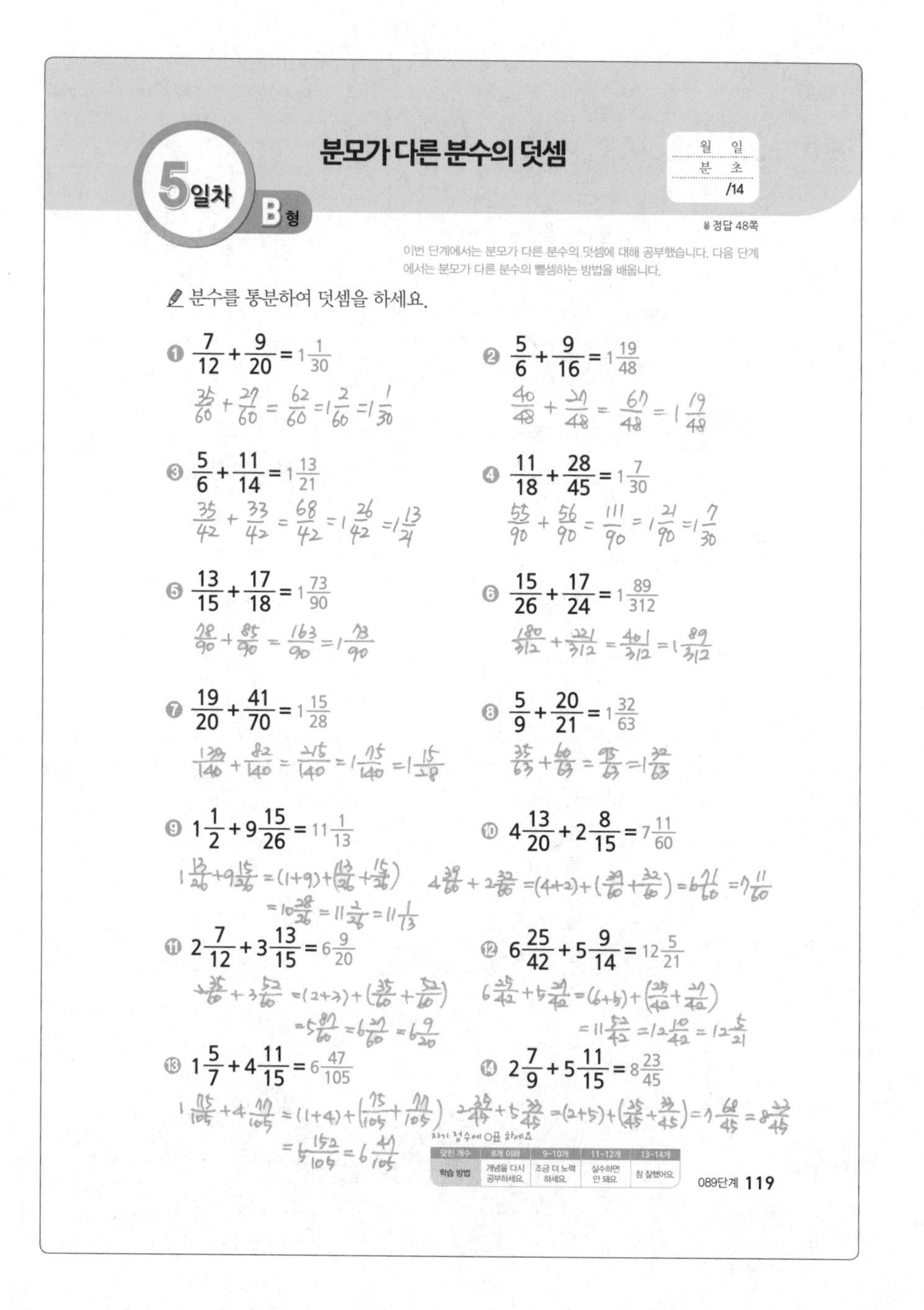

5일차 B형 분모가 다른 분수의 덧셈

월 일 / 분 초 / /14

▮ 정답 48쪽

이번 단계에서는 분모가 다른 분수의 덧셈에 대해 공부했습니다. 다음 단계에서는 분모가 다른 분수의 뺄셈하는 방법을 배웁니다.

✎ 분수를 통분하여 덧셈을 하세요.

① $\frac{7}{12}+\frac{9}{20}=1\frac{1}{30}$

$\frac{35}{60}+\frac{27}{60}=\frac{62}{60}=1\frac{2}{60}=1\frac{1}{30}$

② $\frac{5}{6}+\frac{9}{16}=1\frac{19}{48}$

$\frac{40}{48}+\frac{27}{48}=\frac{67}{48}=1\frac{19}{48}$

③ $\frac{5}{6}+\frac{11}{14}=1\frac{13}{21}$

$\frac{35}{42}+\frac{33}{42}=\frac{68}{42}=1\frac{26}{42}=1\frac{13}{21}$

④ $\frac{11}{18}+\frac{28}{45}=1\frac{7}{30}$

$\frac{55}{90}+\frac{56}{90}=\frac{111}{90}=1\frac{21}{90}=1\frac{7}{30}$

⑤ $\frac{13}{15}+\frac{17}{18}=1\frac{73}{90}$

$\frac{78}{90}+\frac{85}{90}=\frac{163}{90}=1\frac{73}{90}$

⑥ $\frac{15}{26}+\frac{17}{24}=1\frac{89}{312}$

$\frac{180}{312}+\frac{221}{312}=\frac{401}{312}=1\frac{89}{312}$

⑦ $\frac{19}{20}+\frac{41}{70}=1\frac{15}{28}$

$\frac{133}{140}+\frac{82}{140}=\frac{215}{140}=1\frac{75}{140}=1\frac{15}{28}$

⑧ $\frac{5}{9}+\frac{20}{21}=1\frac{32}{63}$

$\frac{35}{63}+\frac{60}{63}=\frac{95}{63}=1\frac{32}{63}$

⑨ $1\frac{1}{2}+9\frac{15}{26}=11\frac{1}{13}$

$1\frac{13}{26}+9\frac{15}{26}=(1+9)+(\frac{13}{26}+\frac{15}{26})=10\frac{28}{26}=11\frac{2}{26}=11\frac{1}{13}$

⑩ $4\frac{13}{20}+2\frac{8}{15}=7\frac{11}{60}$

$4\frac{39}{60}+2\frac{32}{60}=(4+2)+(\frac{39}{60}+\frac{32}{60})=6\frac{71}{60}=7\frac{11}{60}$

⑪ $2\frac{7}{12}+3\frac{13}{15}=6\frac{9}{20}$

$2\frac{35}{60}+3\frac{52}{60}=(2+3)+(\frac{35}{60}+\frac{52}{60})=5\frac{87}{60}=6\frac{27}{60}=6\frac{9}{20}$

⑫ $6\frac{25}{42}+5\frac{9}{14}=12\frac{5}{21}$

$6\frac{25}{42}+5\frac{27}{42}=(6+5)+(\frac{25}{42}+\frac{27}{42})=11\frac{52}{42}=12\frac{10}{42}=12\frac{5}{21}$

⑬ $1\frac{5}{7}+4\frac{11}{15}=6\frac{47}{105}$

$1\frac{75}{105}+4\frac{77}{105}=(1+4)+(\frac{75}{105}+\frac{77}{105})=5\frac{152}{105}=6\frac{47}{105}$

⑭ $2\frac{7}{9}+5\frac{11}{15}=8\frac{23}{45}$

$2\frac{35}{45}+5\frac{33}{45}=(2+5)+(\frac{35}{45}+\frac{33}{45})=7\frac{68}{45}=8\frac{23}{45}$

자기 점수에 ○표 하세요.

맞힌 개수	8개 이하	9~10개	11~12개	13~14개
학습 방법	개념을 다시 공부하세요.	조금 더 노력하세요.	실수하면 안 돼요.	참 잘했어요.

089단계 119

세 단계 묶어 풀기 087~089단계
최대공약수와 최소공배수, 약분과 통분, 분수의 덧셈

월 일 / 분 초 / /14

정답 49쪽

✎ 두 수의 최대공약수와 최소공배수를 구하세요.

① (28, 10)

28=2×2×7

10=2×5

최대공약수: 2

최소공배수: 2×2×5×7=140

② $3\overline{)\ 9\quad 60}$

3 20

최대공약수: 3

최소공배수: 180

✎ 분수를 기약분수로 나타내세요.

③ $\frac{15}{27}=\frac{5}{9}$ ④ $\frac{42}{108}=\frac{7}{18}$ ⑤ $\frac{75}{300}=\frac{1}{4}$

✎ 분모의 최소공배수를 공통분모로 하여 통분하세요.

⑥ $\left(\frac{5}{8}, \frac{7}{12}\right)\left(\frac{15}{24}, \frac{14}{24}\right)$ ⑦ $\left(\frac{11}{15}, \frac{17}{20}\right)\left(\frac{44}{60}, \frac{51}{60}\right)$ ⑧ $\left(\frac{11}{18}, \frac{8}{15}\right)\left(\frac{55}{90}, \frac{48}{90}\right)$

✎ 분수를 통분하여 덧셈을 하세요.

⑨ $\frac{5}{13}+\frac{1}{3}=\frac{28}{39}$ ⑩ $\frac{4}{5}+\frac{5}{6}=1\frac{19}{30}$

⑪ $3\frac{5}{12}+2\frac{3}{8}=5\frac{19}{24}$ ⑫ $4\frac{4}{15}+1\frac{2}{9}=5\frac{22}{45}$

⑬ $1\frac{7}{10}+2\frac{5}{16}=4\frac{1}{80}$ ⑭ $2\frac{13}{14}+1\frac{8}{21}=4\frac{13}{42}$

120 계산의 신 9권

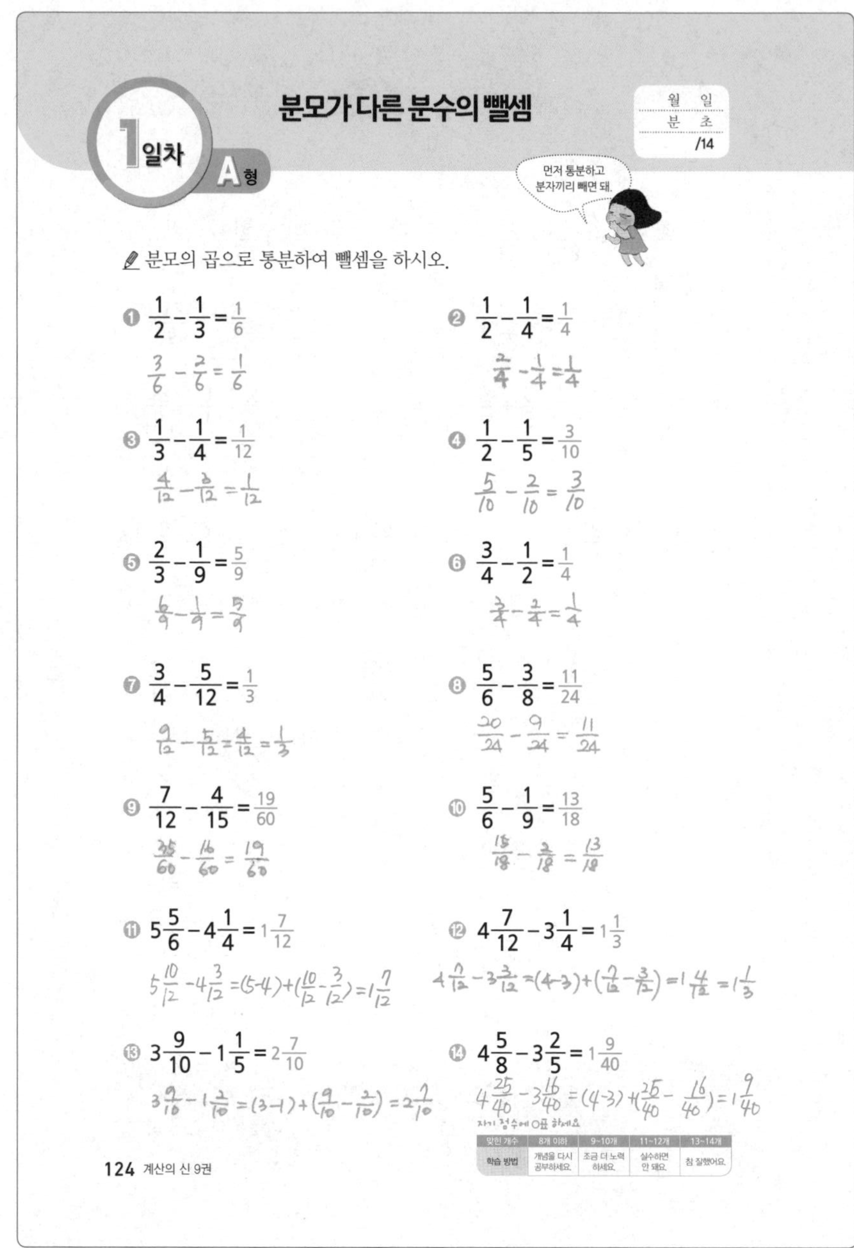

1일차 A형 분모가 다른 분수의 뺄셈

월 일 / 분 초 / /14

먼저 통분하고 분자끼리 빼면 돼.

✎ 분모의 곱으로 통분하여 뺄셈을 하시오.

❶ $\frac{1}{2}-\frac{1}{3}=\frac{1}{6}$

❷ $\frac{1}{2}-\frac{1}{4}=\frac{1}{4}$

❸ $\frac{1}{3}-\frac{1}{4}=\frac{1}{12}$

❹ $\frac{1}{2}-\frac{1}{5}=\frac{3}{10}$

❺ $\frac{2}{3}-\frac{1}{9}=\frac{5}{9}$

❻ $\frac{3}{4}-\frac{1}{2}=\frac{1}{4}$

❼ $\frac{3}{4}-\frac{5}{12}=\frac{1}{3}$

❽ $\frac{5}{6}-\frac{3}{8}=\frac{11}{24}$

❾ $\frac{7}{12}-\frac{4}{15}=\frac{19}{60}$

❿ $\frac{5}{6}-\frac{1}{9}=\frac{13}{18}$

⓫ $5\frac{5}{6}-4\frac{1}{4}=1\frac{7}{12}$

⓬ $4\frac{7}{12}-3\frac{1}{4}=1\frac{1}{3}$

⓭ $3\frac{9}{10}-1\frac{1}{5}=2\frac{7}{10}$

⓮ $4\frac{5}{8}-3\frac{2}{5}=1\frac{9}{40}$

맞힌 개수	8개 이하	9~10개	11~12개	13~14개
학습 방법	개념을 다시 공부하세요.	조금 더 노력하세요.	실수하면 안 돼요.	참 잘했어요.

124 계산의 신 9권

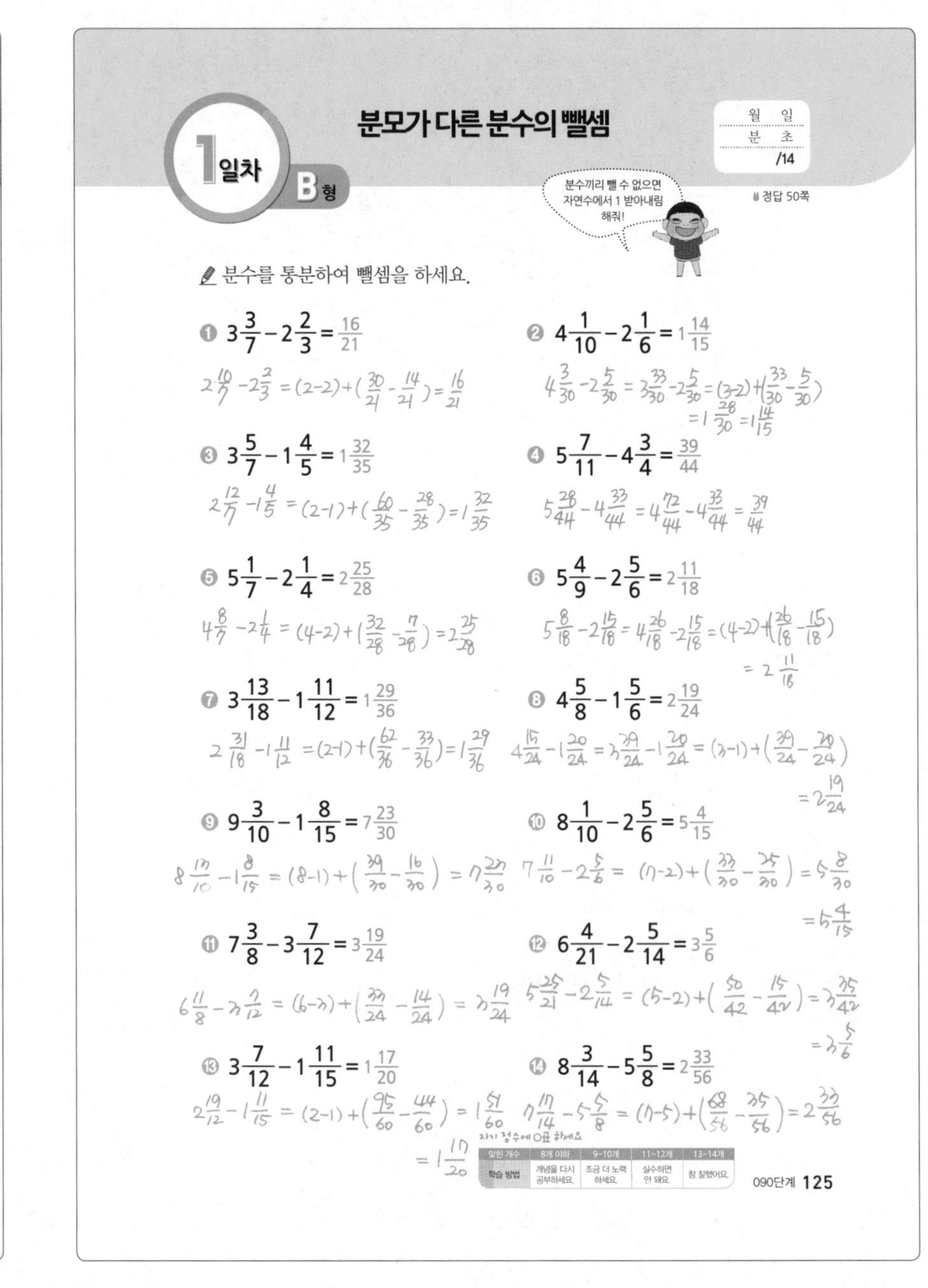

1일차 B형 분모가 다른 분수의 뺄셈

월 일 / 분 초 / /14

분수끼리 뺄 수 없으면 자연수에서 1 받아내림 해줘!

정답 50쪽

✎ 분수를 통분하여 뺄셈을 하세요.

❶ $3\frac{3}{7}-2\frac{2}{3}=\frac{16}{21}$

❷ $4\frac{1}{10}-2\frac{1}{6}=1\frac{14}{15}$

❸ $3\frac{5}{7}-1\frac{4}{5}=1\frac{32}{35}$

❹ $5\frac{7}{11}-4\frac{3}{4}=\frac{39}{44}$

❺ $5\frac{1}{7}-2\frac{1}{4}=2\frac{25}{28}$

❻ $5\frac{4}{9}-2\frac{5}{6}=2\frac{11}{18}$

❼ $3\frac{13}{18}-1\frac{11}{12}=1\frac{29}{36}$

❽ $4\frac{5}{8}-1\frac{5}{6}=2\frac{19}{24}$

❾ $9\frac{3}{10}-1\frac{8}{15}=7\frac{23}{30}$

❿ $8\frac{1}{10}-2\frac{5}{6}=5\frac{4}{15}$

⓫ $7\frac{3}{8}-3\frac{7}{12}=3\frac{19}{24}$

⓬ $6\frac{4}{21}-2\frac{5}{14}=3\frac{5}{6}$

⓭ $3\frac{7}{12}-1\frac{11}{15}=1\frac{17}{20}$

⓮ $8\frac{3}{14}-5\frac{5}{8}=2\frac{33}{56}$

맞힌 개수	8개 이하	9~10개	11~12개	13~14개
학습 방법	개념을 다시 공부하세요.	조금 더 노력하세요.	실수하면 안 돼요.	참 잘했어요.

090단계 125

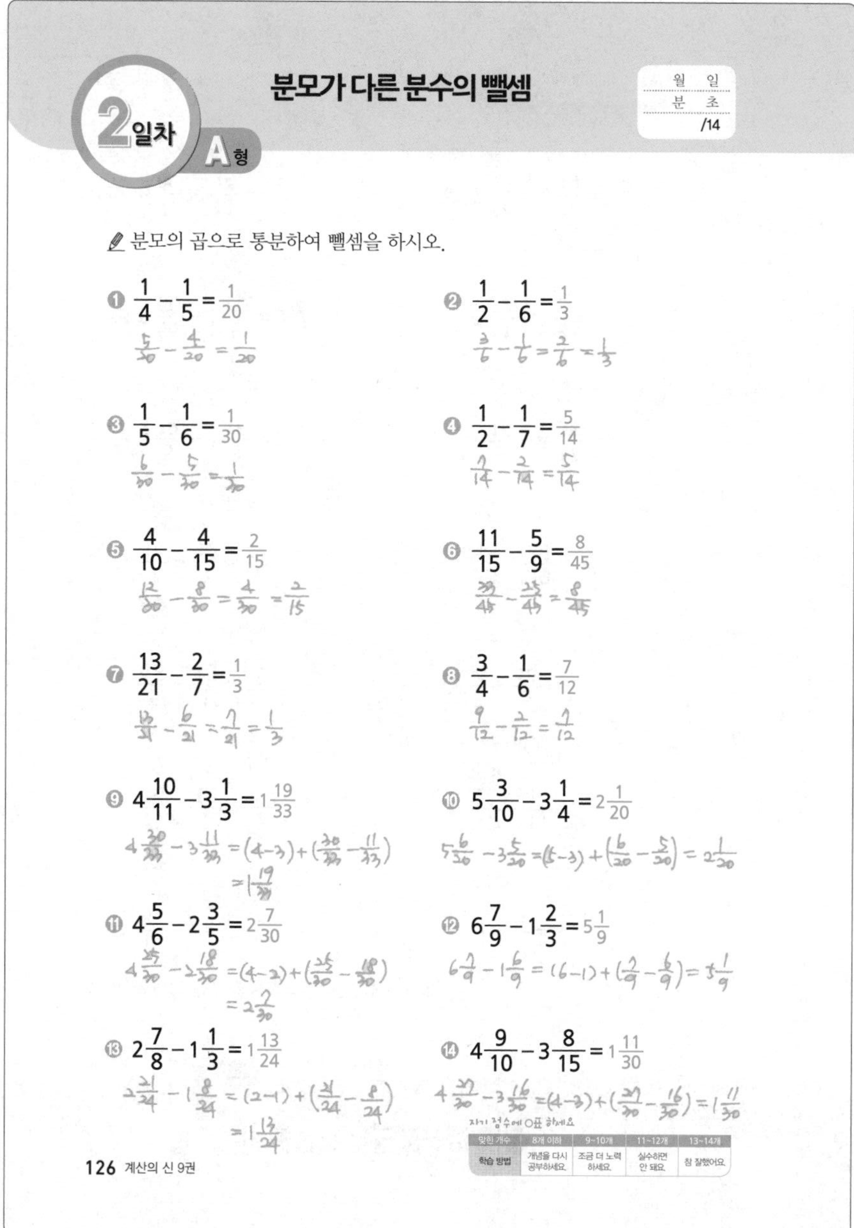

2일차 A형 분모가 다른 분수의 뺄셈

월 일 / 분 초 / /14

분모의 곱으로 통분하여 뺄셈을 하시오.

① $\frac{1}{4}-\frac{1}{5}=\frac{1}{20}$

② $\frac{1}{2}-\frac{1}{6}=\frac{1}{3}$

③ $\frac{1}{5}-\frac{1}{6}=\frac{1}{30}$

④ $\frac{1}{2}-\frac{1}{7}=\frac{5}{14}$

⑤ $\frac{4}{10}-\frac{4}{15}=\frac{2}{15}$

⑥ $\frac{11}{15}-\frac{5}{9}=\frac{8}{45}$

⑦ $\frac{13}{21}-\frac{2}{7}=\frac{1}{3}$

⑧ $\frac{3}{4}-\frac{1}{6}=\frac{7}{12}$

⑨ $4\frac{10}{11}-3\frac{1}{3}=1\frac{19}{33}$

⑩ $5\frac{3}{10}-3\frac{1}{4}=2\frac{1}{20}$

⑪ $4\frac{5}{6}-2\frac{3}{5}=2\frac{7}{30}$

⑫ $6\frac{7}{9}-1\frac{2}{3}=5\frac{1}{9}$

⑬ $2\frac{7}{8}-1\frac{1}{3}=1\frac{13}{24}$

⑭ $4\frac{9}{10}-3\frac{8}{15}=1\frac{11}{30}$

맞힌 개수	8개 이하	9~10개	11~12개	13~14개
학습 방법	개념을 다시 공부하세요.	조금 더 노력하세요.	실수하면 안 돼요.	참 잘했어요.

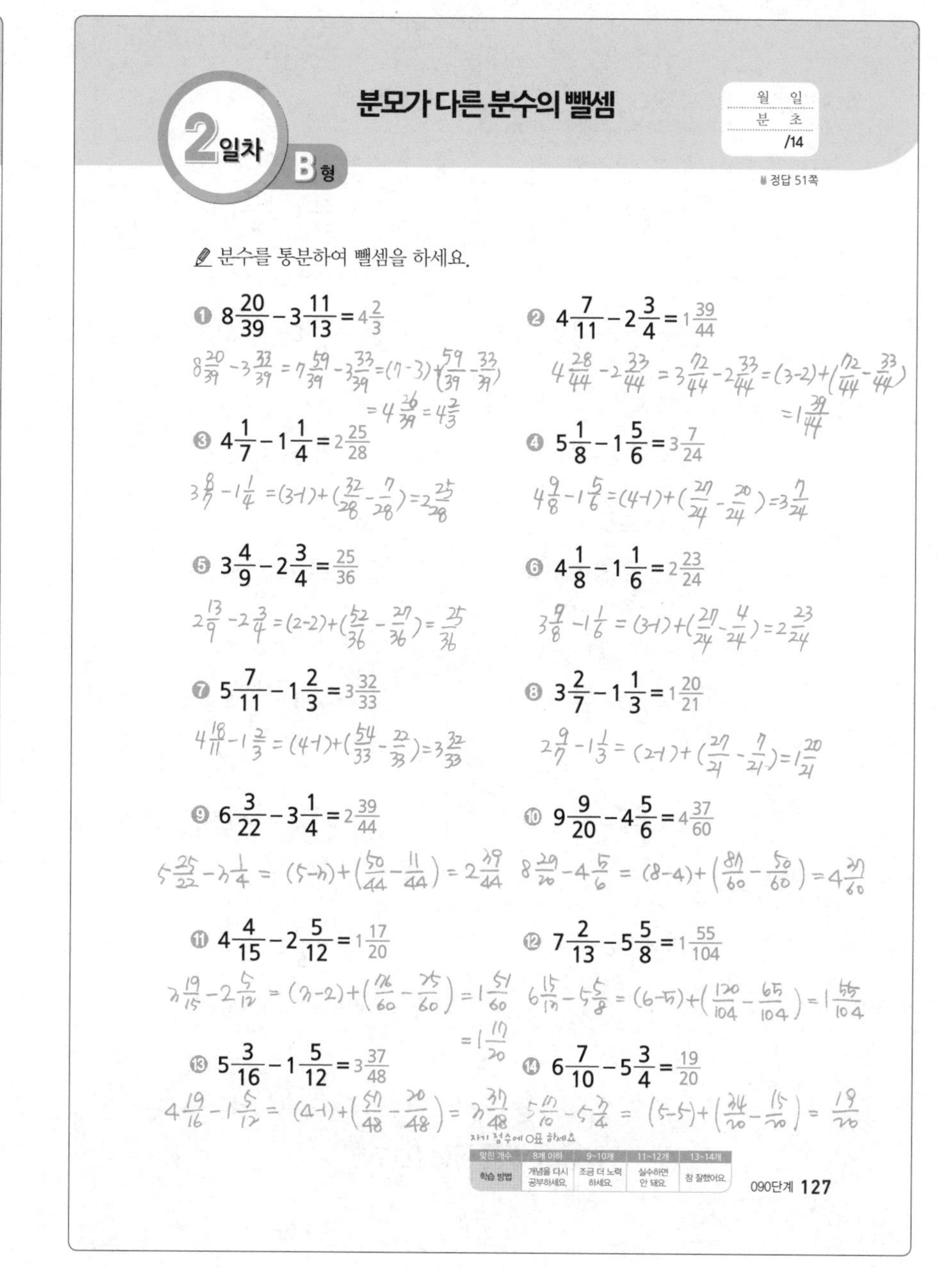

2일차 B형 분모가 다른 분수의 뺄셈

월 일 / 분 초 / /14

정답 51쪽

분수를 통분하여 뺄셈을 하세요.

① $8\frac{20}{39}-3\frac{11}{13}=4\frac{2}{3}$

② $4\frac{7}{11}-2\frac{3}{4}=1\frac{39}{44}$

③ $4\frac{1}{7}-1\frac{1}{4}=2\frac{25}{28}$

④ $5\frac{1}{8}-1\frac{5}{6}=3\frac{7}{24}$

⑤ $3\frac{4}{9}-2\frac{3}{4}=\frac{25}{36}$

⑥ $4\frac{1}{8}-1\frac{1}{6}=2\frac{23}{24}$

⑦ $5\frac{7}{11}-1\frac{2}{3}=3\frac{32}{33}$

⑧ $3\frac{2}{7}-1\frac{1}{3}=1\frac{20}{21}$

⑨ $6\frac{3}{22}-3\frac{1}{4}=2\frac{39}{44}$

⑩ $9\frac{9}{20}-4\frac{5}{6}=4\frac{37}{60}$

⑪ $4\frac{4}{15}-2\frac{5}{12}=1\frac{17}{20}$

⑫ $7\frac{2}{13}-5\frac{5}{8}=1\frac{55}{104}$

⑬ $5\frac{3}{16}-1\frac{5}{12}=3\frac{37}{48}$

⑭ $6\frac{7}{10}-5\frac{3}{4}=\frac{19}{20}$

맞힌 개수	8개 이하	9~10개	11~12개	13~14개
학습 방법	개념을 다시 공부하세요.	조금 더 노력하세요.	실수하면 안 돼요.	참 잘했어요.

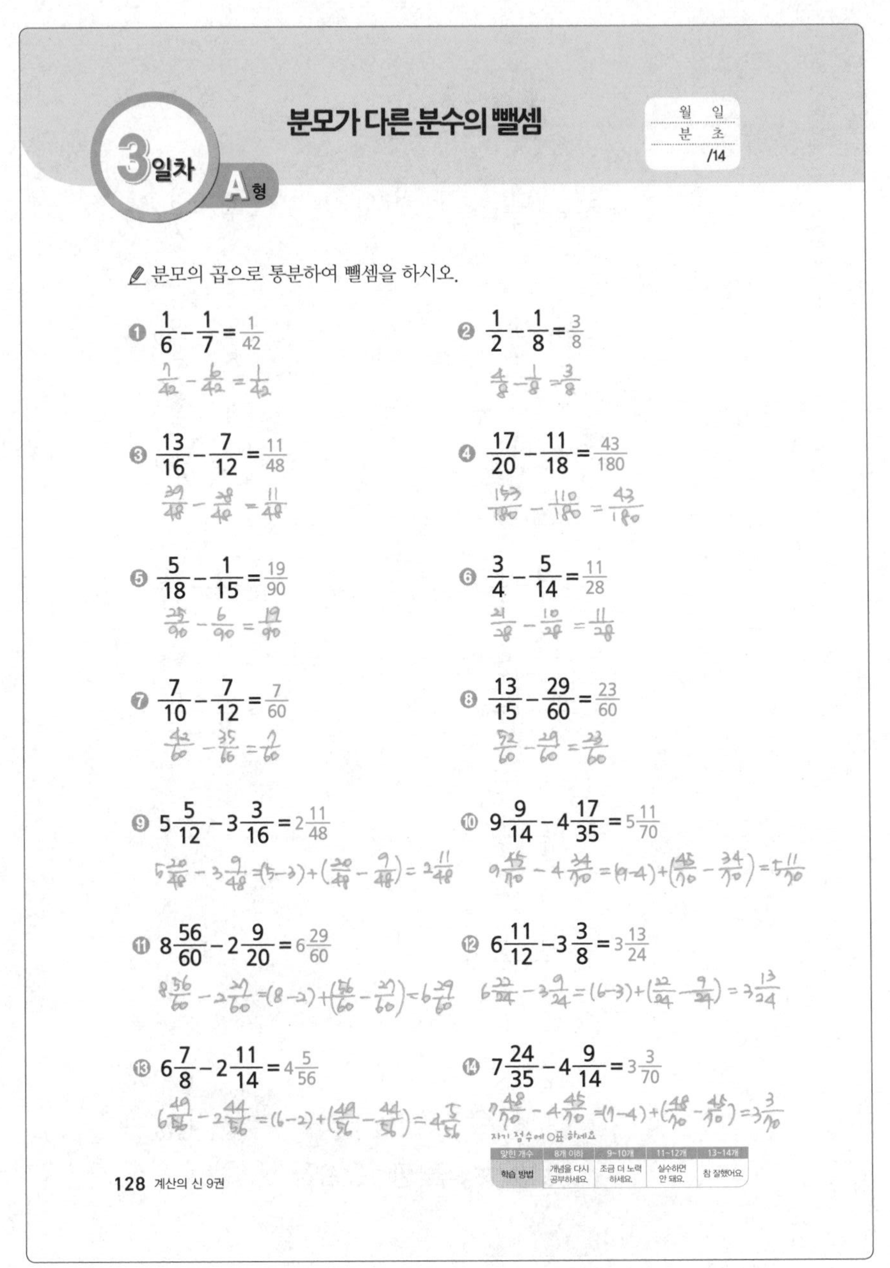

3일차 A형 분모가 다른 분수의 뺄셈

월 일 / 분 초 / /14

분모의 곱으로 통분하여 뺄셈을 하시오.

① $\frac{1}{6}-\frac{1}{7}=\frac{1}{42}$

② $\frac{1}{2}-\frac{1}{8}=\frac{3}{8}$

③ $\frac{13}{16}-\frac{7}{12}=\frac{11}{48}$

④ $\frac{17}{20}-\frac{11}{18}=\frac{43}{180}$

⑤ $\frac{5}{18}-\frac{1}{15}=\frac{19}{90}$

⑥ $\frac{3}{4}-\frac{5}{14}=\frac{11}{28}$

⑦ $\frac{7}{10}-\frac{7}{12}=\frac{7}{60}$

⑧ $\frac{13}{15}-\frac{29}{60}=\frac{23}{60}$

⑨ $5\frac{5}{12}-3\frac{3}{16}=2\frac{11}{48}$

⑩ $9\frac{9}{14}-4\frac{17}{35}=5\frac{11}{70}$

⑪ $8\frac{56}{60}-2\frac{9}{20}=6\frac{29}{60}$

⑫ $6\frac{11}{12}-3\frac{3}{8}=3\frac{13}{24}$

⑬ $6\frac{7}{8}-2\frac{11}{14}=4\frac{5}{56}$

⑭ $7\frac{24}{35}-4\frac{9}{14}=3\frac{3}{70}$

자기 점수에 ○표 하세요

맞힌 개수	8개 이하	9~10개	11~12개	13~14개
학습 방법	개념을 다시 공부하세요.	조금 더 노력하세요.	실수하면 안 돼요.	참 잘했어요.

128 계산의 신 9권

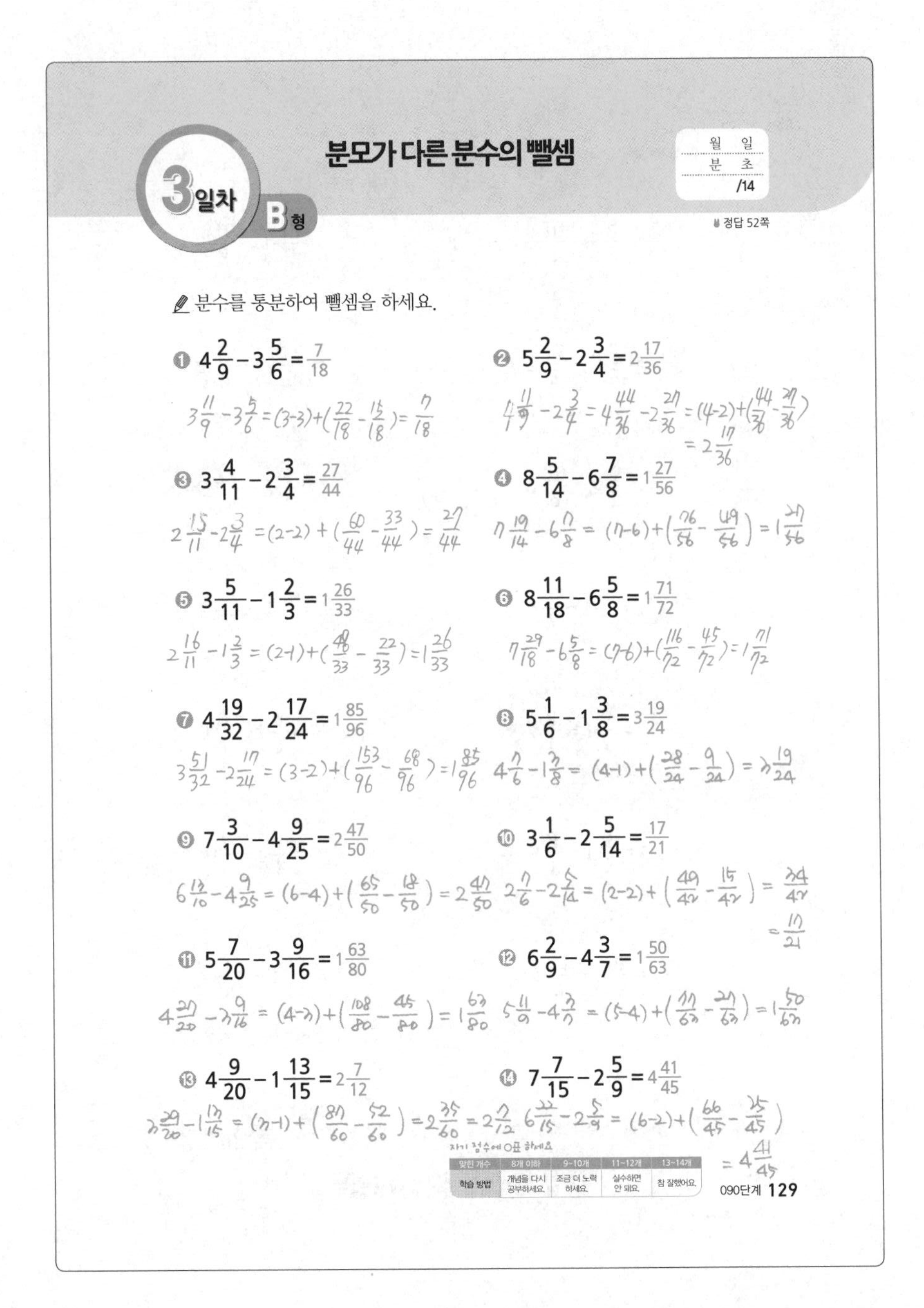

3일차 B형 분모가 다른 분수의 뺄셈

월 일 / 분 초 / /14

정답 52쪽

분수를 통분하여 뺄셈을 하세요.

① $4\frac{2}{9}-3\frac{5}{6}=\frac{7}{18}$

② $5\frac{2}{9}-2\frac{3}{4}=2\frac{17}{36}$

③ $3\frac{4}{11}-2\frac{3}{4}=\frac{27}{44}$

④ $8\frac{5}{14}-6\frac{7}{8}=1\frac{27}{56}$

⑤ $3\frac{5}{11}-1\frac{2}{3}=1\frac{26}{33}$

⑥ $8\frac{11}{18}-6\frac{5}{8}=1\frac{71}{72}$

⑦ $4\frac{19}{32}-2\frac{17}{24}=1\frac{85}{96}$

⑧ $5\frac{1}{6}-1\frac{3}{8}=3\frac{19}{24}$

⑨ $7\frac{3}{10}-4\frac{9}{25}=2\frac{47}{50}$

⑩ $3\frac{1}{6}-2\frac{5}{14}=\frac{17}{21}$

⑪ $5\frac{7}{20}-3\frac{9}{16}=1\frac{63}{80}$

⑫ $6\frac{2}{9}-4\frac{3}{7}=1\frac{50}{63}$

⑬ $4\frac{9}{20}-1\frac{13}{15}=2\frac{7}{12}$

⑭ $7\frac{7}{15}-2\frac{5}{9}=4\frac{41}{45}$

자기 점수에 ○표 하세요

맞힌 개수	8개 이하	9~10개	11~12개	13~14개
학습 방법	개념을 다시 공부하세요.	조금 더 노력하세요.	실수하면 안 돼요.	참 잘했어요.

090단계 129

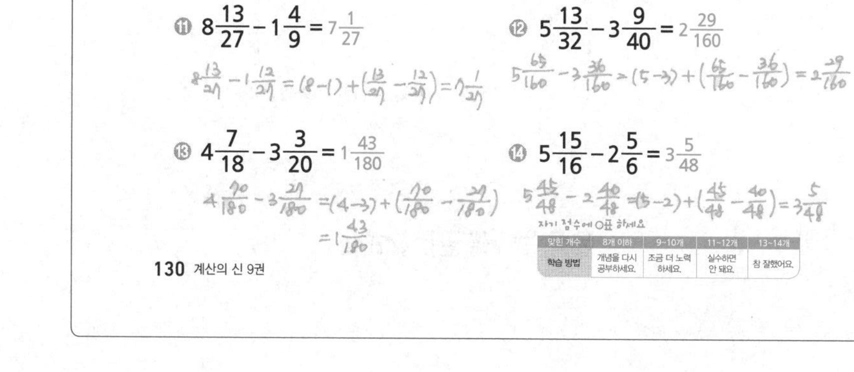

4일차 A형

분모가 다른 분수의 뺄셈

월 일 / 분 초 / /14

분모의 곱으로 통분하여 뺄셈을 하시오.

❶ $\frac{3}{4}-\frac{3}{5}=\frac{3}{20}$

❷ $\frac{5}{6}-\frac{3}{4}=\frac{1}{12}$

❸ $\frac{3}{4}-\frac{5}{14}=\frac{11}{28}$

❹ $\frac{7}{12}-\frac{7}{15}=\frac{7}{60}$

❺ $\frac{5}{8}-\frac{13}{28}=\frac{9}{56}$

❻ $\frac{9}{16}-\frac{13}{24}=\frac{1}{48}$

❼ $\frac{14}{15}-\frac{5}{6}=\frac{1}{10}$

❽ $\frac{3}{8}-\frac{1}{6}=\frac{5}{24}$

❾ $7\frac{13}{16}-4\frac{11}{24}=3\frac{17}{48}$

❿ $6\frac{5}{6}-2\frac{2}{9}=4\frac{11}{18}$

⓫ $8\frac{13}{27}-1\frac{4}{9}=7\frac{1}{27}$

⓬ $5\frac{13}{32}-3\frac{9}{40}=2\frac{29}{160}$

⓭ $4\frac{7}{18}-3\frac{3}{20}=1\frac{43}{180}$

⓮ $5\frac{15}{16}-2\frac{5}{6}=3\frac{5}{48}$

맞힌 개수	8개 이하	9~10개	11~12개	13~14개
학습 방법	개념을 다시 공부하세요.	조금 더 노력하세요.	실수하면 안 돼요.	참 잘했어요.

130 계산의 신 9권

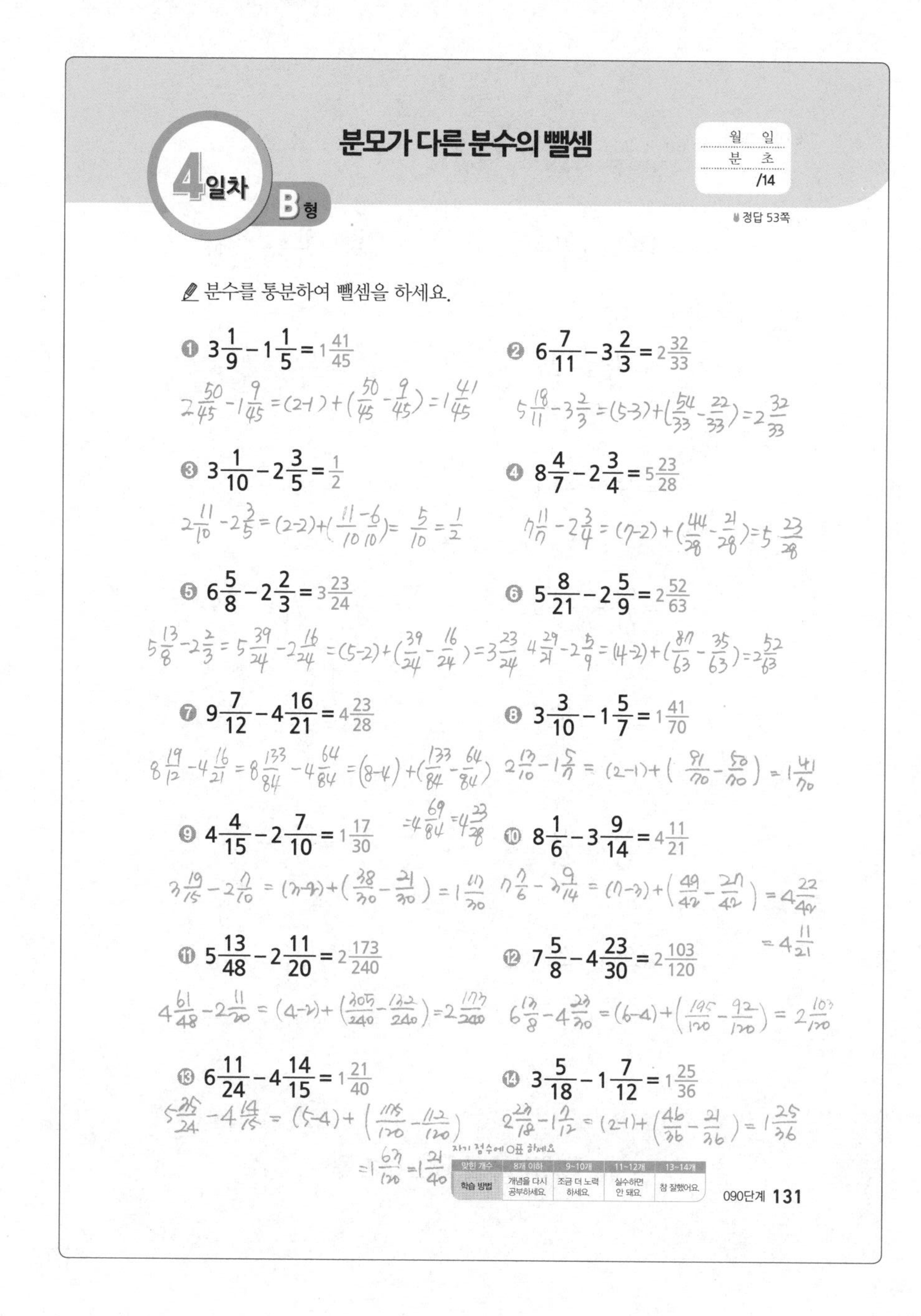

4일차 B형

분모가 다른 분수의 뺄셈

월 일 / 분 초 / /14

정답 53쪽

분수를 통분하여 뺄셈을 하세요.

❶ $3\frac{1}{9}-1\frac{1}{5}=1\frac{41}{45}$

❷ $6\frac{7}{11}-3\frac{2}{3}=2\frac{32}{33}$

❸ $3\frac{1}{10}-2\frac{3}{5}=\frac{1}{2}$

❹ $8\frac{4}{7}-2\frac{3}{4}=5\frac{23}{28}$

❺ $6\frac{5}{8}-2\frac{2}{3}=3\frac{23}{24}$

❻ $5\frac{8}{21}-2\frac{5}{9}=2\frac{52}{63}$

❼ $9\frac{7}{12}-4\frac{16}{21}=4\frac{23}{28}$

❽ $3\frac{3}{10}-1\frac{5}{7}=1\frac{41}{70}$

❾ $4\frac{4}{15}-2\frac{7}{10}=1\frac{17}{30}$

❿ $8\frac{1}{6}-3\frac{9}{14}=4\frac{11}{21}$

⓫ $5\frac{13}{48}-2\frac{11}{20}=2\frac{173}{240}$

⓬ $7\frac{5}{8}-4\frac{23}{30}=2\frac{103}{120}$

⓭ $6\frac{11}{24}-4\frac{14}{15}=1\frac{21}{40}$

⓮ $3\frac{5}{18}-1\frac{7}{12}=1\frac{25}{36}$

맞힌 개수	8개 이하	9~10개	11~12개	13~14개
학습 방법	개념을 다시 공부하세요.	조금 더 노력하세요.	실수하면 안 돼요.	참 잘했어요.

090단계 131

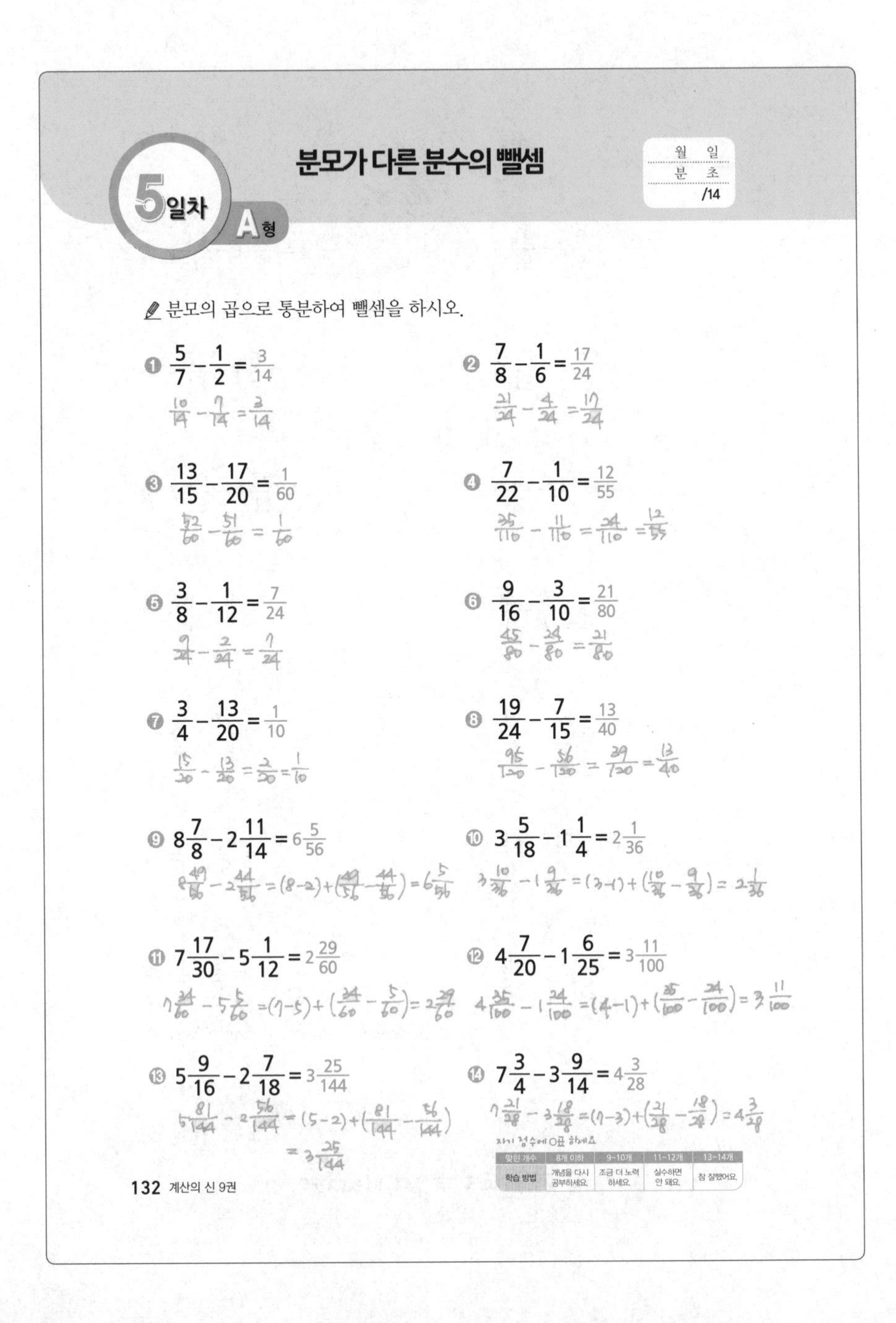

5일차 A형 분모가 다른 분수의 뺄셈

월 일 / 분 초 / /14

✎ 분모의 곱으로 통분하여 뺄셈을 하시오.

❶ $\frac{5}{7}-\frac{1}{2}=\frac{3}{14}$

❷ $\frac{7}{8}-\frac{1}{6}=\frac{17}{24}$

❸ $\frac{13}{15}-\frac{17}{20}=\frac{1}{60}$

❹ $\frac{7}{22}-\frac{1}{10}=\frac{12}{55}$

❺ $\frac{3}{8}-\frac{1}{12}=\frac{7}{24}$

❻ $\frac{9}{16}-\frac{3}{10}=\frac{21}{80}$

❼ $\frac{3}{4}-\frac{13}{20}=\frac{1}{10}$

❽ $\frac{19}{24}-\frac{7}{15}=\frac{13}{40}$

❾ $8\frac{7}{8}-2\frac{11}{14}=6\frac{5}{56}$

❿ $3\frac{5}{18}-1\frac{1}{4}=2\frac{1}{36}$

⓫ $7\frac{17}{30}-5\frac{1}{12}=2\frac{29}{60}$

⓬ $4\frac{7}{20}-1\frac{6}{25}=3\frac{11}{100}$

⓭ $5\frac{9}{16}-2\frac{7}{18}=3\frac{25}{144}$

⓮ $7\frac{3}{4}-3\frac{9}{14}=4\frac{3}{28}$

맞힌 개수	8개 이하	9~10개	11~12개	13~14개
학습 방법	개념을 다시 공부하세요.	조금 더 노력하세요.	실수하면 안 돼요.	참 잘했어요.

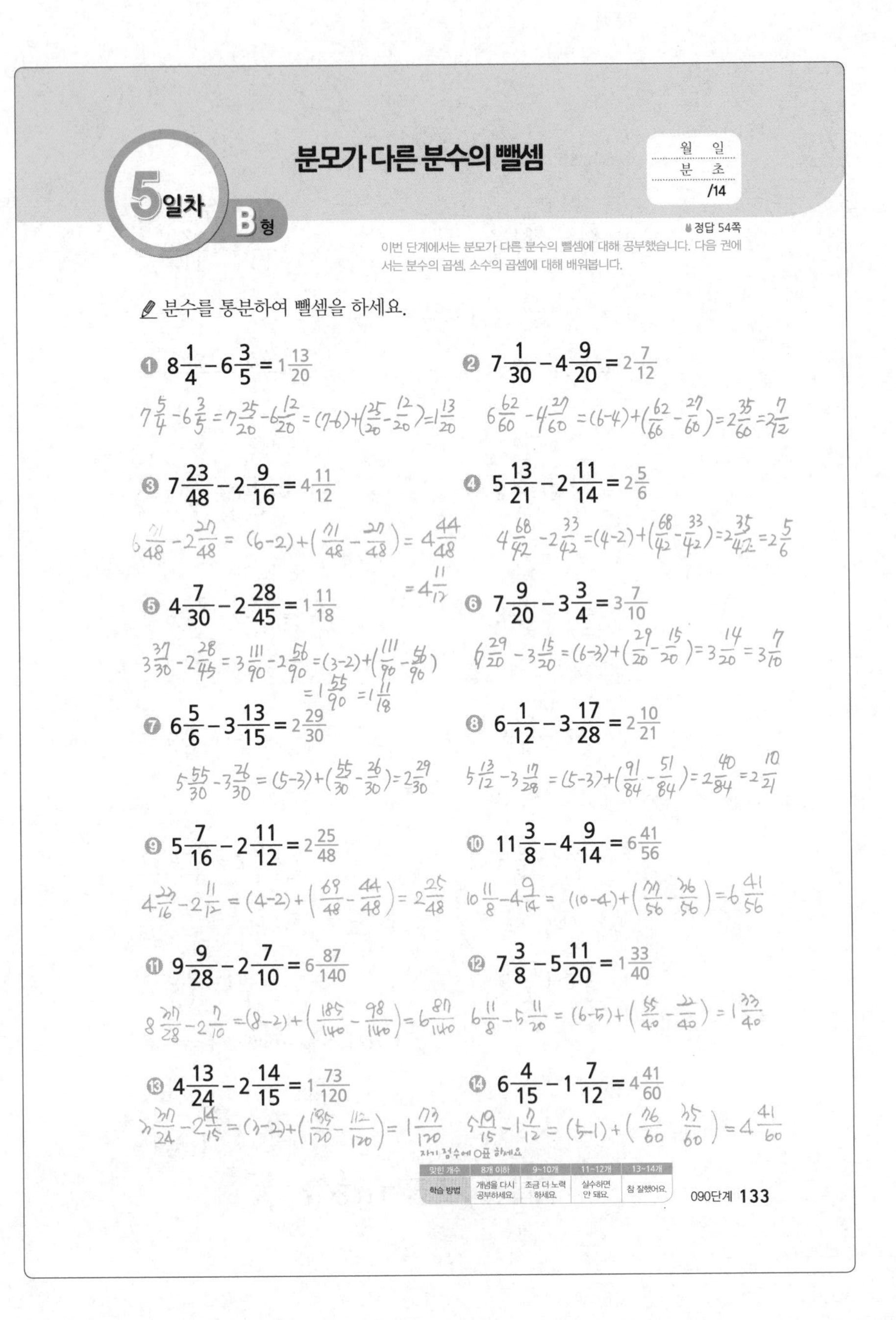

5일차 B형 분모가 다른 분수의 뺄셈

월 일 / 분 초 / /14

정답 54쪽

이번 단계에서는 분모가 다른 분수의 뺄셈에 대해 공부했습니다. 다음 권에서는 분수의 곱셈, 소수의 곱셈에 대해 배워봅니다.

✎ 분수를 통분하여 뺄셈을 하세요.

❶ $8\frac{1}{4}-6\frac{3}{5}=1\frac{13}{20}$

❷ $7\frac{1}{30}-4\frac{9}{20}=2\frac{7}{12}$

❸ $7\frac{23}{48}-2\frac{9}{16}=4\frac{11}{12}$

❹ $5\frac{13}{21}-2\frac{11}{14}=2\frac{5}{6}$

❺ $4\frac{7}{30}-2\frac{28}{45}=1\frac{11}{18}$

❻ $7\frac{9}{20}-3\frac{3}{4}=3\frac{7}{10}$

❼ $6\frac{5}{6}-3\frac{13}{15}=2\frac{29}{30}$

❽ $6\frac{1}{12}-3\frac{17}{28}=2\frac{10}{21}$

❾ $5\frac{7}{16}-2\frac{11}{12}=2\frac{25}{48}$

❿ $11\frac{3}{8}-4\frac{9}{14}=6\frac{41}{56}$

⓫ $9\frac{9}{28}-2\frac{7}{10}=6\frac{87}{140}$

⓬ $7\frac{3}{8}-5\frac{11}{20}=1\frac{33}{40}$

⓭ $4\frac{13}{24}-2\frac{14}{15}=1\frac{73}{120}$

⓮ $6\frac{4}{15}-1\frac{7}{12}=4\frac{41}{60}$

맞힌 개수	8개 이하	9~10개	11~12개	13~14개
학습 방법	개념을 다시 공부하세요.	조금 더 노력하세요.	실수하면 안 돼요.	참 잘했어요.

전체 묶어 풀기 081~090단계
혼합 계산 · 약수와 배수 · 분모가 다른 분수의 덧셈과 뺄셈

월 일 / 분 초 / /12

정답 55쪽

다음을 계산하세요.

❶ $24+(12-6)\div 3=26$

❷ $(11-2\times 4)+3\times 7=24$

두 수의 최대공약수와 최소공배수를 구하세요.

❸ 36, 108
최대공약수: 36
최소공배수: 108

❹ 90, 80
최대공약수: 10
최소공배수: 720

❺ 24, 32
최대공약수: 8
최소공배수: 96

분모의 최소공배수를 공통분모로 하여 두 분수를 통분하세요.

❻ $\left(\frac{7}{10}, \frac{5}{12}\right)$ $\left(\frac{42}{60}, \frac{25}{60}\right)$

❼ $\left(\frac{3}{20}, \frac{14}{25}\right)$ $\left(\frac{15}{100}, \frac{56}{100}\right)$

❽ $\left(\frac{7}{18}, \frac{19}{30}\right)$ $\left(\frac{35}{90}, \frac{57}{90}\right)$

다음 분수의 계산을 하세요.

❾ $\frac{3}{8}+\frac{5}{6}=1\frac{5}{24}$

❿ $4\frac{11}{18}+3\frac{28}{45}=8\frac{7}{30}$

⓫ $\frac{21}{26}-\frac{20}{39}=\frac{23}{78}$

⓬ $2\frac{12}{35}-1\frac{8}{21}=\frac{101}{105}$

134 계산의 신 9권

신(神)의 Note

✂ 자르는 선

081단계 실력 진단 평가 ❶회

덧셈과 뺄셈이 섞여 있는 식의 계산

제한 시간	맞힌 개수	선생님 확인
20분	/16	

정답 21쪽

계산 순서를 나타내세요.

❶ $33-18+10$

❷ $15-7+6$

❸ $42-(6+18)$

❹ $50-39+(11+5)$

❺ $34-(15+7)+8$

❻ $22+4-(11-7)$

❼ $(35-23)+9-3$

❽ $37-(51-26)+12$

❾ $(11-8)+24$

❿ $21-(9+6)$

⓫ $27-(51-25)$

⓬ $4+(5+6)-8$

⓭ $(8-3)+17-2$

⓮ $48-(11+35)+5$

⓯ $33+4-(23-17)$

⓰ $70-(85-63)-22$

081 단계 실력 진단 평가 ❷회

덧셈과 뺄셈이 섞여 있는 식의 계산

제한 시간	맞힌 개수	선생님 확인
20분	/16	

정답 21쪽

다음을 계산하세요.

❶ $12+7-8=$

❷ $50-14+35=$

❸ $14+48-25=$

❹ $26-14+5=$

❺ $94-88+13=$

❻ $75-13+14=$

❼ $17+(33-14)=$

❽ $41-(8+26)=$

❾ $(81-54)+36=$

❿ $69-(16+23)=$

⓫ $34+(91-88)=$

⓬ $(32-17)+15-3=$

⓭ $70-(85-63)+7=$

⓮ $54-(17+12)-9=$

⓯ $100-(53+17)-13=$

⓰ $45-(14+23)+12=$

082 단계 실력 진단 평가 ❶회

곱셈과 나눗셈이 섞여 있는 식의 계산

제한 시간	맞힌 개수	선생님 확인
20분	/16	

정답 21쪽

계산 순서를 나타내세요.

❶ $9\times15\div5$

❷ $70\div5\times2$

❸ $10\times9\div5$

❹ $120\div6\times3$

❺ $84\div7\times4$

❻ $84\div(48\div4)$

❼ $135\div(3\times9)$

❽ $200\div(10\times5)$

❾ $150\div(25\div5)$

❿ $6\times(20\div4)$

⓫ $7\times(93\div3)$

⓬ $120\div5\div(2\times4)$

⓭ $72\times2\div(54\div18)$

⓮ $8\div(30\div15)\times3$

⓯ $96\div(24\div4)\times2$

⓰ $138\div(46\div2)\times5$

082단계 실력 진단 평가 ❷회

곱셈과 나눗셈이 섞여 있는 식의 계산

제한 시간	맞힌 개수	선생님 확인
20분	/16	

정답 21쪽

다음을 계산하세요.

❶ $50 \div 5 \times 3 =$

❷ $54 \div 18 \times 8 =$

❸ $96 \div 12 \times 6 =$

❹ $12 \times 12 \div 16 =$

❺ $54 \div 6 \times 5 =$

❻ $75 \div 15 \times 3 =$

❼ $7 \times (93 \div 3) =$

❽ $108 \div (9 \times 2) =$

❾ $6 \times (18 \div 3) =$

❿ $56 \div (7 \times 4) =$

⓫ $384 \div (8 \times 6) =$

⓬ $112 \div (14 \times 2) =$

⓭ $12 \times (60 \div 12) =$

⓮ $117 \div (13 \times 3) \times 5 =$

⓯ $6 \times (20 \div 4) \div 10 =$

⓰ $5 \times (72 \div 3) \div 6 =$

O83 단계 실력 진단 평가 ❶회

덧셈, 뺄셈, 곱셈(나눗셈)의 혼합 계산

제한 시간	맞힌 개수	선생님 확인
20분	/16	

정답 21쪽

계산 순서를 나타내세요.

❶ $6+5\times8-2$

❷ $20-5+9\div3$

❸ $16\div4+15\div5$

❹ $19-13+8\times(5-3)$

❺ $4+(7-2)\times6-10$

❻ $25\div5+3-8$

❼ $3+12\times(9-6)-7$

❽ $25\div5+19-4\div2$

❾ $14-5+26\div(7+6)$

❿ $6+3\times(8-2)-5$

⓫ $12+5\times(4-1)\times2$

⓬ $24-(8-5)\times7+(9-4)$

⓭ $12-(11-7)\times(14-12)$

⓮ $4\times9-12-(2\times5)$

⓯ $23+8-(7\times2)-(3\times2)$

⓰ $24\div3\div4+16-(5-2)$

083 단계 실력 진단 평가 ❷회

덧셈, 뺄셈, 곱셈(나눗셈)의 혼합 계산

제한 시간	맞힌 개수	선생님 확인
20분	/16	

정답 21쪽

다음을 계산하세요.

❶ $22-5\times4=$

❷ $20\div4+7-6=$

❸ $7+5-(16\div8)=$

❹ $30\div6+9-2=$

❺ $(18\div2)-(15\div5)=$

❻ $9-2+3\times(2\times5)=$

❼ $(16-5)+14\div2=$

❽ $17+5\times3-(14-6)=$

❾ $16-3\times(5-2)=$

❿ $17+14\div(6-4)=$

⓫ $(9-3)+2\times(7-3)=$

⓬ $24-6\times2+13-(5+2)=$

⓭ $35\div7+(13-4)\div3=$

⓮ $(9-5)\times3-5\times2=$

⓯ $16-(4+12)\div8-5=$

⓰ $(4+8)\times5-7\times(6-2)=$

084 단계 실력 진단 평가 ❶회

덧셈, 뺄셈, 곱셈, 나눗셈의 혼합 계산

제한 시간	맞힌 개수	선생님 확인
20분	/16	

정답 22쪽

계산 순서를 나타내세요.

❶ $25-54\div6+3\times7$

❷ $5\times6\div2+21-5$

❸ $26\times12-48\div8+2$

❹ $133-25\times45\div9+6$

❺ $12+84\div7-4\times4$

❻ $24+8\times35\div7-11$

❼ $(23-16)\times15\div21+5$

❽ $26+7\times(24-19)\div5$

❾ $14\times(32-15)\div7+15$

❿ $17\times(41-25)\div4+8$

⓫ $453\div3-(14+23)\times4$

⓬ $45\div5+(6-2)\times4$

⓭ $174-6\times(14+2)\div4$

⓮ $288\div4+4\times(23-7)$

⓯ $70\div(23-9)\times7+15$

⓰ $252\div(32-18)+3\times16$

084 단계 실력 진단 평가 ❷회

덧셈, 뺄셈, 곱셈, 나눗셈의 혼합 계산

제한 시간	맞힌 개수	선생님 확인
20분	/16	

정답 22쪽

다음을 계산하세요.

❶ $17\times15-81\div9+4=$

❷ $124-5\times17+64\div8=$

❸ $57-5\times56\div7+3=$

❹ $53-3\times15+72\div8=$

❺ $(17-8)+15\times4\div3=$

❻ $12\times13-66\div6+5=$

❼ $22\times(21-5)\div11+3=$

❽ $41+30\times(11-5)\div6=$

❾ $(110+40)\div3-23\times2=$

❿ $152\div(14+5)\times7-46=$

⓫ $26+9\times(16-9)\div3=$

⓬ $74-(9+15)\times5\div15=$

⓭ $7+(12-3)\times8\div6=$

⓮ $24\div4+(52-4)\times3=$

⓯ $36\div2+9\times(13-8)=$

⓰ $68+15\times(21-15)+10\div5=$

085 단계 실력 진단 평가 ❶회

약수와 배수

제한 시간	맞힌 개수	선생님 확인
20분	/18	

정답 22쪽

✎ 곱셈식을 이용하여 약수를 구하세요.

❶ 15의 약수 ⇨

⇨

❷ 9의 약수 ⇨

⇨

❸ 24의 약수 ⇨

⇨

❹ 40의 약수 ⇨

⇨

❺ 25의 약수 ⇨

⇨

❻ 34의 약수 ⇨

⇨

❼ 18의 약수 ⇨

⇨

❽ 81의 약수 ⇨

⇨

❾ 29의 약수 ⇨

⇨

❿ 14의 약수 ⇨

⇨

⓫ 22의 약수 ⇨

⇨

⓬ 8의 약수 ⇨

⇨

⓭ 13의 약수 ⇨

⇨

⓮ 32의 약수 ⇨

⇨

⓯ 54의 약수 ⇨

⇨

⓰ 16의 약수 ⇨

⇨

⓱ 12의 약수 ⇨

⇨

⓲ 72의 약수 ⇨

⇨

085단계 실력 진단 평가 ②회

약수와 배수

제한 시간	맞힌 개수	선생님 확인
20분	/20	

정답 22쪽

배수를 작은 수부터 차례로 6개 찾아 쓰세요.

❶ 2의 배수 ⇨

❷ 3의 배수 ⇨

❸ 5의 배수 ⇨

❹ 6의 배수 ⇨

❺ 7의 배수 ⇨

❻ 8의 배수 ⇨

❼ 9의 배수 ⇨

❽ 11의 배수 ⇨

❾ 12의 배수 ⇨

❿ 13의 배수 ⇨

⓫ 15의 배수 ⇨

⓬ 16의 배수 ⇨

⓭ 17의 배수 ⇨

⓮ 18의 배수 ⇨

⓯ 19의 배수 ⇨

⓰ 21의 배수 ⇨

⓱ 24의 배수 ⇨

⓲ 25의 배수 ⇨

⓳ 32의 배수 ⇨

⓴ 45의 배수 ⇨

✂ 자르는 선

086 단계 실력 진단 평가 ❶회

공약수와 공배수

제한 시간	맞힌 개수	선생님 확인
20분	/12	

정답 22쪽

두 수의 공약수를 구하고 그 중 가장 큰 수를 찾으세요.

❶ (12, 16) ⇨

⇨

❷ (6, 9) ⇨

⇨

❸ (5, 7) ⇨

⇨

❹ (20, 24) ⇨

⇨

❺ (4, 6) ⇨

⇨

❻ (10, 12) ⇨

⇨

❼ (25, 45) ⇨

⇨

❽ (9, 42) ⇨

⇨

❾ (10, 25) ⇨

⇨

❿ (8, 17) ⇨

⇨

⓫ (14, 40) ⇨

⇨

⓬ (9, 18) ⇨

⇨

086 단계 실력 진단 평가 ❷회

공약수와 공배수

제한 시간	맞힌 개수	선생님 확인
20분	/12	

정답 22쪽

✎ 두 수의 공배수를 작은 수부터 차례로 3개 찾아 쓰고, 가장 작은 공배수를 찾으세요.

❶ (2, 3) ⇨

⇨

❷ (3, 6) ⇨

⇨

❸ (4, 6) ⇨

⇨

❹ (4, 5) ⇨

⇨

❺ (6, 8) ⇨

⇨

❻ (8, 10) ⇨

⇨

❼ (9, 12) ⇨

⇨

❽ (9, 6) ⇨

⇨

❾ (16, 20) ⇨

⇨

❿ (4, 12) ⇨

⇨

⓫ (15, 20) ⇨

⇨

⓬ (14, 21) ⇨

⇨

자르는 선

087 단계 실력 진단 평가 ❶회

최대공약수와 최소공배수

제한 시간	맞힌 개수	선생님 확인
20분	/20	

정답 23쪽

두 수의 최대공약수와 최소공배수를 구하세요.

❶ (16, 40)

최대공약수:
최소공배수:

❷ (4, 22)

최대공약수:
최소공배수:

❸ (24, 27)

최대공약수:
최소공배수:

❹ (15, 27)

최대공약수:
최소공배수:

❺ (9, 42)

최대공약수:
최소공배수:

❻ (28, 24)

최대공약수:
최소공배수:

❼ (25, 60)

최대공약수:
최소공배수:

❽ (10, 16)

최대공약수:
최소공배수:

❾ (8, 36)

최대공약수:
최소공배수:

❿ (9, 30)

최대공약수:
최소공배수:

⓫ (20, 24)

최대공약수:
최소공배수:

⓬ (18, 30)

최대공약수:
최소공배수:

⓭ (12, 30)

최대공약수:
최소공배수:

⓮ (27, 45)

최대공약수:
최소공배수:

⓯ (32, 18)

최대공약수:
최소공배수:

⓰ (52, 39)

최대공약수:
최소공배수:

⓱ (54, 15)

최대공약수:
최소공배수:

⓲ (28, 24)

최대공약수:
최소공배수:

⓳ (48, 36)

최대공약수:
최소공배수:

⓴ (16, 40)

최대공약수:
최소공배수:

087 단계

실력 진단 평가 ❷회

최대공약수와 최소공배수

제한 시간	맞힌 개수	선생님 확인
20분	/20	

정답 23쪽

두 수의 최대공약수와 최소공배수를 구하세요.

❶) 9 15

최대공약수:
최소공배수:

❷) 8 20

최대공약수:
최소공배수:

❸) 6 14

최대공약수:
최소공배수:

❹) 18 48

최대공약수:
최소공배수:

❺) 8 12

최대공약수:
최소공배수:

❻) 15 80

최대공약수:
최소공배수:

❼) 27 15

최대공약수:
최소공배수:

❽) 10 52

최대공약수:
최소공배수:

❾) 20 24

최대공약수:
최소공배수:

❿) 24 56

최대공약수:
최소공배수:

⓫) 28 42

최대공약수:
최소공배수:

⓬) 20 25

최대공약수:
최소공배수:

⓭) 10 45

최대공약수:
최소공배수:

⓮) 42 12

최대공약수:
최소공배수:

⓯) 22 14

최대공약수:
최소공배수:

⓰) 72 40

최대공약수:
최소공배수:

⓱) 45 81

최대공약수:
최소공배수:

⓲) 56 84

최대공약수:
최소공배수:

⓳) 10 15

최대공약수:
최소공배수:

⓴) 27 63

최대공약수:
최소공배수:

088 단계 실력 진단 평가 ❶회

약분과 통분

제한 시간	맞힌 개수	선생님 확인
20분	/30	

정답 23쪽

분수를 약분하세요.

❶ $\frac{12}{30}$ ➡ $\frac{\square}{15}$, $\frac{\square}{10}$, $\frac{\square}{5}$

❷ $\frac{24}{32}$ ➡ $\frac{\square}{16}$, $\frac{\square}{8}$, $\frac{\square}{4}$

❸ $\frac{15}{25}$ ➡ $\frac{\square}{5}$

❹ $\frac{30}{45}$ ➡ $\frac{\square}{15}$, $\frac{\square}{9}$, $\frac{\square}{3}$

❺ $\frac{8}{12}$ ➡ $\frac{\square}{6}$, $\frac{\square}{3}$

❻ $\frac{9}{27}$ ➡ $\frac{\square}{9}$, $\frac{\square}{3}$

❼ $\frac{34}{68}$ ➡ $\frac{\square}{34}$, $\frac{\square}{4}$, $\frac{\square}{2}$

❽ $\frac{27}{36}$ ➡ $\frac{\square}{12}$, $\frac{\square}{4}$

❾ $\frac{20}{60}$ ➡ $\frac{\square}{30}$, $\frac{\square}{15}$, $\frac{\square}{12}$, $\frac{\square}{6}$, $\frac{\square}{3}$

❿ $\frac{18}{54}$ ➡ $\frac{\square}{27}$, $\frac{\square}{18}$, $\frac{\square}{9}$, $\frac{\square}{6}$, $\frac{\square}{3}$

분수를 기약분수로 나타내세요.

⓫ $\frac{24}{30}=$

⓬ $\frac{15}{18}=$

⓭ $\frac{36}{45}=$

⓮ $\frac{75}{100}=$

⓯ $\frac{17}{85}=$

⓰ $\frac{20}{44}=$

⓱ $\frac{21}{56}=$

⓲ $\frac{44}{52}=$

⓳ $\frac{26}{91}=$

⓴ $\frac{42}{66}=$

㉑ $\frac{18}{81}=$

㉒ $\frac{32}{40}=$

㉓ $\frac{9}{108}=$

㉔ $\frac{8}{44}=$

㉕ $\frac{30}{96}=$

㉖ $\frac{64}{72}=$

㉗ $\frac{60}{92}=$

㉘ $\frac{54}{84}=$

㉙ $\frac{48}{80}=$

㉚ $\frac{52}{56}=$

088 단계 실력 진단 평가 ❷회

약분과 통분

제한 시간	맞힌 개수	선생님 확인
20분	/22	

정답 23쪽

분모의 곱을 공통분모로 하여 통분하세요.

❶ $\left(\frac{2}{3}, \frac{1}{5}\right) \rightarrow$

❷ $\left(\frac{1}{8}, \frac{3}{4}\right) \rightarrow$

❸ $\left(\frac{2}{14}, \frac{5}{9}\right) \rightarrow$

❹ $\left(\frac{4}{7}, \frac{5}{6}\right) \rightarrow$

❺ $\left(\frac{4}{9}, \frac{5}{11}\right) \rightarrow$

❻ $\left(1\frac{1}{3}, 2\frac{2}{7}\right) \rightarrow$

❼ $\left(2\frac{3}{25}, 3\frac{1}{4}\right) \rightarrow$

❽ $\left(3\frac{5}{9}, 2\frac{3}{5}\right) \rightarrow$

❾ $\left(4\frac{1}{12}, 1\frac{2}{3}\right) \rightarrow$

❿ $\left(1\frac{7}{8}, 6\frac{4}{9}\right) \rightarrow$

⓫ $\left(2\frac{1}{4}, 2\frac{2}{5}\right) \rightarrow$

분모의 최소공배수를 공통분모로 하여 통분하세요.

⓬ $\left(\frac{4}{7}, \frac{13}{21}\right) \rightarrow$

⓭ $\left(\frac{5}{8}, \frac{1}{12}\right) \rightarrow$

⓮ $\left(\frac{5}{16}, \frac{3}{20}\right) \rightarrow$

⓯ $\left(\frac{8}{25}, \frac{3}{10}\right) \rightarrow$

⓰ $\left(\frac{11}{40}, \frac{7}{16}\right) \rightarrow$

⓱ $\left(1\frac{4}{6}, 3\frac{2}{9}\right) \rightarrow$

⓲ $\left(2\frac{5}{21}, 1\frac{12}{35}\right) \rightarrow$

⓳ $\left(5\frac{7}{96}, 3\frac{1}{80}\right) \rightarrow$

⓴ $\left(4\frac{23}{24}, 3\frac{7}{8}\right) \rightarrow$

㉑ $\left(2\frac{4}{15}, 6\frac{11}{25}\right) \rightarrow$

㉒ $\left(2\frac{1}{4}, 7\frac{9}{10}\right) \rightarrow$

✂ 자르는 선

089단계 실력 진단 평가 ❶회

분모가 다른 분수의 덧셈

제한 시간	맞힌 개수	선생님 확인
20분	/32	

정답 23쪽

분모를 통분하여 덧셈을 하세요.

❶ $\frac{2}{5}+\frac{1}{3}=$

❷ $\frac{1}{4}+\frac{3}{7}=$

❸ $\frac{2}{9}+\frac{5}{12}=$

❹ $\frac{3}{8}+\frac{1}{10}=$

❺ $\frac{1}{12}+\frac{1}{3}=$

❻ $\frac{4}{13}+\frac{2}{5}=$

❼ $\frac{4}{15}+\frac{5}{12}=$

❽ $\frac{3}{5}+\frac{1}{4}=$

❾ $\frac{2}{5}+\frac{7}{20}=$

❿ $\frac{1}{6}+\frac{3}{4}=$

⓫ $\frac{11}{24}+\frac{3}{8}=$

⓬ $\frac{8}{15}+\frac{9}{20}=$

⓭ $\frac{2}{15}+\frac{7}{12}=$

⓮ $\frac{5}{32}+\frac{5}{16}=$

⓯ $\frac{19}{45}+\frac{4}{9}=$

⓰ $\frac{3}{8}+\frac{7}{36}=$

⓱ $\frac{1}{4}+\frac{1}{6}=$

⓲ $\frac{13}{35}+\frac{3}{14}=$

⓳ $\frac{9}{22}+\frac{10}{33}=$

⓴ $\frac{3}{5}+\frac{7}{30}=$

㉑ $\frac{7}{18}+\frac{1}{4}=$

㉒ $\frac{3}{8}+\frac{2}{7}=$

㉓ $\frac{5}{12}+\frac{11}{48}=$

㉔ $\frac{3}{4}+\frac{3}{20}=$

㉕ $\frac{1}{2}+\frac{4}{13}=$

㉖ $\frac{11}{27}+\frac{1}{6}=$

㉗ $\frac{3}{14}+\frac{8}{35}=$

㉘ $\frac{3}{10}+\frac{9}{25}=$

㉙ $\frac{9}{40}+\frac{2}{5}=$

㉚ $\frac{2}{9}+\frac{1}{4}=$

㉛ $\frac{3}{8}+\frac{1}{20}=$

㉜ $\frac{15}{32}+\frac{7}{16}=$

089단계 실력 진단 평가 ❷회

분모가 다른 분수의 덧셈

제한 시간	맞힌 개수	선생님 확인
20분	/32	

정답 23쪽

분모를 통분하여 덧셈을 하세요.

❶ $1\frac{3}{5}+2\frac{1}{4}=$

❷ $3\frac{1}{5}+2\frac{2}{7}=$

❸ $5\frac{1}{4}+1\frac{1}{6}=$

❹ $2\frac{3}{10}+2\frac{1}{4}=$

❺ $1\frac{4}{15}+3\frac{2}{3}=$

❻ $6\frac{1}{4}+2\frac{3}{5}=$

❼ $2\frac{3}{8}+2\frac{2}{9}=$

❽ $1\frac{8}{15}+7\frac{1}{3}=$

❾ $4\frac{5}{12}+3\frac{7}{20}=$

❿ $2\frac{1}{6}+5\frac{3}{4}=$

⓫ $1\frac{7}{16}+9\frac{3}{8}=$

⓬ $4\frac{2}{15}+3\frac{7}{20}=$

⓭ $1\frac{4}{15}+3\frac{7}{12}=$

⓮ $2\frac{5}{12}+1\frac{3}{16}=$

⓯ $6\frac{7}{15}+2\frac{4}{9}=$

⓰ $1\frac{3}{8}+6\frac{7}{22}=$

⓱ $5\frac{1}{6}+2\frac{5}{8}=$

⓲ $2\frac{4}{15}+8\frac{5}{12}=$

⓳ $1\frac{11}{42}+1\frac{3}{14}=$

⓴ $3\frac{3}{8}+2\frac{5}{24}=$

㉑ $2\frac{2}{15}+6\frac{1}{4}=$

㉒ $3\frac{3}{4}+1\frac{1}{7}=$

㉓ $5\frac{5}{12}+1\frac{7}{36}=$

㉔ $1\frac{1}{5}+4\frac{1}{2}=$

㉕ $8\frac{1}{4}+2\frac{5}{14}=$

㉖ $3\frac{8}{25}+1\frac{2}{5}=$

㉗ $7\frac{3}{14}+3\frac{4}{35}=$

㉘ $2\frac{2}{15}+5\frac{9}{20}=$

㉙ $1\frac{3}{8}+2\frac{4}{9}=$

㉚ $5\frac{5}{12}+4\frac{3}{8}=$

㉛ $2\frac{7}{24}+3\frac{1}{27}=$

㉜ $1\frac{11}{30}+1\frac{7}{20}=$

090단계 실력 진단 평가 1회

분모가 다른 분수의 뺄셈

제한 시간	맞힌 개수	선생님 확인
20분	/32	

정답 24쪽

분모를 통분하여 뺄셈을 하세요.

① $\frac{3}{4}-\frac{1}{3}=$

② $\frac{3}{5}-\frac{4}{7}=$

③ $\frac{11}{12}-\frac{3}{5}=$

④ $\frac{3}{8}-\frac{1}{10}=$

⑤ $\frac{11}{15}-\frac{1}{6}=$

⑥ $\frac{5}{12}-\frac{2}{5}=$

⑦ $\frac{7}{18}-\frac{1}{3}=$

⑧ $\frac{4}{5}-\frac{2}{3}=$

⑨ $\frac{4}{5}-\frac{7}{10}=$

⑩ $\frac{5}{6}-\frac{3}{8}=$

⑪ $\frac{13}{24}-\frac{3}{8}=$

⑫ $\frac{4}{5}-\frac{9}{13}=$

⑬ $\frac{11}{15}-\frac{1}{2}=$

⑭ $\frac{17}{30}-\frac{1}{4}=$

⑮ $\frac{9}{10}-\frac{4}{15}=$

⑯ $\frac{3}{4}-\frac{9}{14}=$

⑰ $\frac{3}{4}-\frac{1}{6}=$

⑱ $\frac{5}{7}-\frac{2}{5}=$

⑲ $\frac{5}{16}-\frac{2}{7}=$

⑳ $\frac{4}{9}-\frac{5}{12}=$

㉑ $\frac{7}{8}-\frac{5}{14}=$

㉒ $\frac{3}{8}-\frac{2}{7}=$

㉓ $\frac{5}{6}-\frac{3}{8}=$

㉔ $\frac{8}{9}-\frac{7}{11}=$

㉕ $\frac{7}{12}-\frac{3}{8}=$

㉖ $\frac{5}{11}-\frac{1}{6}=$

㉗ $\frac{5}{12}-\frac{2}{9}=$

㉘ $\frac{10}{13}-\frac{3}{4}=$

㉙ $\frac{16}{21}-\frac{3}{5}=$

㉚ $\frac{2}{9}-\frac{3}{14}=$

㉛ $\frac{5}{6}-\frac{7}{10}=$

㉜ $\frac{9}{11}-\frac{5}{7}=$

090단계 실력 진단 평가 ❷회

분모가 다른 분수의 뺄셈

제한 시간	맞힌 개수	선생님 확인
20분	/32	

정답 24쪽

분모를 통분하여 뺄셈을 하세요.

❶ $2\frac{4}{5}-1\frac{1}{4}=$

❷ $3\frac{5}{6}-2\frac{1}{2}=$

❸ $8\frac{3}{4}-5\frac{1}{6}=$

❹ $5\frac{8}{9}-2\frac{3}{4}=$

❺ $7\frac{13}{15}-5\frac{2}{3}=$

❻ $6\frac{7}{12}-4\frac{7}{15}=$

❼ $4\frac{9}{16}-1\frac{3}{8}=$

❽ $8\frac{1}{4}-3\frac{3}{16}=$

❾ $5\frac{5}{9}-2\frac{10}{21}=$

❿ $3\frac{3}{8}-2\frac{2}{7}=$

⓫ $9\frac{17}{20}-4\frac{7}{10}=$

⓬ $8\frac{12}{25}-6\frac{13}{30}=$

⓭ $4\frac{5}{8}-2\frac{7}{12}=$

⓮ $7\frac{7}{9}-1\frac{2}{3}=$

⓯ $5\frac{9}{28}-3\frac{3}{14}=$

⓰ $10\frac{4}{7}-5\frac{12}{35}=$

⓱ $3\frac{13}{15}-2\frac{7}{10}=$

⓲ $8\frac{5}{12}-4\frac{4}{15}=$

⓳ $4\frac{2}{3}-2\frac{5}{8}=$

⓴ $7\frac{5}{16}-1\frac{7}{24}=$

㉑ $5\frac{5}{12}-2\frac{1}{4}=$

㉒ $6\frac{3}{4}-4\frac{5}{9}=$

㉓ $2\frac{5}{12}-1\frac{11}{36}=$

㉔ $4\frac{4}{5}-3\frac{7}{9}=$

㉕ $7\frac{5}{8}-5\frac{8}{13}=$

㉖ $11\frac{6}{7}-5\frac{3}{4}=$

㉗ $5\frac{8}{21}-3\frac{9}{28}=$

㉘ $4\frac{8}{15}-2\frac{4}{9}=$

㉙ $9\frac{3}{4}-7\frac{7}{11}=$

㉚ $6\frac{7}{15}-2\frac{9}{20}=$

㉛ $5\frac{5}{21}-3\frac{3}{14}=$

㉜ $6\frac{7}{15}-5\frac{13}{40}=$

실력 진단 평가 정답

081 단계

081 단계 실력 진단 평가 ❶회
덧셈과 뺄셈이 섞여 있는 식의 계산

제한 시간 20분 | 맞힌 개수 /16 | 선생님 확인

● 정답 21쪽

✎ 계산 순서를 나타내세요.

① 33−18+10
② 15−7+6
③ 42−(6+18)
④ 50−39+(11+5)
⑤ 34−(15+7)+8
⑥ 22+4−(11−7)
⑦ (35−23)+9−3
⑧ 37−(51−26)+12
⑨ (11−8)+24
⑩ 21−(9+6)
⑪ 27−(51−25)
⑫ 4+(5+6)−8
⑬ (8−3)+17−2
⑭ 48−(11+35)+5
⑮ 33+4−(23−17)
⑯ 70−(85−63)−22

1 / 9권

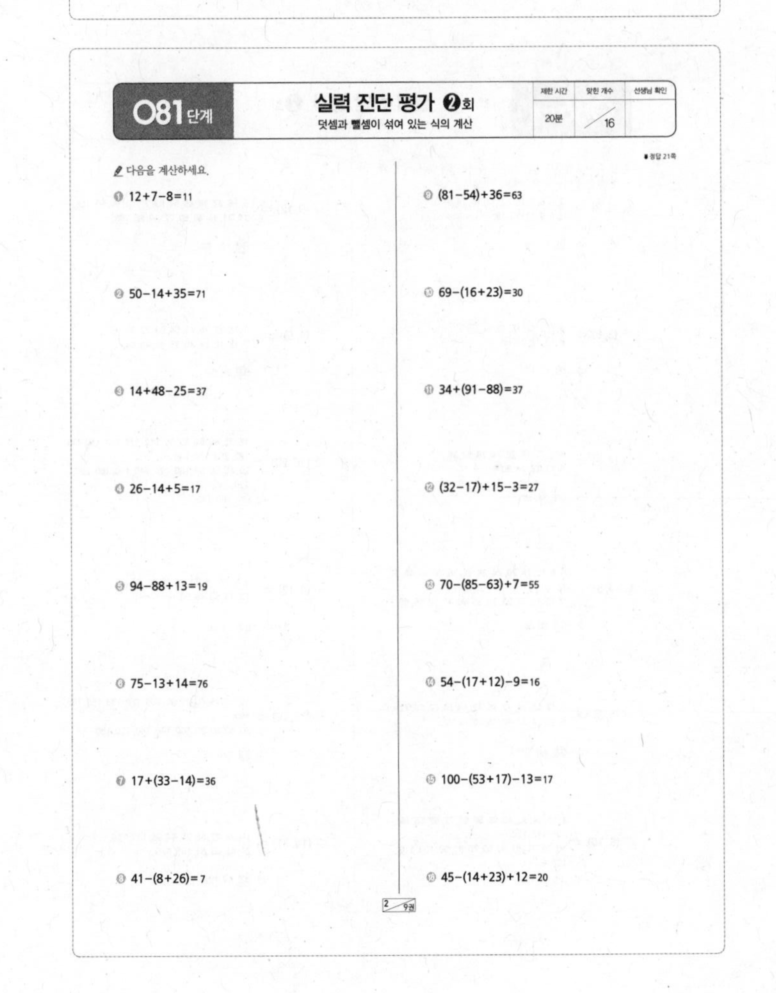

081 단계 실력 진단 평가 ❷회
덧셈과 뺄셈이 섞여 있는 식의 계산

제한 시간 20분 | 맞힌 개수 /16 | 선생님 확인

● 정답 21쪽

✎ 다음을 계산하세요.

① 12+7−8=11
② 50−14+35=71
③ 14+48−25=37
④ 26−14+5=17
⑤ 94−88+13=19
⑥ 75−13+14=76
⑦ 17+(33−14)=36
⑧ 41−(8+26)=7
⑨ (81−54)+36=63
⑩ 69−(16+23)=30
⑪ 34+(91−88)=37
⑫ (32−17)+15−3=27
⑬ 70−(85−63)+7=55
⑭ 54−(17+12)−9=16
⑮ 100−(53+17)−13=17
⑯ 45−(14+23)+12=20

2 / 9권

082 단계

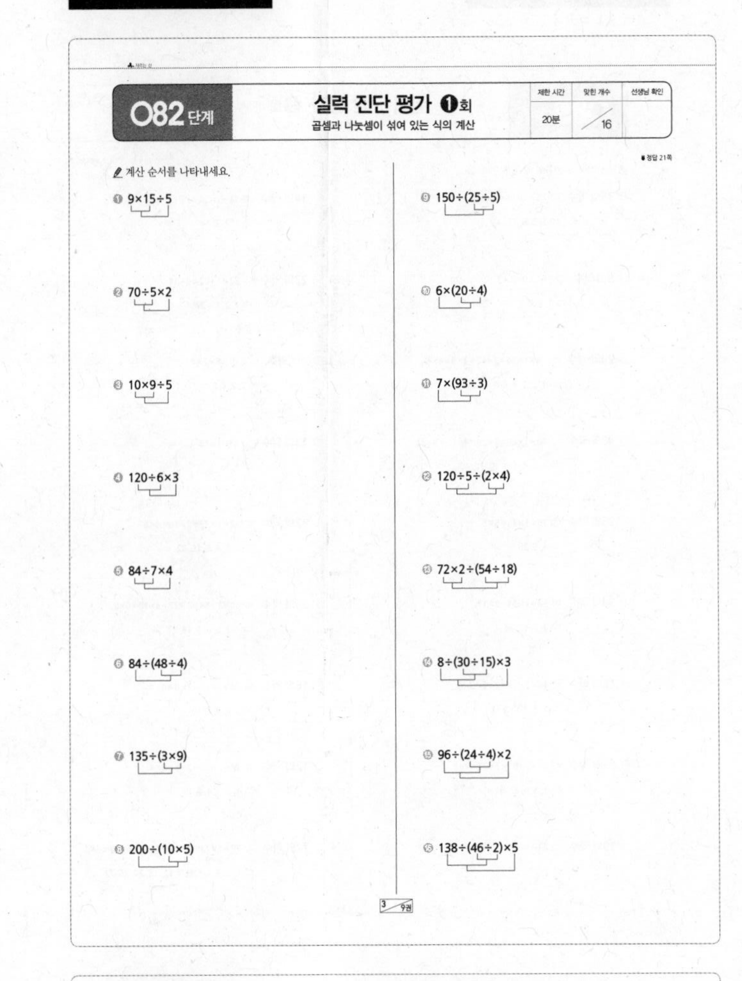

082 단계 실력 진단 평가 ❶회
곱셈과 나눗셈이 섞여 있는 식의 계산

제한 시간 20분 | 맞힌 개수 /16 | 선생님 확인

● 정답 21쪽

✎ 계산 순서를 나타내세요.

① 9×15÷5
② 70÷5×2
③ 10×9÷5
④ 120÷6×3
⑤ 84÷7×4
⑥ 84÷(48÷4)
⑦ 135÷(3×9)
⑧ 200÷(10×5)
⑨ 150÷(25÷5)
⑩ 6×(20÷4)
⑪ 7×(93÷3)
⑫ 120÷5÷(2×4)
⑬ 72×2÷(54÷18)
⑭ 8÷(30÷15)×3
⑮ 96÷(24÷4)×2
⑯ 138÷(46÷2)×5

3 / 9권

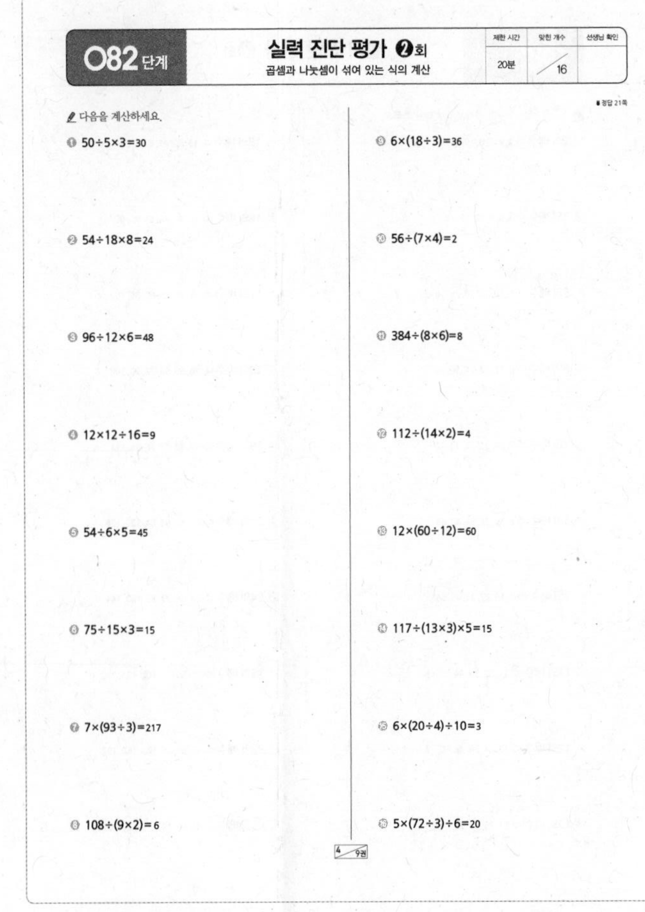

082 단계 실력 진단 평가 ❷회
곱셈과 나눗셈이 섞여 있는 식의 계산

제한 시간 20분 | 맞힌 개수 /16 | 선생님 확인

● 정답 21쪽

✎ 다음을 계산하세요.

① 50÷5×3=30
② 54÷18×8=24
③ 96÷12×6=48
④ 12×12÷16=9
⑤ 54÷6×5=45
⑥ 75÷15×3=15
⑦ 7×(93÷3)=217
⑧ 108÷(9×2)=6
⑨ 6×(18÷3)=36
⑩ 56÷(7×4)=2
⑪ 384÷(8×6)=8
⑫ 112÷(14×2)=4
⑬ 12×(60÷12)=60
⑭ 117÷(13×3)×5=15
⑮ 6×(20÷4)÷10=3
⑯ 5×(72÷3)÷6=20

4 / 9권

083 단계

083 단계 실력 진단 평가 ❶회
덧셈, 뺄셈, 곱셈(나눗셈)의 혼합 계산

제한 시간 20분 | 맞힌 개수 /16 | 선생님 확인

● 정답 21쪽

✎ 계산 순서를 나타내세요.

① 6+5×8−2
② 20−5+9÷3
③ 16÷4+15÷5
④ 19−13+8×(5−3)
⑤ 4+(7−2)×6−10
⑥ 25÷5+3−8
⑦ 3+12×(9−6)−7
⑧ 25÷5+19−4÷2
⑨ 14−5+26÷(7+6)
⑩ 6+3×(8−2)−5
⑪ 12+5×(4−1)×2
⑫ 24−(8−5)×7+(9−4)
⑬ 12−(11−7)×(14−12)
⑭ 4×9−12−(2×5)
⑮ 23+8−(7×2)−(3×2)
⑯ 24÷3+4+16−(5−2)

5 / 9권

083 단계 실력 진단 평가 ❷회
덧셈, 뺄셈, 곱셈(나눗셈)의 혼합 계산

제한 시간 20분 | 맞힌 개수 /16 | 선생님 확인

● 정답 21쪽

✎ 다음을 계산하세요.

① 22−5×4=2
② 20÷4+7−6=6
③ 7+5−(16÷8)=10
④ 30÷6+9−2=12
⑤ (18÷2)−(15÷5)=6
⑥ 9−2+3×(2×5)=37
⑦ (16−5)+14÷2=18
⑧ 17+5×3−(14−6)=24
⑨ 16−3×(5−2)=7
⑩ 17+14÷(6−4)=24
⑪ (9−3)+2×(7−3)=14
⑫ 24−6×2+13−(5+2)=18
⑬ 35÷7+(13−4)÷3=8
⑭ (9−5)×3−5×2=2
⑮ 16−(4+12)÷8−5=9
⑯ (4+8)×5−7×(6−2)=32

6 / 9권

084 단계

084 단계 실력 진단 평가 ❶회
덧셈, 뺄셈, 곱셈, 나눗셈의 혼합 계산

제한 시간	맞힌 개수	선생님 확인
20분	/16	

■ 정답 22쪽

✎ 계산 순서를 나타내세요.

❶ 25−54÷6+3×7

❷ 5×6÷2+21−5

❸ 26×12−48÷8+2

❹ 133−25×45÷9+6

❺ 12+84÷7−4×4

❻ 24+8×35÷7−11

❼ (23−16)×15÷21+5

❽ 26+7×(24−19)÷5

❾ 14×(32−15)÷7+15

❿ 17×(41−25)÷4+8

⓫ 453÷3−(14+23)×4

⓬ 45÷5+(6−2)×4

⓭ 174−6×(14+2)÷4

⓮ 288÷4+4×(23−7)

⓯ 70÷(23−9)×7+15

⓰ 252÷(32−18)+3×16

084 단계 실력 진단 평가 ❷회
덧셈, 뺄셈, 곱셈, 나눗셈의 혼합 계산

제한 시간	맞힌 개수	선생님 확인
20분	/16	

■ 정답 22쪽

✎ 다음을 계산하세요.

❶ 17×15−81÷9+4=250

❷ 124−5×17+64÷8=47

❸ 57−5×56÷7+3=20

❹ 53−3×15+72÷8=17

❺ (17−8)+15×4÷3=29

❻ 12×13−66÷6+5=150

❼ 22×(21−5)÷11+3=35

❽ 41+30×(11−5)÷6=71

❾ (110+40)÷3−23×2=4

❿ 152÷(14+5)×7−46=10

⓫ 26+9×(16−9)÷3=47

⓬ 74−(9+15)×5÷15=66

⓭ 7+(12−3)×8÷6=19

⓮ 24÷4+(52−4)×3=150

⓯ 36÷2+9×(13−8)=63

⓰ 68+15×(21−15)+10÷5=160

085 단계

085 단계 실력 진단 평가 ❶회
약수와 배수

제한 시간	맞힌 개수	선생님 확인
20분	/18	

■ 정답 22쪽

✎ 곱셈식을 이용하여 약수를 구하세요.

❶ 15의 약수 ⇨ 15=1×15=3×5
⇨ 1, 3, 5, 15

❷ 9의 약수 ⇨ 9=1×9=3×3
⇨ 1, 3, 9

❸ 24의 약수 ⇨ 24=1×24=2×12=3×8=4×6
⇨ 1, 2, 3, 4, 6, 8, 12, 24

❹ 40의 약수 ⇨ 40=1×40=2×20=4×10=5×8
⇨ 1, 2, 4, 5, 8, 10, 20, 40

❺ 25의 약수 ⇨ 25=1×25=5×5
⇨ 1, 5, 25

❻ 34의 약수 ⇨ 34=1×34=2×17
⇨ 1, 2, 17, 34

❼ 18의 약수 ⇨ 18=1×18=2×9=3×6
⇨ 1, 2, 3, 6, 9, 18

❽ 81의 약수 ⇨ 81=1×81=3×27=9×9
⇨ 1, 3, 9, 27, 81

❾ 29의 약수 ⇨ 29=1×29
⇨ 1, 29

❿ 14의 약수 ⇨ 14=1×14=2×7
⇨ 1, 2, 7, 14

⓫ 22의 약수 ⇨ 22=1×22=2×11
⇨ 1, 2, 11, 22

⓬ 8의 약수 ⇨ 8=1×8=2×4
⇨ 1, 2, 4, 8

⓭ 13의 약수 ⇨ 13=1×13
⇨ 1, 13

⓮ 32의 약수 ⇨ 32=1×32=2×16=4×8
⇨ 1, 2, 4, 8, 16, 32

⓯ 54의 약수 ⇨ 54=1×54=2×27=3×18=6×9
⇨ 1, 2, 3, 6, 9, 18, 27, 54

⓰ 16의 약수 ⇨ 16=1×16=2×8=4×4
⇨ 1, 2, 4, 8, 16

⓱ 12의 약수 ⇨ 12=1×12=2×6=3×4
⇨ 1, 2, 3, 4, 6, 12

⓲ 72의 약수 ⇨ 72=1×72=2×36=3×24=4×18=6×12
=8×9
⇨ 1, 2, 3, 4, 6, 8, 9, 12, 18, 24, 36, 72

085 단계 실력 진단 평가 ❷회
약수와 배수

제한 시간	맞힌 개수	선생님 확인
20분	/20	

■ 정답 22쪽

✎ 배수를 작은 수부터 차례로 6개 찾아 쓰세요.

❶ 2의 배수 ⇨ 2, 4, 6, 8, 10, 12

❷ 3의 배수 ⇨ 3, 6, 9, 12, 15, 18

❸ 5의 배수 ⇨ 5, 10, 15, 20, 25, 30

❹ 6의 배수 ⇨ 6, 12, 18, 24, 30, 36

❺ 7의 배수 ⇨ 7, 14, 21, 28, 35, 42

❻ 8의 배수 ⇨ 8, 16, 24, 32, 40, 48

❼ 9의 배수 ⇨ 9, 18, 27, 36, 45, 54

❽ 11의 배수 ⇨ 11, 22, 33, 44, 55, 66

❾ 12의 배수 ⇨ 12, 24, 36, 48, 60, 72

❿ 13의 배수 ⇨ 13, 26, 39, 52, 65, 78

⓫ 15의 배수 ⇨ 15, 30, 45, 60, 75, 90

⓬ 16의 배수 ⇨ 16, 32, 48, 64, 80, 96

⓭ 17의 배수 ⇨ 17, 34, 51, 68, 85, 102

⓮ 18의 배수 ⇨ 18, 36, 54, 72, 90, 108

⓯ 19의 배수 ⇨ 19, 38, 57, 76, 95, 114

⓰ 21의 배수 ⇨ 21, 42, 63, 84, 105, 126

⓱ 24의 배수 ⇨ 24, 48, 72, 96, 120, 144

⓲ 25의 배수 ⇨ 25, 50, 75, 100, 125, 150

⓳ 32의 배수 ⇨ 32, 64, 96, 128, 160, 192

⓴ 45의 배수 ⇨ 45, 90, 135, 180, 225, 270

086 단계

086 단계 실력 진단 평가 ❶회
공약수와 공배수

제한 시간	맞힌 개수	선생님 확인
20분	/12	

■ 정답 22쪽

✎ 두 수의 공약수를 구하고 그 중 가장 큰 수를 찾으세요.

❶ (12, 16) ⇨ 12=1×12=2×6=3×4
16=1×16=2×8=4×4
⇨ 1, 2, ④

❷ (6, 9) ⇨ 6=1×6=2×3
9=1×9=3×3
⇨ 1, ③

❸ (5, 7) ⇨ 5=1×5
7=1×7
⇨ 1

❹ (20, 24) ⇨ 20=1×20=2×10=4×5
24=1×24=2×12=3×8=4×6
⇨ 1, 2, ④

❺ (4, 6) ⇨ 4=1×4=2×2
6=1×6=2×3
⇨ 1, ②

❻ (10, 12) ⇨ 10=1×10=2×5
12=1×12=2×6=3×4
⇨ 1, ②

❼ (25, 45) ⇨ 25=1×25=5×5
45=1×45=3×15=5×9
⇨ 1, ⑤

❽ (9, 42) ⇨ 9=1×9=3×3
42=1×42=2×21=3×14=6×7
⇨ 1, ③

❾ (10, 25) ⇨ 10=1×10=2×5
25=1×25=5×5
⇨ 1, ⑤

❿ (8, 17) ⇨ 8=1×8=2×4
17=1×17
⇨ 1

⓫ (14, 40) ⇨ 14=1×14=2×7
40=1×40=2×20=4×10=5×8
⇨ 1, ②

⓬ (9, 18) ⇨ 9=1×9=3×3
18=1×18=2×9=3×6
⇨ 1, 3, ⑨

086 단계 실력 진단 평가 ❷회
공약수와 공배수

제한 시간	맞힌 개수	선생님 확인
20분	/12	

■ 정답 22쪽

✎ 두 수의 공배수를 작은 수부터 차례로 3개 찾아 쓰고, 가장 작은 공배수를 찾으세요.

❶ (2, 3) ⇨ 2, 4, 6, 8, 10, 12, 14, 16, 18, …
3, 6, 9, 12, 15, 18, …
⇨ ⑥, 12, 18

❷ (3, 6) ⇨ 3, 6, 9, 12, 15, 18, …
6, 12, 18, 24, 30, …
⇨ ⑥, 12, 18

❸ (4, 6) ⇨ 4, 8, 12, 16, 20, 24, 28, 32, 36, …
6, 12, 18, 24, 30, 36, …
⇨ ⑫, 24, 36

❹ (4, 5) ⇨ 4, 8, 12, 16, 20, 24, 28, 32, 36, 40, 44, 48, 52, 56, 60, …
5, 10, 15, 20, 25, 30, 35, 40, 45, 50, 55, 60, …
⇨ ⑳, 40, 60

❺ (6, 8) ⇨ 6, 12, 18, 24, 30, 36, 42, 48, 54, 60, 66, 72, …
8, 16, 24, 32, 40, 48, 56, 64, 72, …
⇨ (24), 48, 72

❻ (8, 10) ⇨ 8, 16, 24, 32, 40, 48, 56, 64, 72, 80, 88, 96, 104, 112, 120, …
10, 20, 30, 40, 50, 60, 70, 80, 90, 100, 110, 120, …
⇨ (40), 80, 120

❼ (9, 12) ⇨ 9, 18, 27, 36, 45, 54, 63, 72, 81, 90, 99, 108, …
12, 24, 36, 48, 60, 72, 84, 96, 108, …
⇨ (36), 72, 108

❽ (9, 6) ⇨ 9, 18, 27, 36, 45, 54, 63, 72, 81, …
6, 12, 18, 24, 30, 36, 42, 48, 54, …
⇨ ⑱, 36, 54

❾ (16, 20) ⇨ 16, 32, 48, 64, 80, 96, 112, 128, 144, 160, 176, 192, 208, 224, 240, …
20, 40, 60, 80, 100, 120, 140, 160, 180, 200, 220, 240, …
⇨ (80), 160, 240

❿ (4, 12) ⇨ 4, 8, 12, 16, 20, 24, 28, 32, 36, …
12, 24, 36, 48, 60, …
⇨ ⑫, 24, 36

⓫ (15, 20) ⇨ 15, 30, 45, 60, 75, 90, 105, 120, 135, 150, 165, 180, …
20, 40, 60, 80, 100, 120, 140, 160, 180, …
⇨ (60), 120, 180

⓬ (14, 21) ⇨ 14, 28, 42, 56, 70, 84, 98, 112, 126, …
21, 42, 63, 84, 105, 126, …
⇨ (42), 84, 126

087 단계

087 단계 실력 진단 평가 1회 — 최대공약수와 최소공배수

제한 시간 20분 | 맞힌 개수 /20 | 선생님 확인

정답 23쪽

두 수의 최대공약수와 최소공배수를 구하세요.

1. (16, 40) 16=2×2×2×2, 40=2×2×2×5, 최대공약수: 2×2×2=8, 최소공배수: 2×2×2×2×5=80
2. (4, 22) 4=2×2, 22=2×11, 최대공약수: 2, 최소공배수: 2×2×11=44
3. (24, 27) 24=2×2×2×3, 27=3×3×3, 최대공약수: 3, 최소공배수: 2×2×2×3×3×3=216
4. (15, 27) 15=3×5, 27=3×3×3, 최대공약수: 3, 최소공배수: 3×3×3×5=135
5. (9, 42) 9=3×3, 42=2×3×7, 최대공약수: 3, 최소공배수: 2×3×3×7=126
6. (28, 24) 28=2×2×7, 24=2×2×2×3, 최대공약수: 2×2=4, 최소공배수: 2×2×2×3×7=168
7. (25, 60) 25=5×5, 60=2×2×3×5, 최대공약수: 5, 최소공배수: 2×2×3×5×5=300
8. (10, 16) 10=2×5, 16=2×2×2×2, 최대공약수: 2, 최소공배수: 2×2×2×2×5=80
9. (8, 36) 8=2×2×2, 36=2×2×3×3, 최대공약수: 2×2=4, 최소공배수: 2×2×2×3×3=72
10. (9, 30) 9=3×3, 30=2×3×5, 최대공약수: 3, 최소공배수: 2×3×3×5=90
11. (20, 24) 20=2×2×5, 24=2×2×2×3, 최대공약수: 2×2=4, 최소공배수: 2×2×2×3×5=120
12. (18, 30) 18=2×3×3, 30=2×3×5, 최대공약수: 2×3=6, 최소공배수: 2×3×3×5=90
13. (12, 30) 12=2×2×3, 30=2×3×5, 최대공약수: 2×3=6, 최소공배수: 2×2×3×5=60
14. (27, 45) 27=3×3×3, 45=3×3×5, 최대공약수: 3×3=9, 최소공배수: 3×3×3×5=135
15. (32, 18) 32=2×2×2×2×2, 18=2×3×3, 최대공약수: 2, 최소공배수: 2×2×2×2×2×3×3=288
16. (52, 39) 52=2×2×13, 39=3×13, 최대공약수: 13, 최소공배수: 2×2×3×13=156
17. (54, 15) 54=2×3×3×3, 15=3×5, 최대공약수: 3, 최소공배수: 2×3×3×3×5=270
18. (28, 24) 28=2×2×7, 24=2×2×2×3, 최대공약수: 2×2=4, 최소공배수: 2×2×2×3×7=168
19. (48, 36) 48=2×2×2×2×3, 36=2×2×3×3, 최대공약수: 2×2×3=12, 최소공배수: 2×2×2×2×3×3=144
20. (16, 40) 16=2×2×2×2, 40=2×2×2×5, 최대공약수: 2×2×2=8, 최소공배수: 2×2×2×2×5=80

13 9권

087 단계 실력 진단 평가 2회 — 최대공약수와 최소공배수

제한 시간 20분 | 맞힌 개수 /20 | 선생님 확인

정답 23쪽

두 수의 최대공약수와 최소공배수를 구하세요.

1. 3) 9 15 → 3 5 / 최대공약수: 3, 최소공배수: 45
2. 2) 8 20, 2) 4 10 → 2 5 / 최대공약수: 4, 최소공배수: 40
3. 2) 6 14 → 3 7 / 최대공약수: 2, 최소공배수: 42
4. 2) 18 48, 3) 9 24 → 3 8 / 최대공약수: 6, 최소공배수: 144
5. 2) 8 12, 2) 4 6 → 2 3 / 최대공약수: 4, 최소공배수: 24
6. 5) 15 80 → 3 16 / 최대공약수: 5, 최소공배수: 240
7. 3) 27 15 → 9 5 / 최대공약수: 3, 최소공배수: 135
8. 2) 10 52 → 5 26 / 최대공약수: 2, 최소공배수: 260
9. 2) 20 24, 2) 10 12 → 5 6 / 최대공약수: 4, 최소공배수: 120
10. 2) 24 56, 2) 12 28, 2) 6 14 → 3 7 / 최대공약수: 8, 최소공배수: 168
11. 2) 28 42, 7) 14 21 → 2 3 / 최대공약수: 14, 최소공배수: 84
12. 5) 20 25 → 4 5 / 최대공약수: 5, 최소공배수: 100
13. 5) 10 45 → 2 9 / 최대공약수: 5, 최소공배수: 90
14. 2) 42 12, 3) 21 6 → 7 2 / 최대공약수: 6, 최소공배수: 84
15. 2) 22 14 → 11 7 / 최대공약수: 2, 최소공배수: 154
16. 2) 72 40, 2) 36 20, 2) 18 10 → 9 5 / 최대공약수: 8, 최소공배수: 360
17. 3) 45 81, 3) 15 27 → 5 9 / 최대공약수: 9, 최소공배수: 405
18. 2) 56 84, 2) 28 42, 7) 14 21 → 2 3 / 최대공약수: 28, 최소공배수: 168
19. 5) 10 15 → 2 3 / 최대공약수: 5, 최소공배수: 30
20. 3) 27 63, 3) 9 21 → 3 7 / 최대공약수: 9, 최소공배수: 189

14 9권

088 단계

088 단계 실력 진단 평가 1회 — 약분과 통분

제한 시간 20분 | 맞힌 개수 /30 | 선생님 확인

정답 23쪽

분수를 약분하세요.

1. $\frac{12}{30} \Rightarrow \frac{6}{15}, \frac{4}{10}, \frac{2}{5}$
2. $\frac{24}{32} \Rightarrow \frac{12}{16}, \frac{6}{8}, \frac{3}{4}$
3. $\frac{15}{25} \Rightarrow \frac{3}{5}$
4. $\frac{30}{45} \Rightarrow \frac{10}{15}, \frac{6}{9}, \frac{2}{3}$
5. $\frac{8}{12} \Rightarrow \frac{4}{6}, \frac{2}{3}$
6. $\frac{9}{27} \Rightarrow \frac{3}{9}, \frac{1}{3}$
7. $\frac{34}{68} \Rightarrow \frac{17}{34}, \frac{2}{4}, \frac{1}{2}$
8. $\frac{27}{36} \Rightarrow \frac{9}{12}, \frac{3}{4}$
9. $\frac{20}{60} \Rightarrow \frac{10}{30}, \frac{5}{15}, \frac{4}{12}, \frac{2}{6}, \frac{1}{3}$
10. $\frac{18}{54} \Rightarrow \frac{9}{27}, \frac{6}{18}, \frac{3}{9}, \frac{2}{6}, \frac{1}{3}$

분수를 기약분수로 나타내세요.

11. $\frac{24}{30}=\frac{4}{5}$
12. $\frac{15}{18}=\frac{5}{6}$
13. $\frac{36}{45}=\frac{4}{5}$
14. $\frac{75}{100}=\frac{3}{4}$
15. $\frac{17}{85}=\frac{1}{5}$
16. $\frac{20}{44}=\frac{5}{11}$
17. $\frac{21}{56}=\frac{3}{8}$
18. $\frac{44}{52}=\frac{11}{13}$
19. $\frac{26}{91}=\frac{2}{7}$
20. $\frac{42}{66}=\frac{7}{11}$
21. $\frac{18}{81}=\frac{2}{9}$
22. $\frac{32}{40}=\frac{4}{5}$
23. $\frac{9}{108}=\frac{1}{12}$
24. $\frac{8}{44}=\frac{2}{11}$
25. $\frac{30}{96}=\frac{5}{16}$
26. $\frac{64}{72}=\frac{8}{9}$
27. $\frac{60}{92}=\frac{15}{23}$
28. $\frac{54}{84}=\frac{9}{14}$
29. $\frac{48}{80}=\frac{3}{5}$
30. $\frac{52}{56}=\frac{13}{14}$

15 9권

088 단계 실력 진단 평가 2회 — 약분과 통분

제한 시간 20분 | 맞힌 개수 /22 | 선생님 확인

정답 23쪽

분모의 곱을 공통분모로 하여 통분하세요.

1. $\left(\frac{2}{3}, \frac{1}{5}\right) \Rightarrow \left(\frac{10}{15}, \frac{3}{15}\right)$
2. $\left(\frac{1}{8}, \frac{3}{4}\right) \Rightarrow \left(\frac{4}{32}, \frac{24}{32}\right)$
3. $\left(\frac{2}{14}, \frac{5}{9}\right) \Rightarrow \left(\frac{18}{126}, \frac{70}{126}\right)$
4. $\left(\frac{4}{7}, \frac{5}{6}\right) \Rightarrow \left(\frac{24}{42}, \frac{35}{42}\right)$
5. $\left(\frac{4}{9}, \frac{5}{11}\right) \Rightarrow \left(\frac{44}{99}, \frac{45}{99}\right)$
6. $\left(1\frac{1}{3}, 2\frac{2}{7}\right) \Rightarrow \left(1\frac{7}{21}, 2\frac{6}{21}\right)$
7. $\left(2\frac{3}{25}, 3\frac{1}{4}\right) \Rightarrow \left(2\frac{12}{100}, 3\frac{25}{100}\right)$
8. $\left(3\frac{5}{9}, 2\frac{3}{5}\right) \Rightarrow \left(3\frac{25}{45}, 2\frac{27}{45}\right)$
9. $\left(4\frac{1}{12}, 1\frac{2}{3}\right) \Rightarrow \left(4\frac{3}{36}, 1\frac{24}{36}\right)$
10. $\left(1\frac{7}{8}, 6\frac{4}{9}\right) \Rightarrow \left(1\frac{63}{72}, 6\frac{32}{72}\right)$
11. $\left(2\frac{1}{4}, 2\frac{2}{5}\right) \Rightarrow \left(2\frac{5}{20}, 2\frac{8}{20}\right)$

분모의 최소공배수를 공통분모로 하여 통분하세요.

12. $\left(\frac{4}{7}, \frac{13}{21}\right) \Rightarrow \left(\frac{12}{21}, \frac{13}{21}\right)$
13. $\left(\frac{5}{8}, \frac{1}{12}\right) \Rightarrow \left(\frac{15}{24}, \frac{2}{24}\right)$
14. $\left(\frac{5}{16}, \frac{3}{20}\right) \Rightarrow \left(\frac{25}{80}, \frac{12}{80}\right)$
15. $\left(\frac{8}{25}, \frac{3}{10}\right) \Rightarrow \left(\frac{16}{50}, \frac{15}{50}\right)$
16. $\left(\frac{11}{40}, \frac{7}{16}\right) \Rightarrow \left(\frac{22}{80}, \frac{35}{80}\right)$
17. $\left(1\frac{4}{6}, 3\frac{2}{9}\right) \Rightarrow \left(1\frac{12}{18}, 3\frac{4}{18}\right)$
18. $\left(2\frac{5}{21}, 1\frac{12}{35}\right) \Rightarrow \left(2\frac{25}{105}, 1\frac{36}{105}\right)$
19. $\left(5\frac{7}{96}, 3\frac{1}{80}\right) \Rightarrow \left(5\frac{35}{480}, 3\frac{6}{480}\right)$
20. $\left(4\frac{23}{24}, 3\frac{7}{8}\right) \Rightarrow \left(4\frac{23}{24}, 3\frac{21}{24}\right)$
21. $\left(2\frac{4}{15}, 6\frac{11}{25}\right) \Rightarrow \left(2\frac{20}{75}, 6\frac{33}{75}\right)$
22. $\left(2\frac{1}{4}, 7\frac{9}{10}\right) \Rightarrow \left(2\frac{5}{20}, 7\frac{18}{20}\right)$

16 9권

089 단계

089 단계 실력 진단 평가 1회 — 분모가 다른 분수의 덧셈

제한 시간 20분 | 맞힌 개수 /32 | 선생님 확인

정답 23쪽

분모를 통분하여 덧셈을 하세요.

1. $\frac{2}{5}+\frac{1}{3}=\frac{11}{15}$
2. $\frac{1}{4}+\frac{3}{7}=\frac{19}{28}$
3. $\frac{2}{9}+\frac{5}{12}=\frac{23}{36}$
4. $\frac{3}{8}+\frac{1}{10}=\frac{19}{40}$
5. $\frac{1}{12}+\frac{1}{3}=\frac{5}{12}$
6. $\frac{4}{13}+\frac{2}{5}=\frac{46}{65}$
7. $\frac{4}{15}+\frac{5}{12}=\frac{41}{60}$
8. $\frac{3}{5}+\frac{1}{4}=\frac{17}{20}$
9. $\frac{2}{5}+\frac{7}{20}=\frac{3}{4}$
10. $\frac{1}{6}+\frac{3}{4}=\frac{11}{12}$
11. $\frac{11}{24}+\frac{3}{8}=\frac{5}{6}$
12. $\frac{8}{15}+\frac{9}{20}=\frac{59}{60}$
13. $\frac{2}{15}+\frac{7}{12}=\frac{43}{60}$
14. $\frac{5}{32}+\frac{5}{16}=\frac{15}{32}$
15. $\frac{19}{45}+\frac{4}{9}=\frac{13}{15}$
16. $\frac{3}{8}+\frac{7}{36}=\frac{41}{72}$
17. $\frac{1}{4}+\frac{1}{6}=\frac{5}{12}$
18. $\frac{13}{35}+\frac{3}{14}=\frac{41}{70}$
19. $\frac{9}{22}+\frac{10}{33}=\frac{47}{66}$
20. $\frac{3}{5}+\frac{7}{30}=\frac{5}{6}$
21. $\frac{7}{18}+\frac{1}{4}=\frac{23}{36}$
22. $\frac{3}{8}+\frac{2}{7}=\frac{37}{56}$
23. $\frac{5}{12}+\frac{11}{48}=\frac{31}{48}$
24. $\frac{3}{4}+\frac{3}{20}=\frac{9}{10}$
25. $\frac{1}{2}+\frac{4}{13}=\frac{21}{26}$
26. $\frac{11}{27}+\frac{1}{6}=\frac{31}{54}$
27. $\frac{3}{14}+\frac{8}{35}=\frac{31}{70}$
28. $\frac{3}{10}+\frac{9}{25}=\frac{33}{50}$
29. $\frac{9}{40}+\frac{2}{5}=\frac{5}{8}$
30. $\frac{2}{9}+\frac{1}{4}=\frac{17}{36}$
31. $\frac{3}{8}+\frac{1}{20}=\frac{17}{40}$
32. $\frac{15}{32}+\frac{7}{16}=\frac{29}{32}$

17 9권

089 단계 실력 진단 평가 2회 — 분모가 다른 분수의 덧셈

제한 시간 20분 | 맞힌 개수 /32 | 선생님 확인

정답 23쪽

분모를 통분하여 덧셈을 하세요.

1. $1\frac{3}{5}+2\frac{1}{4}=3\frac{17}{20}$
2. $3\frac{1}{5}+2\frac{2}{7}=5\frac{17}{35}$
3. $5\frac{1}{4}+1\frac{1}{6}=6\frac{5}{12}$
4. $2\frac{3}{10}+2\frac{1}{4}=4\frac{11}{20}$
5. $1\frac{4}{15}+3\frac{2}{3}=4\frac{14}{15}$
6. $6\frac{1}{4}+2\frac{3}{5}=8\frac{17}{20}$
7. $2\frac{3}{8}+2\frac{2}{9}=4\frac{43}{72}$
8. $1\frac{8}{15}+7\frac{1}{3}=8\frac{13}{15}$
9. $4\frac{5}{12}+3\frac{7}{20}=7\frac{23}{30}$
10. $2\frac{1}{6}+5\frac{3}{4}=7\frac{11}{12}$
11. $1\frac{7}{16}+9\frac{3}{8}=10\frac{13}{16}$
12. $4\frac{2}{15}+3\frac{7}{20}=7\frac{29}{60}$
13. $1\frac{4}{15}+3\frac{7}{12}=4\frac{17}{20}$
14. $2\frac{5}{12}+1\frac{3}{16}=3\frac{29}{48}$
15. $6\frac{7}{15}+2\frac{4}{9}=8\frac{41}{45}$
16. $1\frac{3}{8}+6\frac{7}{22}=7\frac{61}{88}$
17. $5\frac{1}{6}+2\frac{5}{8}=7\frac{19}{24}$
18. $2\frac{4}{15}+8\frac{5}{12}=10\frac{41}{60}$
19. $1\frac{11}{42}+1\frac{3}{14}=2\frac{10}{21}$
20. $3\frac{3}{8}+2\frac{5}{24}=5\frac{7}{12}$
21. $2\frac{2}{15}+6\frac{1}{4}=8\frac{23}{60}$
22. $3\frac{3}{4}+1\frac{1}{7}=4\frac{25}{28}$
23. $5\frac{5}{12}+1\frac{7}{36}=6\frac{11}{18}$
24. $1\frac{1}{5}+4\frac{1}{2}=5\frac{7}{10}$
25. $8\frac{1}{4}+2\frac{5}{14}=10\frac{17}{28}$
26. $3\frac{8}{25}+1\frac{2}{5}=4\frac{18}{25}$
27. $7\frac{3}{14}+3\frac{4}{35}=10\frac{23}{70}$
28. $2\frac{2}{15}+5\frac{9}{20}=7\frac{7}{12}$
29. $1\frac{3}{8}+2\frac{4}{9}=3\frac{59}{72}$
30. $5\frac{5}{12}+4\frac{3}{8}=9\frac{19}{24}$
31. $2\frac{7}{24}+3\frac{1}{27}=5\frac{71}{216}$
32. $1\frac{11}{30}+1\frac{7}{20}=2\frac{43}{60}$

18 9권

090 단계

090 단계 실력 진단 평가 ❶회
분모가 다른 분수의 뺄셈

제한 시간	맞힌 개수	선생님 확인
20분	/32	

분모를 통분하여 뺄셈을 하세요.

정답 24쪽

① $\frac{3}{4}-\frac{1}{3}=\frac{5}{12}$
② $\frac{3}{5}-\frac{4}{7}=\frac{1}{35}$
③ $\frac{11}{12}-\frac{3}{5}=\frac{19}{60}$
④ $\frac{3}{8}-\frac{1}{10}=\frac{11}{40}$
⑤ $\frac{11}{15}-\frac{1}{6}=\frac{17}{30}$
⑥ $\frac{5}{12}-\frac{2}{5}=\frac{1}{60}$
⑦ $\frac{7}{18}-\frac{1}{3}=\frac{1}{18}$
⑧ $\frac{4}{5}-\frac{2}{3}=\frac{2}{15}$
⑨ $\frac{4}{5}-\frac{7}{10}=\frac{1}{10}$
⑩ $\frac{5}{6}-\frac{3}{8}=\frac{11}{24}$
⑪ $\frac{13}{24}-\frac{3}{8}=\frac{1}{6}$
⑫ $\frac{4}{5}-\frac{9}{13}=\frac{7}{65}$
⑬ $\frac{11}{15}-\frac{1}{2}=\frac{7}{30}$
⑭ $\frac{17}{30}-\frac{1}{4}=\frac{19}{60}$
⑮ $\frac{9}{10}-\frac{4}{15}=\frac{19}{30}$
⑯ $\frac{3}{4}-\frac{9}{14}=\frac{3}{28}$
⑰ $\frac{3}{4}-\frac{1}{6}=\frac{7}{12}$
⑱ $\frac{5}{7}-\frac{2}{5}=\frac{11}{35}$
⑲ $\frac{5}{16}-\frac{2}{7}=\frac{3}{112}$
⑳ $\frac{4}{9}-\frac{5}{12}=\frac{1}{36}$
㉑ $\frac{7}{8}-\frac{5}{14}=\frac{29}{56}$
㉒ $\frac{3}{8}-\frac{2}{7}=\frac{5}{56}$
㉓ $\frac{5}{6}-\frac{3}{8}=\frac{11}{24}$
㉔ $\frac{8}{9}-\frac{7}{11}=\frac{25}{99}$
㉕ $\frac{7}{12}-\frac{3}{8}=\frac{5}{24}$
㉖ $\frac{5}{11}-\frac{1}{6}=\frac{19}{66}$
㉗ $\frac{5}{12}-\frac{2}{9}=\frac{7}{36}$
㉘ $\frac{10}{13}-\frac{3}{4}=\frac{1}{52}$
㉙ $\frac{16}{21}-\frac{3}{5}=\frac{17}{105}$
㉚ $\frac{2}{9}-\frac{3}{14}=\frac{1}{126}$
㉛ $\frac{5}{6}-\frac{7}{10}=\frac{2}{15}$
㉜ $\frac{9}{11}-\frac{5}{7}=\frac{8}{77}$

090 단계 실력 진단 평가 ❷회
분모가 다른 분수의 뺄셈

제한 시간	맞힌 개수	선생님 확인
20분	/32	

분모를 통분하여 뺄셈을 하세요.

정답 24쪽

① $2\frac{4}{5}-1\frac{1}{4}=1\frac{11}{20}$
② $3\frac{5}{6}-2\frac{1}{2}=1\frac{1}{3}$
③ $8\frac{3}{4}-5\frac{1}{6}=3\frac{7}{12}$
④ $5\frac{8}{9}-2\frac{3}{4}=3\frac{5}{36}$
⑤ $7\frac{13}{15}-5\frac{2}{3}=2\frac{1}{5}$
⑥ $6\frac{7}{12}-4\frac{7}{15}=2\frac{7}{60}$
⑦ $4\frac{9}{16}-1\frac{3}{8}=3\frac{3}{16}$
⑧ $8\frac{1}{4}-3\frac{3}{16}=5\frac{1}{16}$
⑨ $5\frac{5}{9}-2\frac{10}{21}=3\frac{5}{63}$
⑩ $3\frac{3}{8}-2\frac{2}{7}=1\frac{5}{56}$
⑪ $9\frac{17}{20}-4\frac{7}{10}=5\frac{3}{20}$
⑫ $8\frac{12}{25}-6\frac{13}{30}=2\frac{7}{150}$
⑬ $4\frac{5}{8}-2\frac{7}{12}=2\frac{1}{24}$
⑭ $7\frac{7}{9}-1\frac{2}{3}=6\frac{1}{9}$
⑮ $5\frac{9}{28}-3\frac{3}{14}=2\frac{3}{28}$
⑯ $10\frac{4}{7}-5\frac{12}{35}=5\frac{8}{35}$
⑰ $3\frac{13}{15}-2\frac{7}{10}=1\frac{1}{6}$
⑱ $8\frac{5}{12}-4\frac{4}{15}=4\frac{3}{20}$
⑲ $4\frac{2}{3}-2\frac{5}{8}=2\frac{1}{24}$
⑳ $7\frac{5}{16}-1\frac{7}{24}=6\frac{1}{48}$
㉑ $5\frac{5}{12}-2\frac{1}{4}=3\frac{1}{6}$
㉒ $6\frac{3}{4}-4\frac{5}{9}=2\frac{7}{36}$
㉓ $2\frac{5}{12}-1\frac{11}{36}=1\frac{1}{9}$
㉔ $4\frac{4}{5}-3\frac{7}{9}=1\frac{1}{45}$
㉕ $7\frac{5}{8}-5\frac{8}{13}=2\frac{1}{104}$
㉖ $11\frac{6}{7}-5\frac{3}{4}=6\frac{3}{28}$
㉗ $5\frac{8}{21}-3\frac{9}{28}=2\frac{5}{84}$
㉘ $4\frac{8}{15}-2\frac{4}{9}=2\frac{4}{45}$
㉙ $9\frac{3}{4}-7\frac{7}{11}=2\frac{5}{44}$
㉚ $6\frac{7}{15}-2\frac{9}{20}=4\frac{1}{60}$
㉛ $5\frac{5}{21}-3\frac{3}{14}=2\frac{1}{42}$
㉜ $6\frac{7}{15}-5\frac{13}{40}=1\frac{17}{120}$